微積分（第三版）

劉明昌、李聯旺、石金福　著

全華圖書股份有限公司

序言

　　這本教科書是專為科技大學的大一微積分課程所寫，為了本書，我思考一學年（二學期）的微積分課程中，有哪些內容是最基本、學生不能不學的，有哪些內容是理工與商管科系都會用到的，這些因素組成了本書的內容。

　　內容已定，剩下的就是寫法！本書的目標要讓「學生易讀、教授好教」，因此例題與習題的挑選都從簡單開始，難易恰當，排除偏技巧性的題目，且說明上展現親切的文筆描述，詳盡的式子推演，再配合適當的記憶公式口訣，讀本書猶如親自聆聽作者上課，學習效率大增，則出版本書之目標已可達到。在目錄中標有＊之章節，教授可依據授課時數之不同而酌情刪減，此外教授授課時亦可針對書內之章節自行增刪內容，並配合學校與科系的特色，以增進同學的吸收效率。

　　本人寫書時都存 **觀功念恩** 之心，品質完美才敢付梓。最後我要感謝教我微積分的台大數學系教授，也感謝我教的學生！（老師如同園丁，照顧好學生也等於回饋社會，雨露均霑！）祝福各位同學

學 習 成 功

劉明昌

2018 年 3 月

第三版序言

　　本書的第一、二版承蒙國內諸多大學採用為教科書，期間也收到許多教授對本書內容的指導，在此作者深表感謝！

　　在本書的第三版中，部分的內容再以作者新的感受來描述，期待能更貼近本書的目標："學生易讀、教授好教"！此外又加入許多新的習題，提供教授出期中期末考題之參考。種種改變都是為廣大學生設想，在這人工智慧（AI）更普及的年代，微積分的能力更加重要，最後祝學生

能 者 不 惰

劉明昌

2024 年 5 月

◆註

1. 欲瞭解更廣泛的微積分內容，建議學生可在本書的基礎上，研讀我寫的《微積分學習要訣》，收穫更豐富。

2. 歡迎加入我的臉書：劉明昌
   臉書社團：劉明昌微積分工數線代機率
   <社團裡面有許多解題影片與內容精析哦！>

本書特色

1 強調讀書方法，親切的文筆描述

雖名「微積分」，卻找不到那種刻板冷漠、令人無法忍受之數學國語言！詳細講解每一章節內容，以理解與激發思考為目標，配合有趣的「口訣」，輕鬆地將內容牢記在心！啃起來有「梗」，愈 K 愈有趣。

> ◆記憶口訣　頭積較值根（諧音為「偷雞叫值更」），每一個字代表一種判斷法（從定埋一到定埋五），看到判斷斂散性的題目依次以五種方法判斷之，必有一種方法叫解題。

2 內容豐富但絕不累贅

以豐富教學經驗寫出微積分應學內容，應用實例、靚題解說、獨門心得等，不以厚度取勝！

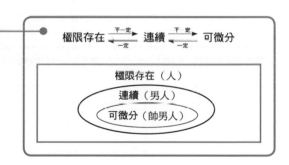

> 例題 8　基本題
>
> 求 $\int \tan x\,dx = ?$（工具題）
>
> 解　∴ 原式 $= \int \dfrac{\sin x}{\cos x}\,dx = -\int \dfrac{du}{u} = -\ln|u| + c = -\ln|\cos x| + c$
>
> （令 $u = \cos x$，則 $du = -\sin x\,dx$）
>
> $= \ln|\sec x| + c$（本題之結果需記住）■

> ▷心得　如果碰到 $\tan x$、$\cot x$ 的積分，可化為 $\sin x$、$\cos x$ 來表示，則較方便解題！

3 例題皆搭配類題，可依樣畫葫蘆

每一例題皆搭配一類題可讓學生依樣畫葫蘆，以加深學習效果。習題設計皆為配合學生水平之考題，滿足學生自我測驗的成就感，亦可當作教授出作業與考題之參考。

例題 1　基本題

一質點沿 $x^2 + y^2 = 25$ 做順時針方向之圓周運動，當經過點 $(3, 4)$ 時，有 $\frac{dy}{dt} = -3$，則 $\frac{dx}{dt} = ?$

解　如右圖所示：

圓的參數式視為 $\begin{cases} x = x(t) \\ y = y(t) \end{cases}$

對 $x^2 + y^2 = 25$ 微分得 $2x\frac{dx}{dt} + 2y\frac{dy}{dt} = 0$

代入得 $3 \cdot \frac{dx}{dt} + 4 \cdot (-3) = 0$

即 $\frac{dx}{dt} = 4$ ∎

類題　一質點沿 x 軸向右移動之方程式為 $x = [\ln(1+t)]^2$，求 $t \to \infty$ 之速率。

答　$\frac{dx}{dt} = \frac{2\ln(1+t)}{1+t}$，∴ $\lim_{t\to\infty}\frac{dx}{dt} = \lim_{t\to\infty}\frac{2\ln(1+t)}{1+t} = 0$ ∎

0-1　直角坐標

直角坐標

我們在平面上畫二條垂直相交之直線，水平的直線稱為 x 軸，垂直的直線稱為 y 軸，並規定單位長度（unit of length），由 x 軸、y 軸與單位長度組成卡氏坐標系統（Cartesian coordinate system），亦稱為直角坐標系統（rectangular coordinate system）。

直角坐標系統亦可稱為直角坐標平面。若 P 是平面上的一個點，以 (x, y) 表示 P 點的坐標（coordinate），則每一個點皆對應到一個坐標，且 x 值表示此點到 y 軸的有向距離（在 y 軸右邊，$x > 0$；在 y 軸左邊，$x < 0$；在 y 軸上，$x = 0$）；y 值表示此點到 x 軸之有向距離（在 x 軸上方，$y > 0$；在 x 軸下方，$y < 0$；在 x 軸上，$y = 0$）。

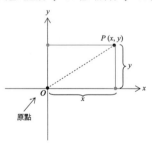

4 編排紮實而舒適，保護眼睛

內容編排紮實、版面精美，讓您在舒適的視覺下享用微積分。

5 輔助教材光碟

本書另有提供教師輔助教材光碟，作為教學參考之用。

1. **中文教學 PPT**：提供詳盡而實用的中文教學 PPT，包含各章的重點摘要與圖表，以供授課老師教學上使用，增進教學內容的豐富性與多元性，並使學生更能掌握學習重點。此外，本教學 PPT 可做修改，老師可依不同的教學需求自行編排內容。

2. **習題詳解**：提供各章習題的詳細解答 WORD 檔，方便老師教學上參考。

3. **例題與習題**：提供各章的例題與習題 PDF 檔，方便老師課後出題時參考。

目 錄

9 重積分　301

CHAPTER

函數與圖形

1. 瞭解直角坐標的意義
2. 瞭解直線、圓、圓錐曲線的數學式
3. 熟悉函數與相關名詞的定義
4. 瞭解合成函數、一對一函數的定義
5. 瞭解多項式、有理式、三角函數、指數與對數

0-1　直角坐標

直角坐標

我們在平面上畫二條垂直相交之直線，水平的直線稱為 x 軸，垂直的直線稱為 y 軸，並規定單位長度（unit of length），由 x 軸、y 軸與單位長度組成卡氏坐標系統（Cartesian coordinate system），亦稱為直角坐標系統（rectangular coordinate system）。

直角坐標系統亦可稱為直角坐標平面。若 P 是平面上的一個點，以 (x, y) 表示 P 點的坐標（coordinate），則每一個點皆對應到一個坐標，且 x 值表示此點到 y 軸的有向距離（在 y 軸右邊，$x > 0$；在 y 軸左邊，$x < 0$；在 y 軸上，$x = 0$）；y 值表示此點到 x 軸之有向距離（在 x 軸上方，$y > 0$；在 x 軸下方，$y < 0$；在 x 軸上，$y = 0$）。

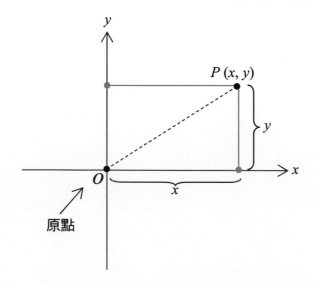

原點

x 軸與 y 軸的交點稱為原點（origin），常以 O 表示，且將坐標平面分成四部份，稱為象限（quadrant），分別稱為第一象限、第二象限、第三象限、第四象限，在各象限內坐標的正負如下圖所示：

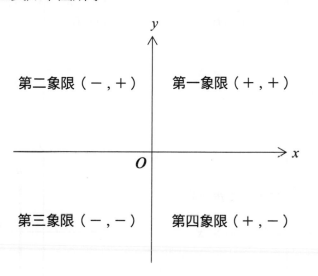

定理 二點之距離

點 (x_1, y_1) 與點 (x_2, y_2) 的距離是 $d = \sqrt{(x_1 - x_2)^2 + (y_1 - y_2)^2}$

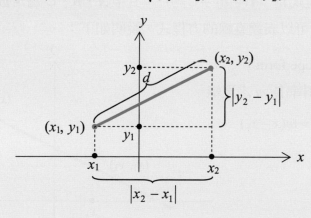

二點 (x_1, y_1)、(x_2, y_2) 的連線斜率（slope）m 為 $m = \dfrac{y_2 - y_1}{x_2 - x_1}\left(\dfrac{\text{垂直高度差}}{\text{水平距離}}\right)$ 。

斜率性質

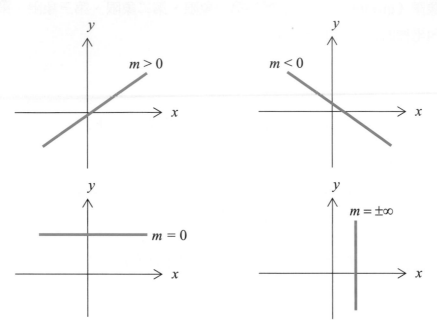

直線

直線方程式的通式為 $Ax + By + C = 0$ ，其中 A、B、C 為常數，且 A、B 不可同時為 0。有四種方法可以表達直線的方程式，說明如下：

1. 點斜式（Point-slope form）

   通過點 (x_1, y_1)，斜率為 m 之直線

   方程式為 $y - y_1 = m(x - x_1)$ 。

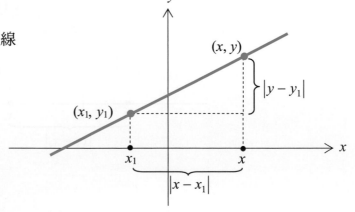

2. 斜截式（Slope-intercept form）

   y 軸截距為 b，斜率為 m 之直線方程式為 $y = mx + b$ 。

   (1) 二直線平行：斜率相同，即 $m_1 = m_2$。

   (2) 二直線垂直：$m_1 \cdot m_2 = -1$。

3. 二點式（Two-point form）

通過二點 (x_1, y_1)、(x_2, y_2) 之直線方程式為 $(x_2 - x_1)(y - y_1) = (y_2 - y_1)(x - x_1)$ 。

4. 截距式（Intercept form）

x 軸截距為 a、y 軸截距為 b 之直線方程式為 $\dfrac{x}{a} + \dfrac{y}{b} = 1$ 。

圓

以 (a, b) 為圓心，半徑為 r 之圓方程式為 $(x - a)^2 + (y - b)^2 = r^2$

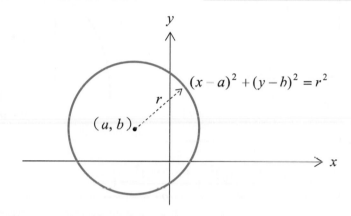

因此圓方程式的通式為 $x^2 + y^2 + Ax + By + C = 0$ ，其中 A、B、C 為常數。

直線與圓之關係

直線與圓的交點有下圖三種情形：

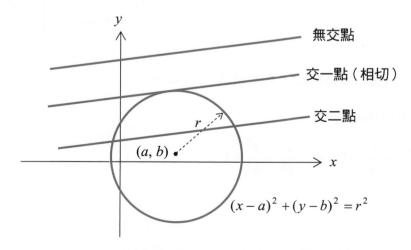

圓錐曲線

圓錐曲線（conics）的方程式有三類，說明如下：

1. 拋物線（Parabolas）

   通式為 $y = ax^2$

   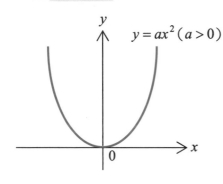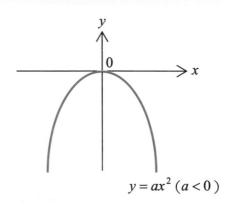

2. 橢圓（Ellipses）

   通式為 $\dfrac{x^2}{a^2} + \dfrac{y^2}{b^2} = 1$ 或 $\dfrac{(x - x_0)^2}{a^2} + \dfrac{(y - y_0)^2}{b^2} = 1$

   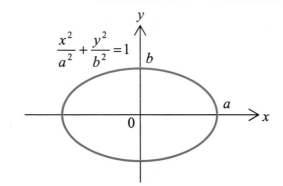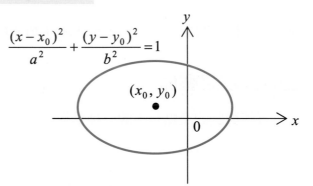

   其中稱 a 為長軸、b 為短軸，其面積為 $A = ab\pi$ 。

3. 雙曲線（Hyperbolas）

   通式為 $\dfrac{x^2}{a^2} - \dfrac{y^2}{b^2} = 1$ 或 $\dfrac{y^2}{b^2} - \dfrac{x^2}{a^2} = 1$

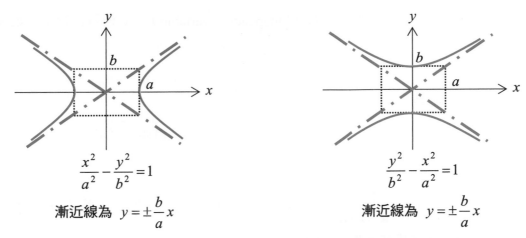

$$\frac{x^2}{a^2} - \frac{y^2}{b^2} = 1$$

漸近線為 $y = \pm \dfrac{b}{a} x$

$$\frac{y^2}{b^2} - \frac{x^2}{a^2} = 1$$

漸近線為 $y = \pm \dfrac{b}{a} x$

✱ 特例 $xy = p$（$p > 0$）與 $xy = -p$（$p > 0$）之圖形如下：

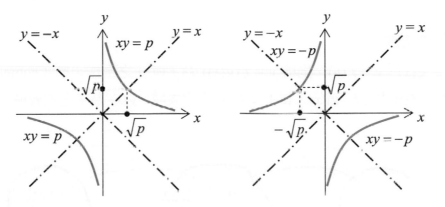

0-2 函數

定義 **函數**

　　若 f 為從集合 A 映射到集合 B 之對應關係，且對集合 A 中之每一個元素 x 僅映射到集合 B 之「唯一」元素 y，表為 $y = f(x)$，則稱 f 為函數（function），集合 A 稱為定義域（domain），集合 B 稱為值域（range），以下圖表之：

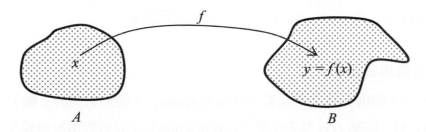

對 $y = f(x)$ 而言，x 稱為自變數（independent variable），y 稱為因變數（dependent variable）。 ■

說明題

(1) 已知函數 $y = f(x) = x^2 - 1$，可知其定義域為 $x \in \mathbb{R}$（實數）（除非有限定），值域（通常要算一下！）為 $y \geq -1$。

(2) 已知函數 $y = f(x) = \dfrac{1}{x-1}$，可知其定義域為 $x \neq 1$ 之實數，值域（通常要算一下！）為 $y \neq 0$ 之實數。■

定義 合成函數

若 $u = g(x)$，$y = f(u)$，則稱 $y = f(g(x))$ 為 f 與 g 之合成函數（composite function），亦可表示為 $(f \circ g)(x)$，其中 x 為 g 之定義域，$g(x)$ 為 f 之定義域，以下圖表之：

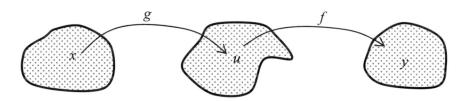

例題 2 基本題

已知 $f(x) = 3x - 1$，$g(x) = x^2$，求 $f(g(x)) = ?$　$g(f(x)) = ?$

解　$f(g(x)) = 3(x^2) - 1 = 3x^2 - 1$，$g(f(x)) = (3x-1)^2 = 9x^2 - 6x + 1$ ■

類題　已知 $f(x) = x^2 - 1$，$g(x) = \sqrt{x}$，求 $f(g(x)) = ?$　$g(f(x)) = ?$
　　答　$f(g(x)) = (\sqrt{x})^2 - 1 = x - 1$，$g(f(x)) = \sqrt{x^2 - 1}$ ■

定義 偶函數與奇函數

1. $f(x) = f(-x)$，則稱 $f(x)$ 為偶函數（even function）（圖形對稱於 y 軸）。
2. $f(x) = -f(-x)$，則稱 $f(x)$ 為奇函數（odd function）（圖形對稱於原點）。

此處將偶函數與奇函數繪圖如下：

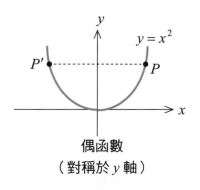

偶函數
（對稱於 y 軸）

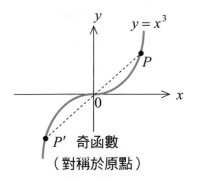

奇函數
（對稱於原點）

例題 3　說明題

(1) $f(x) = \sin x$、$f(x) = \sin(2x)$、$f(x) = \tan x$、$f(x) = x$、$f(x) = x^3$、… 皆為奇函數。

(2) $f(x) = \cos x$、$f(x) = \cos(2x)$、$f(x) = x^2$、$f(x) = x^4$、$f(x) = |x|$、… 皆為偶函數。

　　關於偶函數與奇函數加、減、乘、除運算後之奇、偶函數特性，請見下表：
（有興趣的同學自行依奇、偶函數之定義即可證得）

數學運算	結果
偶 ± 偶	偶
奇 ± 偶	不奇不偶
奇 ± 奇	奇
偶 × （或 ÷）偶	偶
奇 × （或 ÷）偶	奇
奇 × （或 ÷）奇	偶

例題 4　基本題

判斷下列函數之奇、偶性？

(1) $f(x) = x^2 \cos x$　　(2) $f(x) = x \sin x$　　(3) $f(x) = \cos x + \sin x$

解　(1) 偶 × 偶 ＝ 偶

(2) 奇 × 奇 ＝ 偶

(3) 偶 ＋ 奇 ＝ 不奇不偶 ∎

類題　判斷下列函數之奇、偶性？

(1) $f(x) = x \cos(2x)$

(2) $f(x) = x^2 \sin x$

答　(1) 奇 × 偶 = 奇

(2) 偶 × 奇 = 奇 ∎

定義　一對一函數

　　對函數 $y = f(x)$ 而言，輸入一個 x，僅得到一個輸出 y，且輸入一個 y，僅得到一個輸出 x，則稱 $f(x)$ 為一對一函數（one-to-one function）。

　　一對一函數之幾何意義為任何一條水平線與圖形只能有一個交點，會滿足這樣的函數都是遞增或遞減函數，繪圖如下：

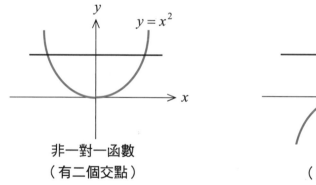
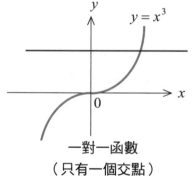

非一對一函數
（有二個交點）

一對一函數
（只有一個交點）

∎

特殊函數

1.　絕對值 $|x - a| = \begin{cases} x - a, & x \geq a \\ a - x, & x < a \end{cases}$

　　即 $x = a$ 稱為轉折點附近會變號，如右圖所示。

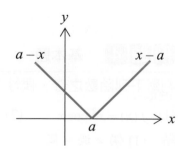

2.　高斯函數（Gauss function） $[x]$ 表示：不大於本身之最大整數，如 $[2.5] = 2$，$[-2.3] = -3$，$[-0.2] = -1$，

$[0.4] = 0 \cdots$ 等，以數學式來定義則如下所示：

$$x - 1 < [x] \leq x$$

故高斯函數之圖形會有跳動現象，因此高斯函數又稱「階梯函數」，如 $y = [x]$、$y = [2x]$ 之圖形：

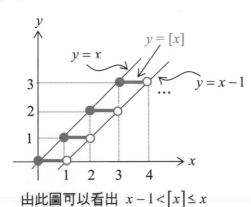 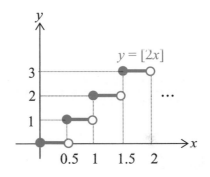

由此圖可以看出 $x - 1 < [x] \leq x$

多項式與有理式

定義　多項式

$f(x) = a_n x^n + a_{n-1} x^{n-1} + \cdots + a_1 x + a_0$，$n \in \mathbb{N} \cup \{0\}$，$a_n \neq 0$，稱 $f(x)$ 為次數（degree）n 之多項式（polynomial）。如 $f(x) = 3x + 2$ 為一次多項式，$f(x) = x^2 + 2x + 3$ 為二次多項式。

定義　有理式

$f(x) = \dfrac{P(x)}{Q(x)}$，若 $P(x)$、$Q(x)$ 皆為多項式時，稱 $f(x)$ 為有理式（rational function）。

長除法

求 $(x^4 - 5x^3 + 6x^2 + 2x - 8) \div (x^2 - 3x - 2)$，即計算 $\dfrac{x^4 - 5x^3 + 6x^2 + 2x - 8}{x^2 - 3x - 2}$。由下式得

$$
\begin{array}{r}
x^2 - 2x + 2 \\
x^2 - 3x - 2 \overline{\big)\; x^4 - 5x^3 + 6x^2 + 2x - 8} \\
\underline{x^4 - 3x^3 - 2x^2} \\
-2x^3 + 8x^2 + 2x \\
\underline{-2x^3 + 6x^2 + 4x} \\
2x^2 - 2x - 8 \\
\underline{2x^2 - 6x - 4} \\
4x - 4
\end{array}
$$

$$
\therefore \; \frac{x^4 - 5x^3 + 6x^2 + 2x - 8}{x^2 - 3x - 2} = x^2 - 2x + 2 + \frac{4x - 4}{x^2 - 3x - 2}
$$

三角函數

定義　**三角函數**

如下圖所示之直角三角形，其三個邊之邊長分別為 a、b、c，則有如下之定義：

$$\sin x = \frac{b}{c}\,,\;\; \cos x = \frac{a}{c}$$

$$\tan x = \frac{\sin x}{\cos x} = \frac{b}{a}\,,\; \cot x = \frac{\cos x}{\sin x} = \frac{a}{b}$$

$$\sec x = \frac{1}{\cos x} = \frac{c}{a}\,,\; \csc x = \frac{1}{\sin x} = \frac{c}{b}$$

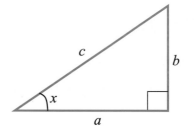

三角函數（trigonometric function）依六邊形排列位置可得到以下之關係：

1. **平方關係：** $\sin^2 x + \cos^2 x = 1$

    $\tan^2 x + 1 = \sec^2 x$

    $\cot^2 x + 1 = \csc^2 x$

2. **倒數關係：** $\sin x = \dfrac{1}{\csc x}$

    $\cos x = \dfrac{1}{\sec x}$

    $\tan x = \dfrac{1}{\cot x}$

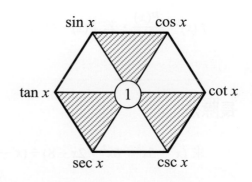

3. **左右護法關係**：$\sin x = \tan x \cos x$ ，$\cos x = \sin x \cot x$

$\tan x = \sin x \sec x$ ，$\cot x = \cos x \csc x$

$\sec x = \tan x \csc x$ ，$\csc x = \cot x \sec x$

　　三角函數之重要公式現整理如下：

1. **加法公式**（基本）：

(1) $\sin(\alpha \pm \beta) = \sin\alpha\cos\beta \pm \cos\alpha\sin\beta$

(2) $\cos(\alpha \pm \beta) = \cos\alpha\cos\beta \mp \sin\alpha\sin\beta$ 〕工具！

2. **積化和差**（加法公式推導即得）：

(1) $2\sin\alpha\cos\beta = \sin(\alpha+\beta) + \sin(\alpha-\beta)$

(2) $2\cos\alpha\sin\beta = \sin(\alpha+\beta) - \sin(\alpha-\beta)$

(3) $2\cos\alpha\cos\beta = \cos(\alpha-\beta) + \cos(\alpha+\beta)$

(4) $2\sin\alpha\sin\beta = \cos(\alpha-\beta) - \cos(\alpha+\beta)$

3. **半角公式**：

(1) $\sin^2 x = \dfrac{1-\cos 2x}{2}$ （記！）

(2) $\cos^2 x = \dfrac{1+\cos 2x}{2}$ （記！）

4. **二倍角公式**：

(1) $\sin 2x = 2\sin x\cos x$ （記！）

(2) $\cos 2x = 2\cos^2 x - 1 = 1 - 2\sin^2 x$

5. **三倍角公式**：

(1) $\cos 3x = 4\cos^3 x - 3\cos x$ （記！）

(2) $\sin 3x = 3\sin x - 4\sin^3 x$

6. **特別角**：

角度關係： $2\pi（弧度）= 360^\circ$

$\therefore \pi = 180^\circ$ ；$\dfrac{\pi}{2} = 90^\circ$ ；$\dfrac{\pi}{3} = 60^\circ$ ；$\dfrac{\pi}{4} = 45^\circ$

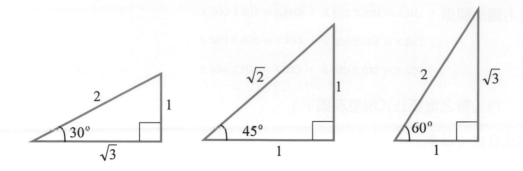

$$\sin(0^\circ) = 0 \text{ , } \cos(0^\circ) = 1 \text{ , } \tan(0^\circ) = 0$$

$$\sin(30^\circ) = \frac{1}{2} \text{ , } \cos(30^\circ) = \frac{\sqrt{3}}{2} \text{ , } \tan(30^\circ) = \frac{1}{\sqrt{3}}$$

$$\sin(45^\circ) = \frac{1}{\sqrt{2}} \text{ , } \cos(45^\circ) = \frac{1}{\sqrt{2}} \text{ , } \tan(45^\circ) = 1$$

$$\sin(60^\circ) = \frac{\sqrt{3}}{2} \text{ , } \cos(60^\circ) = \frac{1}{2} \text{ , } \tan(60^\circ) = \sqrt{3}$$

$$\sin(90^\circ) = 1 \text{ , } \cos(90^\circ) = 0 \text{ , } \tan(90^\circ) = \infty$$

指數與對數

1. 指數（exponential）a^x 有如下之運算式：

$$a^0 = 1 \text{ 、 } a^{-x} = \frac{1}{a^x} \text{ 、 } a^x \cdot a^y = a^{x+y} \text{ , } \frac{a^x}{a^y} = a^{x-y} \text{ 、 } (a^x)^y = a^{xy} \text{ 、 } \left(\frac{a}{b}\right)^x = \frac{a^x}{b^x}$$

2. 對數（logarithmic）$\log_a x$（$a > 0, a \neq 1$）有如下之運算式：

$$\log_a 1 = 0 \text{ 、 } \log_a(xy) = \log_a x + \log_a y \text{ 、 } \log_a(\frac{x}{y}) = \log_a x - \log_a y \text{ 、 }$$

$$\log_a x^r = r \log_a x \text{ 、 } \log_a b = \frac{\log_c b}{\log_c a}$$

3. 換底：$a^r = 10^{r \log a}$（此處 log 以 10 為底）

現在分別將 $y = 3^x$ 與 $y = \log_3 x$ 畫圖如下，供同學參考！

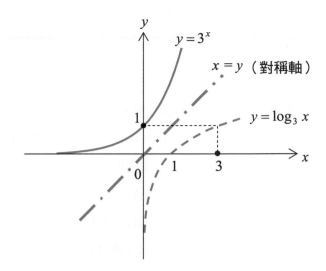

等差級數與等比級數

1. **等差數列與等差級數**：$a_1, a_1 + d, a_1 + 2d, a_1 + 3d, \cdots$。

   首項 a_1，公差 d，則

   (1) 第 n 項：$a_n = a_1 + (n-1)d$。

   (2) 前 n 項和：$S_n = \sum_{i=1}^{n} a_i = (a_1 + a_n) \cdot \dfrac{n}{2}$。

2. **等比數列與等比級數**：$a_1, a_1 r, a_1 r^2, a_1 r^3, \cdots$。

   首項 a_1，公比 r，則

   (1) 第 n 項：$a_n = a_1 r^{n-1}$。

   (2) 前 n 項和：$S_n = \sum_{i=1}^{n} a_i = \dfrac{a_1(1 - r^n)}{1 - r}$。

   (3) 無窮等比級數和：$S_\infty = \sum_{i=1}^{\infty} a_i = \dfrac{a_1}{1 - r}$，$|r| < 1$。

本章習題

基本題

1. 已知 $f(x) = x^3 - 3x^2 - 2x + 1$，
   且 $g(x) = 1$，則 $f(g(x)) = ?$　$g(f(x)) = ?$

2. 下列哪些不是奇函數？

   (A) $\sin 2x$

   (B) $\sin 4x$

   (C) $x^3 + 1$

   (D) $\dfrac{x}{x^2 + 3}$

   (E) $\sqrt[3]{x}$

3. 求 $y^2 = x$ 與 $y = x - 2$ 之交點坐標。

4. $f(x) = 2x^3 + x - 7$ 有一根介於下列哪個區間？

   (A) $(-2, -1)$

   (B) $(-1, 0)$

   (C) $(0, 1)$

   (D) $(1, 2)$

   (E) $(2, 3)$

5. 已知 $\log_a(5^a) = \dfrac{a}{3}$，求 $a = ?$

CHAPTER

極　限

1. 瞭解極限的意義
2. 瞭解極限的基本性質
3. 熟悉各型極限的計算
4. 瞭解漸近線的意義與求法
5. 瞭解圖形之連續性與計算

1-1　什麼是極限

　　微積分（calculus）是一門有趣的學問，應用很廣泛，學習方法上同學不要再以背誦或硬記的方式來讀，在我的寫法下可當成小說研讀，因為唸大學時「讀書方法」與「認真程度」決定您的未來。

　　極限（limit）是學習微積分的基礎工具，其成熟的觀念直到十九世紀初才由法國數學家柯西（Cauchy，1789~1857）以數學語言描述成功。本書開門見山地以俏皮話來解釋極限式

$$\lim_{x \to a} f(x) = b \quad \cdots\cdots (1)$$

之意義會較親切，即：

　　　　「如果 x 趨近 a（但 $x \neq a$），則 $f(x)$ 會趨近 b，能多近就多近！」

　　觀察 (1) 式，發現 (1) 式僅出現 4 個代數：a、b、x、$f(x)$，現在舉例來說明 (1) 式之關係是最好不過了！例如用功程度與考試分數一定有關係，假設微積分這一科的考試滿分為 100 分（$b = 100$），而學生一天當中最長可能的讀書時間為 10 小時（$a = 10$），現藉由下表所列：

讀書時間 x	最長讀書時間（固定） a	分數 $f(x)$	滿分（固定） b
5	10	50	100
7	10	70	100
9	10	90	100
9.5	10	95	100
9.9　　→	10	99　　→	100

已可看出 $\lim_{x \to a} f(x) = b$ 之真正意義！以數學原味敘述 $\lim_{x \to a} f(x) = b$ 則如下所示：

定義 極限

極限 $\lim\limits_{x \to a} f(x) = b$ 之數學定義（<u>柯西</u>所定義）為（僅供參考！）：

「對任何 $\varepsilon > 0$，恆可找到一個 $\delta > 0$（此 δ 和 ε 有關），使得當 $0 < |x-a| < \delta$ 時，必有 $|f(x)-b| < \varepsilon$。」 ■

觀念說明

1. 同學須瞭解 $\lim\limits_{x \to a} f(x) = b$ 之「因果」含意。我們常說：「種因得果」，$x \to a$ 是「因」，而 $f(x) \to b$ 是「果」。且極限結果只有二種可能：存在或不存在。若極限存在，則「等於」b（確定之數字）。

2. 現以幾何與函數觀念來解釋 ε 與 δ 之意義。如下圖所示：

$$\begin{cases} 0 < |x-a| < \delta : \delta \text{是定義域（domain）} x \text{之範圍（且看出需 } x \neq a) \\ |f(x)-b| < \varepsilon : \varepsilon \text{是值域（range）之範圍（且看出容許 } f(x) = b) \end{cases}$$

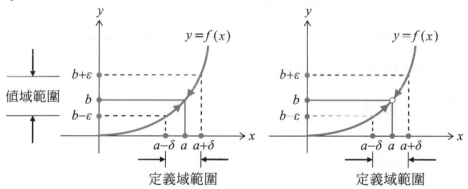

說明：左圖之 $f(a)$ 存在，右圖之 $f(a)$ 不存在，但二圖之 $\lim\limits_{x \to a} f(x)$ 皆存在。

比較：$\begin{cases} \lim\limits_{x \to a} f(x) : \text{極限值} \\ f(a) : \text{函數值} \end{cases}$ ～ $\lim\limits_{x \to a} f(x)$ 與 $f(a)$ 二者是互為獨立事件（即二者無關！）

以下先列出一些極限公式（當成極限國之規矩，可憑直覺得知，不用證明了！），以利於爾後之計算：

極限定律（Limit laws）～極限運算之基本性質

若已知 $\lim\limits_{x \to a} f(x) = A$，$\lim\limits_{x \to a} g(x) = B$，則：

1. $\lim\limits_{x \to a}\left[f(x) \pm g(x)\right] = \lim\limits_{x \to a} f(x) \pm \lim\limits_{x \to a} g(x) = A \pm B$

   即：「先加減，再求極限」與「先求極限，再加減」相同。

2. $\lim\limits_{x \to a} kf(x) = k \lim\limits_{x \to a} f(x) = kA$，其中 k 為常數。

3. $\lim\limits_{x \to a}[f(x) \cdot g(x)] = \lim\limits_{x \to a} f(x) \cdot \lim\limits_{x \to a} g(x) = A \cdot B$

   即：「先乘再求極限」與「先求極限再乘」相同。

4. $\lim\limits_{x \to a} \dfrac{f(x)}{g(x)} = \dfrac{\lim\limits_{x \to a} f(x)}{\lim\limits_{x \to a} g(x)} = \dfrac{A}{B}$，但 $B \neq 0$。

   即：「先除再求極限」與「先求極限再除」相同。

引申：

5. $\lim\limits_{x \to a}\left[f(x)\right]^n = \left[\lim\limits_{x \to a} f(x)\right]^n = A^n$，其中 $n \in \mathbb{N}$。

6. $\lim\limits_{x \to a}\left[f(x)\right]^{1/n} = \left[\lim\limits_{x \to a} f(x)\right]^{1/n} = A^{1/n}$。

有了以上的極限定律，則以下的極限工具也都可以接受了：

1. 常數型：$\lim\limits_{x \to a}(c) = c$，其中 c 為一常數。

2. 多項式型：$\lim\limits_{x \to a}(b_n x^n + \cdots + b_1 x + b_0) = b_n a^n + \cdots + b_1 a + b_0$。

3. 絕對值型：$\lim\limits_{x \to a}|x| = |a|$。

4. 分式型：$\lim\limits_{x \to a} \dfrac{1}{x} = \dfrac{1}{a}$，但 $a \neq 0$。

5. 三角函數型：$\lim\limits_{x \to a} \sin x = \sin a$（其它之三角函數亦同）。

以上性質經常用之，但須注意一個前提：「個別（單一）之極限值均應先存在後才可計算，且個別極限的項數要有限個」，如下例題之說明。

例題 1　基本題

若 $f(x) = \begin{cases} x+2, & x \neq 0 \\ 1, & x = 0 \end{cases}$ ，求 $\lim\limits_{x \to 0} f(x) = ?$

解　$f(x)$ 之圖形如右所示：

　　看出 $\lim\limits_{x \to 0} f(x) = \lim\limits_{x \to 0}(x+2) = 2$

　　雖然 $f(0) \neq 2$ ！■

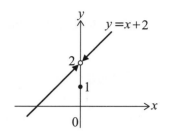

類題　若 $f(x) = \begin{cases} x+3, & x \neq 0 \\ 2, & x = 0 \end{cases}$ ，求 $\lim\limits_{x \to 0} f(x) = ?$

答　$\lim\limits_{x \to 0} f(x) = \lim\limits_{x \to 0}(x+3) = 3$ ■

例題 2　基本題

請問 $\lim\limits_{x \to 2}\left[x^2 + (-4x)\right] = \lim\limits_{x \to 2}x^2 + \lim\limits_{x \to 2}(-4x)$ 是否成立？為什麼？

解　成立！

　　$\because \lim\limits_{x \to 2}x^2 = 4$ ，$\lim\limits_{x \to 2}(-4x) = -8$

　　$\therefore \lim\limits_{x \to 2}\left[x^2 + (-4x)\right] = \lim\limits_{x \to 2}x^2 + \lim\limits_{x \to 2}(-4x) = 4 - 8 = -4$（存在）■

類題　請問 $\lim\limits_{x \to 3}(x^2 + 2x) = \lim\limits_{x \to 3}x^2 + \lim\limits_{x \to 3}2x$ 是否成立？為什麼？

答　成立！

　　$\because \lim\limits_{x \to 3}x^2 = 9$ ，$\lim\limits_{x \to 3}2x = 6$

　　$\therefore \lim\limits_{x \to 3}(x^2 + 2x) = \lim\limits_{x \to 3}x^2 + \lim\limits_{x \to 3}2x = 9 + 6 = 15$（存在）■

例題 3　基本題

請問 $\lim\limits_{x \to 0}\left[\dfrac{1}{x} + \left(-\dfrac{1}{x}\right)\right] = \lim\limits_{x \to 0}\dfrac{1}{x} + \lim\limits_{x \to 0}\left(-\dfrac{1}{x}\right)$ 是否成立？為什麼？

解　不成立！$\because \lim\limits_{x \to 0}\dfrac{1}{x} = \infty$（不存在）■

類題 請問 $\lim_{x \to 0}\left(x \cdot \dfrac{1}{x}\right) = \lim_{x \to 0} x \cdot \lim_{x \to 0} \dfrac{1}{x}$ 是否成立？為什麼？

答 不成立！∵ $\lim_{x \to 0} \dfrac{1}{x} = \infty$（不存在）■

例題 4　基本題

若 $\lim_{x \to 0} f(x) = 2$，$\lim_{x \to 0} g(x) = -7$，求 $\lim_{x \to 0} [3 + f(x)]g(x)$ 之值。

解 原式 $= \lim_{x \to 0} 3g(x) + \lim_{x \to 0} f(x) \cdot \lim_{x \to 0} g(x) = 3 \cdot (-7) + 2 \cdot (-7) = -35$ ■

類題 若 $\lim_{x \to 0} f(x) = 2$，求 $\lim_{x \to 0}[3x^2 + f(x)] = ?$

答 原式 $= 0 + \lim_{x \to 0} f(x) = 0 + 2 = 2$ ■

例題 5　觀念題

請問 $\lim_{n \to \infty}\left(\dfrac{1}{n^2} + \dfrac{2}{n^2} + \cdots + \dfrac{n}{n^2}\right) = \lim_{n \to \infty}\dfrac{1}{n^2} + \lim_{n \to \infty}\dfrac{2}{n^2} + \cdots + \lim_{n \to \infty}\dfrac{n}{n^2}$

$$= 0 + 0 + \cdots + 0$$
$$= 0$$

此敘述正確嗎？

解 錯。因為「有限個」項的和會成立，但「無限多個」項的和就不一定對！（因為有時會聚沙成塔喔！）■

習題 1-1

1. 「已知 $f(3) = 6$，則 $\lim\limits_{x \to 3} f(x) = 6$」，此敘述對嗎？

2. 請問 $\lim\limits_{x \to 2} \left[\dfrac{1}{x-2} + \left(-\dfrac{1}{x-2} \right) \right] = \lim\limits_{x \to 2} \dfrac{1}{x-2}$
   $+ \lim\limits_{x \to 2} \left(-\dfrac{1}{x-2} \right)$ 是否成立？

3. 已知 $\lim\limits_{x \to 0} f(x) = 5$，$\lim\limits_{x \to 0} g(x) = 7$，則
   $\lim\limits_{x \to 0} \left[f(x) - 3g(x) \right] = ?$

4. 請問 $\lim\limits_{n \to \infty} \dfrac{3^n}{5^n + 1} = \dfrac{\lim\limits_{n \to \infty} 3^n}{\lim\limits_{n \to \infty} (5^n + 1)}$ 是否成立？

1-2 極限求法

極限之計算依目前進度整理成如下六種類型,說穿了只是「極限國」的小觀念或計算而已,先從基礎快樂學習吧!

▌第一型　連續函數型

1. 當函數是連續時,就直接代入。

2. 分式型極限 $\lim\limits_{x \to a} \dfrac{f(x)}{g(x)}$ 之 $g(a) \neq 0$,仍然直接代入!

例題 1　基本題

(1) 求 $\lim\limits_{x \to 1} x^2 = ?$

(2) 求 $\lim\limits_{x \to 1} \sin x = ?$

解　(1) 令 $x = 1$ 直接代入得 $\lim\limits_{x \to 1} x^2 = 1$

(2) 令 $x = 1$ 直接代入得 $\lim\limits_{x \to 1} \sin x = \sin 1$ ■

類題　求 (1) $\lim\limits_{x \to 2}(2x + 3) = ?$　(2) $\lim\limits_{x \to \frac{\pi}{3}} \cos x = ?$

答　(1) 令 $x = 2$ 直接代入得 $\lim\limits_{x \to 2}(2x + 3) = 4 + 3 = 7$

(2) 令 $x = \dfrac{\pi}{3}$ 直接代入得 $\lim\limits_{x \to \frac{\pi}{3}} \cos x = \dfrac{1}{2}$ ■

例題 2　基本題

求 $\lim\limits_{x \to 1} \dfrac{x - 5}{x^2 + 3x + 4} = ?$

解　觀察知 $x^2 + 3x + 4 \big|_{x=1} = 8 \neq 0$

故以 $x = 1$ 直接代入得 $\lim\limits_{x \to 1} \dfrac{x - 5}{x^2 + 3x + 4} = \dfrac{-4}{8} = -\dfrac{1}{2}$ ■

類題 求 $\lim_{x \to 5} \dfrac{x+5}{x^2-15} = ?$

答 令 $x = 5$ 直接代入得原式 $= 1$ ∎

▌第二型 分子、分母同時趨近於 0 之極限（即 $\dfrac{0}{0}$）

若 $\lim_{x \to a} \dfrac{f(x)}{g(x)}$ 中 $g(a) = 0$ 時，則會有以下之二種結果：

1. 若 $f(a) \neq 0$，則不用計算即知極限不存在。
2. 若 $f(a) = 0$，則極限可能存在、亦可能不存在，需進一步計算才知。

◆計算策略 設法把分母為 0 之因素消除！方法為因式分解：將產生 0 之因式提出約掉。（基本原則：使分母不為 0）

例題 3 基本題

求 $\lim_{x \to 2} \dfrac{x^2 - 3x + 2}{x^2 - x - 2} = ?$

解 本題考的是因式分解！

$$原式 = \lim_{x \to 2} \frac{(x-1)\cancel{(x-2)}}{(x+1)\cancel{(x-2)}} = \lim_{x \to 2} \frac{x-1}{x+1} = \frac{1}{3} \ ∎$$

類題 求 $\lim_{x \to 2} \dfrac{x^2 + 3x - 10}{x^2 + x - 6} = ?$

答 $原式 = \lim_{x \to 2} \dfrac{(x+5)(x-2)}{(x-2)(x+3)} = \dfrac{7}{5} \ ∎$

例題 4 基本題

求 $\lim_{x \to 2} \dfrac{x(x-2)}{x^2 - 4x + 4} = ?$

解 $原式 = \lim_{x \to 2} \dfrac{x(x-2)}{(x-2)^2} = \lim_{x \to 2} \dfrac{x}{x-2} =$ 不存在 ∎

類題 求 $\lim_{x \to 3} \dfrac{x(x-3)}{x^2 - 6x + 9} = ?$

答 原式 $= \lim_{x \to 3} \dfrac{x(x-3)}{(x-3)^2} = \lim_{x \to 3} \dfrac{x}{x-3} =$ 不存在 ■

▌第三型 趨近 ∞ 之極限

　　當 $x \to \infty$ 時，導致函數或分子、分母會趨近無限大，這時將函數盡量化成「分式型式」，藉由產生分子、分母以比較大小，作者稱為「九牛一毛」法，即利用「一毛」與「九牛」相比之下，可略去之觀念而求出極限。

◆計算策略

$$\lim_{x \to \infty} \frac{a_m x^m + \cdots + a_1 x + a_0}{b_n x^n + \cdots + b_1 x + b_0} = \begin{cases} 分母次方 \, n > 分子次方 \, m，\; 0 \\[2mm] 分母次方 \, n = 分子次方 \, m，\; \dfrac{a_m}{b_n} \\[2mm] 分母次方 \, n < 分子次方 \, m，\; \pm\infty \end{cases}$$

例題 5 基本題

$\lim_{x \to \infty} \dfrac{2x^2 + x + 2}{2x^3 + 4x^2 + x + 1} = 0$，分母次方 > 分子次方；

$\lim_{x \to \infty} \dfrac{2x^3 + 4x^2 + x + 1}{2x^2 + x + 2} = \infty$，分母次方 < 分子次方；

$\lim_{x \to \infty} \dfrac{2x^2 + x + 1}{2x^2 + x + 2} = 1$，分母次方 = 分子次方。 ■

類題 求 $\lim_{x \to \infty} \dfrac{8x^2 - 4x + 5}{(5x-1)^2} = ?$

答 分母次方 = 分子次方，比較最高次方之係數即可！得原式 $= \dfrac{8}{5^2} = \dfrac{8}{25}$ ■

▌第四型　左右極限之求法

　　有些函數在某些點的左、右附近，會有變號、跳動或振盪的情形發生，例如函數 $f(x) = \dfrac{|x|}{x}$ 在 $x = 0$ 之情形：

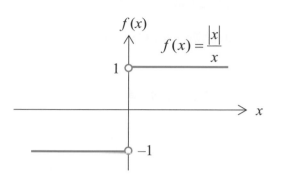

$$f(x) = \frac{|x|}{x}$$

　　此時看圖可知 $\displaystyle\lim_{x \to 0^+} \frac{|x|}{x} = 1 \cdots$ 右極限

$$\lim_{x \to 0^-} \frac{|x|}{x} = -1 \cdots \text{左極限}$$

通稱左、右極限為單邊極限（one-side limit），請看如下之定義：

定義　右極限與左極限

　　設 $f(x)$ 為一函數，$b \in \mathbb{R}$，對任意給定之正數 ε，都能找到 $\delta > 0$，使得當 $a < x < a + \delta$ 時，有 $|f(x) - b| < \varepsilon$，則稱 $f(x)$ 之右極限（right limit）為 b，記為 $\displaystyle\lim_{x \to a^+} f(x) = b$。同理，可定義左極限（left limit）為 $\displaystyle\lim_{x \to a^-} f(x) = b$。　■

　　故知左、右極限僅是原先極限之單邊特例也，當函數有不連續之情況或題意要求時，左、右極限之計算就可派上用場。

觀念說明

　　由極限定義 $\displaystyle\lim_{x \to a} f(x) = b$，其意義乃表示 $f(x)$ 之值在 $x = a$ 點附近無變號或跳動現象，若 $\displaystyle\lim_{x \to a} f(x) = b$，必表示 $\displaystyle\lim_{x \to a^+} f(x) = \lim_{x \to a^-} f(x) = b$ 已成立。故「極限若存在，則必唯一」，可視為極限之「基本事實」也！

　　以下整理出會用到單邊極限之三種函數類型：

1. 條件函數：如 $f(x) = \begin{cases} x+1, & x \leq -1 \\ -x, & -1 < x < 1 \\ 2x-3, & x \geq 1 \end{cases}$。

2. 絕對值函數：如 $f(x) = |x-a| = \begin{cases} x-a, & x \geq a \\ a-x, & x < a \end{cases}$。

3. 高斯函數：如 $f(x) = [x]$。

例題 6　基本題

若 $f(x) = \begin{cases} x+1, & -2 \leq x < 0 \\ 2, & x = 0 \\ -x, & 0 < x < 2 \\ 0, & x = 2 \\ x-4, & 2 < x \leq 4 \end{cases}$，求 $\lim\limits_{x \to 0} f(x) = ?$　$\lim\limits_{x \to 2} f(x) = ?$

解　此類題目先畫圖即可回答！如下圖所示：

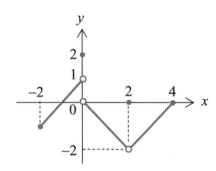

(1) $\because \lim\limits_{x \to 0^-} f(x) = 1$，$\lim\limits_{x \to 0^+} f(x) = 0$

　　$\therefore \lim\limits_{x \to 0} f(x)$ 不存在

(2) $\because \lim\limits_{x \to 2^-} f(x) = -2$，$\lim\limits_{x \to 2^+} f(x) = -2$

　　$\therefore \lim\limits_{x \to 2} f(x) = -2$ ∎

類題　若 $f(x) = \begin{cases} 1-x, & -1 \leq x < 0 \\ x^2-1, & 0 \leq x \leq 1 \\ -x+2, & 1 < x < 2 \\ 1, & x = 2 \\ 2x-4, & 2 < x \leq 3 \end{cases}$，求 $\lim\limits_{x \to 0} f(x) = ?$　$\lim\limits_{x \to 1} f(x) = ?$　$\lim\limits_{x \to 2} f(x) = ?$

答　如下圖所示：

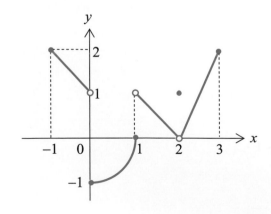

(1) $\because \lim\limits_{x \to 0^-} f(x) = 1$，$\lim\limits_{x \to 0^+} f(x) = -1$

　　$\therefore \lim\limits_{x \to 0} f(x)$ 不存在

(2) $\because \lim\limits_{x \to 1^-} f(x) = 0$，$\lim\limits_{x \to 1^+} f(x) = 1$

　　$\therefore \lim\limits_{x \to 1} f(x)$ 不存在

(3) $\because \lim\limits_{x \to 2^-} f(x) = 0$，$\lim\limits_{x \to 2^+} f(x) = 0$

　　$\therefore \lim\limits_{x \to 2} f(x) = 0$ ∎

例題 7　基本題

求 $\lim\limits_{x \to 2} \dfrac{x-2}{|x-2|} = ?$

解　有變號之情形下，需考慮左右極限！

$$\lim_{x \to 2^+} \frac{x-2}{|x-2|} = \lim_{x \to 2^+} \frac{x-2}{x-2} = 1 \ , \ \lim_{x \to 2^-} \frac{x-2}{|x-2|} = \lim_{x \to 2^-} \frac{x-2}{2-x} = -1$$

故極限不存在 ■

類題　求 $\lim\limits_{x \to 0}\left(\dfrac{|x|}{x} + 2x \right) = ?$

答　$\lim\limits_{x \to 0^+}\left(\dfrac{|x|}{x} + 2x \right) = \lim\limits_{x \to 0^1}\left(\dfrac{x}{x} + 2x \right) = 1 \ , \ \lim\limits_{x \to 0^-}\left(\dfrac{|x|}{x} + 2x \right) = \lim\limits_{x \to 0^-}\left(\dfrac{-x}{x} + 2x \right) = -1$

　　故極限不存在 ■

例題 8　基本題

求 $\lim\limits_{x \to 3} \dfrac{|5-2x| - |x-2|}{|x-5| - |3x-7|} = ?$

解　$x = 3$ 不是其絕對值（$|5-2x|\cdots$ 等）的轉折點，故直接計算即可！

$$原式 = \lim_{x \to 3} \frac{(2x-5)-(x-2)}{(5-x)-(3x-7)} = \lim_{x \to 3} \frac{x-3}{12-4x} = -\frac{1}{4} ■$$

類題　求 $\lim\limits_{x \to 0} \dfrac{|2x-1| - |2x+1|}{x} = ?$

答　$原式 = \lim\limits_{x \to 0} \dfrac{(1-2x)-(2x+1)}{x} = \lim\limits_{x \to 0} \dfrac{-4x}{x} = -4 ■$

例題 9　基本題

求 $\lim\limits_{x \to 1}\left(2 + [x] + [1-x] \right) = ?$

解　右極限 $= \lim\limits_{x \to 1^+}(2+1-1) = 2$ ，左極限 $= \lim\limits_{x \to 1^-}(2+0+0) = 2$

　　　　想像 $x = 1.1$　　　　　　　想像 $x = 0.9$

故 $\lim\limits_{x\to1}(2+[x]+[1-x])=1$ ■

類題 求 $\lim\limits_{x\to0}([1-x]+[x+2])=?$

答 右極限 $=\lim\limits_{x\to0^+}(0+2)=2$，左極限 $=\lim\limits_{x\to0^-}(1+1)=2$

想像 $x=0.1$ 想像 $x=-0.1$

故 $\lim\limits_{x\to0}([1-x]+[x+2])=2$ ■

▌第五型 夾擠定理

配合例題 10、11

若函數之極限難求時，可選取另外二個函數形成一個不等式，並逼迫二側函數之極限相等時，所求函數之極限使得被夾擠而求得，故稱為夾擠定理（Squeeze Theorem，又稱三明治定理）。現敘述此定理如下：

定理 夾擠定理

若 $g(x)\le f(x)\le h(x)$，且 $\lim\limits_{x\to a}g(x)=\lim\limits_{x\to a}h(x)=L$，則 $\lim\limits_{x\to a}f(x)=L$。

學習上可將夾擠定理視為理所當然之事實，同學不需會證明。幾何意義如下：

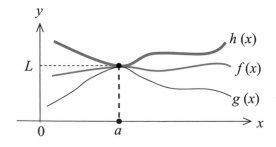

觀念說明

1. 夾擠定理乃是使用其他方法皆失敗後才使用之方法。

2. 夾擠定理常配合高斯函數與三角函數使用，如：

$x-1<[x]\le x$、$-1\le\sin x$、$\cos x\le1$。

例題 10   基本題

求 $\lim_{x \to 0^+} x^2 \left[\dfrac{1}{x} \right] = ?$（[ ] 表高斯函數）

解　∵ $\dfrac{1}{x} - 1 < \left[\dfrac{1}{x} \right] \le \dfrac{1}{x} \xrightarrow{\times x^2} x^2\left(\dfrac{1}{x} - 1 \right) < x^2\left[\dfrac{1}{x} \right] \le x^2\left(\dfrac{1}{x} \right)$

即 $x - x^2 < x^2\left[\dfrac{1}{x} \right] \le x$，取極限得 $\lim_{x \to 0^+} x^2\left[\dfrac{1}{x} \right] = 0$ ■

類題　求 $\lim_{x \to 0^+} \left[\dfrac{1}{x^3} \right] x^5 = ?$

答　∵ $\dfrac{1}{x^3} - 1 < \left[\dfrac{1}{x^3} \right] \le \dfrac{1}{x^3}$ ，∴ $x^5\left(\dfrac{1}{x^3} - 1 \right) < x^5\left[\dfrac{1}{x^3} \right] \le \dfrac{x^5}{x^3}$

即 $x^2 - x^5 < x^5\left[\dfrac{1}{x^3} \right] \le x^2$，取極限得 $\lim_{x \to 0^+} \left[\dfrac{1}{x^3} \right] x^5 = 0$ ■

例題 11   漂亮題

求 $\lim_{x \to 0} x\sin\dfrac{1}{x} = ?$

解　∵ $-1 \le \sin\dfrac{1}{x} \le 1 \xrightarrow{\times x} -x \le x\sin\dfrac{1}{x} \le x$

取極限得 $\lim_{x \to 0} x\sin\dfrac{1}{x} = 0$ ■

類題　求 $\lim_{x \to 0} x^2\cos\dfrac{1}{x} = ?$

答　∵ $-1 \le \cos\dfrac{1}{x} \le 1 \xrightarrow{\times x^2} -x^2 \le x^2\cos\dfrac{1}{x} \le x^2$

∴ $\lim_{x \to 0} x^2\cos\dfrac{1}{x} = 0$ ■

■ 第六型　三角函數極限

三角函數之極限問題大半與 $\lim_{\theta \to 0} \dfrac{\sin\theta}{\theta} = 1$ 之型式有關（其中 θ 是弧度量），要不然就是稍微變化一下再耍個把戲而已。說明如下：

例題 12 工具題

試證 $\lim\limits_{\theta \to 0} \dfrac{\sin\theta}{\theta} = 1$。

證 如右圖所示，半徑為 1 之圓上，

有 $\overline{OA} = \overline{OC} = 1$，$0 < \theta < \dfrac{\pi}{2}$。

$\because \Delta OAB < \triangle OAC < \Delta ODC$

$\Rightarrow \dfrac{1}{2}\overline{AB}\cdot\overline{OB} < \dfrac{1}{2}\cdot 1^2 \cdot \theta < \dfrac{1}{2}\cdot \overline{CD}\cdot\overline{OC}$

$\Rightarrow \dfrac{1}{2}\sin\theta \cdot \cos\theta < \dfrac{\theta}{2} < \dfrac{1}{2}\tan\theta \cdot 1$

$\Rightarrow \sin\theta\cos\theta < \theta < \tan\theta$

〰

同乘 2

$\Rightarrow \cos\theta < \dfrac{\theta}{\sin\theta} < \dfrac{1}{\cos\theta}$

〰

同除 $\sin\theta$

$\Rightarrow \dfrac{1}{\cos\theta} > \dfrac{\sin\theta}{\theta} > \cos\theta$

〰

同取倒數 $\sin\theta$

$\because \lim\limits_{\theta \to 0}\cos\theta = \lim\limits_{\theta \to 0}\dfrac{1}{\cos\theta} = 1$，$\therefore$ 由夾擠定理知 $\lim\limits_{\theta \to 0}\dfrac{\sin\theta}{\theta} = 1$ ∎

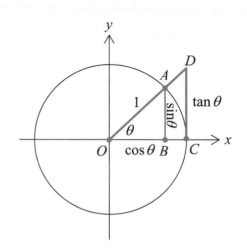

■ **通式**：$\lim\limits_{x \to 0}\dfrac{\sin\square}{\square} = 1$（$\square$ 隨喜你填，$2x$、$\dfrac{x}{2}$、x^2、…，但不可是 $\dfrac{1}{x}$）

■ **推論**：

1. $\lim\limits_{\theta \to 0}\dfrac{\sin a\theta}{\theta} = \lim\limits_{\theta \to 0}\left(\dfrac{\sin a\theta}{a\theta}\cdot a\right) = 1 \cdot a = a$。

2. $\lim\limits_{\theta \to 0}\dfrac{\tan\theta}{\theta} = \lim\limits_{\theta \to 0}(\dfrac{\sin\theta}{\theta}\dfrac{1}{\cos\theta}) = 1$，此結果亦可視為工具。

例題 13　基本題

求 $\lim_{x \to 0} \dfrac{\sin(x^3)}{x^3} = ?$

解　原式 $= 1$ ∎

類題　求 $\lim_{x \to 0} x \cot x = ?$

答　原式 $= \lim_{x \to 0} \dfrac{x}{\sin x} \cdot \cos x = 1 \cdot 1 = 1$ ∎

習題 1-2

1. 求 $\lim_{x \to 3} \dfrac{x^2 - 7x}{x + 5} = ?$

2. 求 $\lim_{x \to 2} \dfrac{x^? + x - 6}{x^2 - 4} = ?$

3. 求 $\lim_{x \to 1} \dfrac{x^2 - x}{x^2 - 2x + 1} = ?$

4. 求 $\lim_{x \to 0} x \left\lfloor \dfrac{1}{x} \right\rfloor = ?$

5. 求 $\lim_{x \to -3} \dfrac{x + 3}{|x + 3|} = ?$

6. 求 $\lim_{x \to 0} x \sin \dfrac{1}{x} = ?$

7. 設 $f(x) = \begin{cases} x^2 + 3, & x \le 3 \\ 2x + a, & x > 3 \end{cases}$,

   若 $\lim_{x \to 3} f(x)$ 存在，求 $a = ?$

8. $y = f(x)$ 之圖形如下圖所示，求：

   (1) $\lim_{x \to 3^-} f(x) = ?$

   (2) $\lim_{x \to 3} f(x) = ?$

   (3) $f(3) = ?$

   (4) $\lim_{x \to 5^-} f(x) = ?$

   (5) $\lim_{x \to 5^+} f(x) = ?$

   (6) $f(5) = ?$

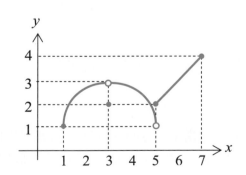

1-3　極限之應用：圖形之連續性

何謂圖形之連續性？顧名思義，圖形外觀上沒有「缺口」即為連續！先看以下三個圖形與說明：

對此圖，計算 $f(x)$ 在 $x = 1$ 的極限如下：

$$\lim_{x \to 1} f(x) = \lim_{x \to 1} \frac{x^2 - 1}{x - 1} = \lim_{x \to 1} \frac{(x+1)(x-1)}{x-1} = 2 \text{ 存在}$$

但 $f(1)$ 不存在，因此圖形不連續（看出有缺口）。

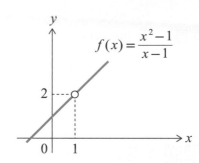

對此圖，計算 $f(x)$ 在 $x = 1$ 的極限如下：

$$\lim_{x \to 1} f(x) = \lim_{x \to 1} \frac{x^2 - 1}{x - 1} = \lim_{x \to 1} \frac{(x+1)(x-1)}{x-1} = 2 \text{ 存在}$$

但 $f(1) = 3$，因此圖形不連續（看出有缺口）。

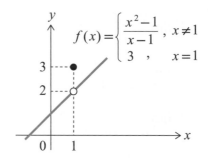

對此圖，計算 $f(x)$ 在 $x = 1$ 的極限如下：

$$\lim_{x \to 1} f(x) = \lim_{x \to 1} \frac{x^2 - 1}{x - 1} = \lim_{x \to 1} \frac{(x+1)(x-1)}{x-1} = 2 \text{ 存在}$$

且 $f(1) = 2$，看出圖形已經連續。

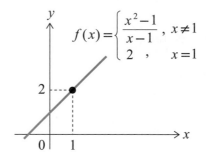

因此可知當 $x \to a$ 時，$f(x)$ 的極限值不只要存在，還要等於函數值 $f(a)$，圖形即可被「連接」而連續！所以若利用「數學話」來定義連續，應有如下之敘述：

定義 連續

若 $\lim\limits_{x \to a} f(x) = f(a)$，則 $f(x)$ 在 $x = a$ 連續（continuity）。 ■

因此，從定義知欲證明一個函數 $f(x)$ 在 $x = a$ 是否連續，須測試以下三步驟：

1. $f(a)$ 有定義，即 $f(a)$ 存在，此為函數之求法。

2. $\lim\limits_{x \to a} f(x)$ 存在，此為極限之求法。

3. $\lim\limits_{x \to a} f(x) = f(a)$。

其中 1. 與 2. 在計算上是獨立事件！請見以下例題之說明。

例題 1 基本題

若 $f(x) = \begin{cases} x + 2, & x \neq 0 \\ 1, & x = 0 \end{cases}$，則 $f(x)$ 在 $x = 0$ 是否連續？

解 $\because f(0) = 1$，且 $\lim\limits_{x \to 0} f(x) = \lim\limits_{x \to 0}(x + 2) = 2$

故 $f(x)$ 在 $x = 0$ 為不連續 ■

類題 若 $f(x) = \begin{cases} x + 3, & x \neq 0 \\ 0, & x = 0 \end{cases}$，則 $f(x)$ 在 $x = 0$ 連續否？

答 $\because f(0) = 0$，且 $\lim\limits_{x \to 0} f(x) = \lim\limits_{x \to 0}(x + 3) = 3$，故 $f(x)$ 在 $x = 0$ 為不連續 ■

例題 2　基本題

若 $f(x) = \begin{cases} \dfrac{\sin x}{x}, & x \neq 0 \\ 1, & x = 0 \end{cases}$ ，問 $f(x)$ 在 $x = 0$ 是否連續？

解　$\because f(0) = 1$

且 $\displaystyle\lim_{x \to 0} f(x) = \lim_{x \to 0}\left(\dfrac{\sin x}{x}\right) = 1$

故 $f(x)$ 在 $x = 0$ 為連續 ■

類題　若 $f(x) = \begin{cases} x^2 \sin \dfrac{1}{x}, & x \neq 0 \\ 0, & x = 0 \end{cases}$ ，則 $f(x)$ 在 $x = 0$ 連續否？

答　$\because f(0) = 0$，且 $\displaystyle\lim_{x \to 0} f(x) = \lim_{x \to 0} x^2 \sin\dfrac{1}{x} = 0$

故 $f(x)$ 在 $x = 0$ 連續 ■

例題 3　基本題

若 $f(x) = \begin{cases} \dfrac{k(x^2 - 4) + x - 2}{x - 2}, & x \neq 2 \\ 3, & x = 2 \end{cases}$ 在 $x = 2$ 連續，則 k 值為何？

解　(1) $f(2) = 3$ 是存在的

(2) $\displaystyle\lim_{x \to 2} f(x)$ 要存在，且其值為 3

即 $\displaystyle\lim_{x \to 2} \dfrac{k(x^2 - 4) + x - 2}{x - 2} = 3$

由 $\displaystyle\lim_{x \to 2} \dfrac{k(x^2 - 4) + x - 2}{x - 2} = \lim_{x \to 2} \dfrac{(x - 2)\big[k(x + 2) + 1\big]}{x - 2} = 4k + 1 = 3$

知 $k = \dfrac{1}{2}$ ■

類題　若 $f(x) = \begin{cases} \dfrac{k(x^2 - 1) - x + 1}{x - 1}, & x \neq 1 \\ 5, & x = 1 \end{cases}$ 在 $x = 1$ 為連續，則 k 值為何？

答　$f(1) = 5$ 是存在的

由 $\displaystyle\lim_{x\to 1}\frac{k(x^2-1)-x+1}{x-1}=\lim_{x\to 1}\frac{(x-1)[k(x+1)-1]}{x-1}=2k-1=5$

知 $k=3$ ■

例題 4　基本題

設 $f(x)=\begin{cases} ax, & x<-1 \\ 3x+b, & -1\le x<2 \\ x^2+1, & x\ge 2 \end{cases}$ 為連續函數，求 a、$b=?$

解　由 $\begin{cases} f(-1^-)=f(-1^+)\to -a=-3+b \\ f(2^-)=f(2^+)\to 6+b=5 \end{cases}$ $\xrightarrow{\ 解得\ }$ $a=4,\ b=-1$ ■

類題　若 $f(x)=\begin{cases} \dfrac{x^2-4}{x-2}, & x<2 \\ ax^2-bx+3, & 2\le x<3 \\ 2x-a+b, & x\ge 3 \end{cases}$ 為連續函數，則 a、$b=?$

答　$f(2^-)=\displaystyle\lim_{x\to 2^-}\frac{x^2-4}{x-2}=4$，$f(2^+)=\displaystyle\lim_{x\to 2^+}(ax^2-bx+3)=4a-2b+3$

又 $f(3^-)=9a-3b+3,\ f(3^+)=6-a+b$

由 $\begin{cases} f(2^-)=f(2^+)\to 4a-2b=1 \\ f(3^-)=f(3^+)\to 10a-4b=3 \end{cases}$ $\to$ $a=\dfrac{1}{2},\ b=\dfrac{1}{2}$ ■

▶心得　由 $f(x)$ 在某一點連續性之計算過程，可知 $f(x)$ 之極限存在與連續的關係如下：

$$極限存在 \underset{一定}{\overset{不一定}{\rightleftarrows}} 連續$$

連續函數有哪些定理或事實可以當數學常識加以應用呢？請見以下的定理。

定理　多項式之連續性

多項式處處連續。

定 理　連續函數四則運算後的連續狀況

　　$f(x)$、$g(x)$ 在 $x = a$ 皆連續，且 $g(a) \neq 0$，則 $f(x) \pm g(x)$、$f(x) \cdot g(x)$、$\dfrac{f(x)}{g(x)}$ 在 $x = a$ 皆連續。

定 理　中間值定理

　　若函數 $f(x)$ 在區間 $[a, b]$ 上連續，且最大值與最小值分別為 M、m，則介於 M 與 m 間之任意 k 值（$m < k < M$），必存在一點 c 介於 a、b 之間，使得 $f(c) = k$，中間值定理（Intermediate Value Theorem）之幾何意義如右圖所示。

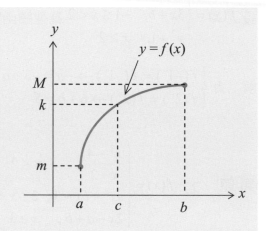

定 理　勘根定理～中間值定理之特例

　　設 $f(x)$ 在 $[a, b]$ 為連續，且 $f(a)f(b) < 0$，則至少存在一數 $c \in (a, b)$ 使得

$f(c) = 0$（即 c 為 $f(x) = 0$ 之根）。

勘根定理之幾何意義如下：將中間值定理之圖形往下平移就是勘根定理！

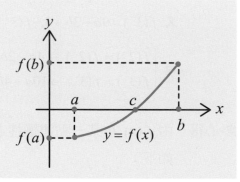

例 題 5　說明題

若 $f(x) = x^3 + x^2 - 1$，證明 $f(x)$ 在 $(0, 1)$ 之間存在一根。

解　∵ $f(0) = -1 < 0$

　　$f(1) = 1 + 1 - 1 = 1 > 0$

　　故依據勘根定理知在 $(0, 1)$ 之間存在一根使 $f(x) = 0$。■

類題 若 $f(x) = x^3 + x - 1$，證明 $f(x)$ 在 $(0, 1)$ 之間存在一根。

答 $\because f(0) = -1 < 0$，$f(1) = 1 + 1 - 1 = 1 > 0$

故依據勘根定理知在 $(0, 1)$ 之間存在一根使 $f(x) = 0$。■

習題 1-3

1. 設 $f(x) = \begin{cases} 3x + 2, & x \neq 0 \\ 2, & x = 0 \end{cases}$

   問 $f(x)$ 在 $x = 0$ 是否連續？

2. 設 $f(x) = \begin{cases} x^2 + 2x + 1, & x \neq 0 \\ 3, & x = 0 \end{cases}$

   問 $f(x)$ 在 $x = 0$ 是否連續？

3. 設 $f(x) = \begin{cases} \dfrac{\sin x}{x}, & x \neq 0 \\ k, & x = 0 \end{cases}$，求使得

   $f(x)$ 在 $x = 0$ 點為連續之 k 值。

4. 設 $f(x) = \begin{cases} \cos x, & x < 0 \\ a + x^3, & 0 \leq x < 1 \\ bx^2, & x \geq 1 \end{cases}$

   為連續函數，求 a、b 之值。

1-4 極限之應用：漸近線

本節說明極限之應用：求函數之漸近線（asymptote）。此處將函數 $y = f(x)$ 在 x-y 平面之漸近線依外型分為三類，分別說明如下：

定義　垂直漸近線

1. 若 $\lim\limits_{x \to a} f(x) = \infty$，則 $x = a$ 為 $f(x)$ 之垂直漸近線（vertical asymptote）。

2. 若 $\lim\limits_{x \to b} f(x) = -\infty$，則 $x = b$ 為 $f(x)$ 之垂直漸近線。

例　求 $f(x) = \dfrac{1}{(x+1)(x-3)}$ 的垂直漸近線。

解　由 $\lim\limits_{x \to 3} \dfrac{1}{(x+1)(x-3)} = \pm\infty$

知 $x = 3$ 為一垂直漸近線

由 $\lim\limits_{x \to -1} \dfrac{1}{(x+1)(x-3)} = \pm\infty$

知 $x = -1$ 為一垂直漸近線

如右圖所示：

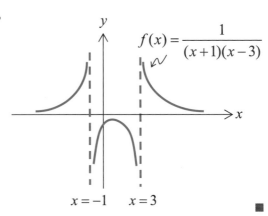

觀察法：使 $f(x)$ 分母為 0、分子不為 0 之直線就是其垂直漸近線。

註：依幾何特性，若 $f(x)$ 在 $(-\infty, \infty)$ 為連續，則無垂直漸近線！

定義　水平漸近線

1. 若 $\lim\limits_{x \to \infty} f(x) = a$，則 $y = a$ 為 $f(x)$ 之水平漸近線（horizontal asymptote）。

2. 若 $\lim\limits_{x \to -\infty} f(x) = b$，則 $y = b$ 為 $f(x)$ 之水平漸近線。

例　求 $f(x) = \dfrac{\sqrt{x^2 + 1}}{x}$ 的水平漸近線。

解 由 $\lim\limits_{x \to \infty} \dfrac{\sqrt{x^2+1}}{x} \approx \lim\limits_{x \to \infty} \dfrac{\sqrt{x^2}}{x} = 1$

知 $y = 1$ 為一水平漸近線

$\lim\limits_{x \to -\infty} \dfrac{\sqrt{x^2+1}}{x} \approx \lim\limits_{x \to -\infty} \dfrac{\sqrt{x^2}}{x} = -1$

知 $y = -1$ 為一水平漸近線

如右圖所示：

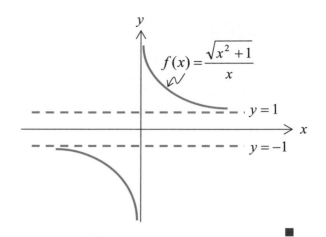

註：依幾何特性，每個函數圖形的水平漸近線「至多」有二條！

定義 斜漸近線

1. 若 $\lim\limits_{x \to \infty} \dfrac{f(x)}{x} = m_1$，再由 $\lim\limits_{x \to \infty}(f(x) - m_1 x) = b_1$ 求出 b_1，則 $y = m_1 x + b_1$ 為斜漸近線（oblique asymptote 或 slant asymptote）。

2. 若 $\lim\limits_{x \to -\infty} \dfrac{f(x)}{x} = m_2$，再由 $\lim\limits_{x \to -\infty}(f(x) - m_2 x) = b_2$ 求出 b_2，則 $y = m_2 x + b_2$ 為斜漸近線。

示意圖如下所示：（當 $m = 0$ 時，斜漸近線即為水平漸近線！即水平漸近線僅為斜漸近線的特例）

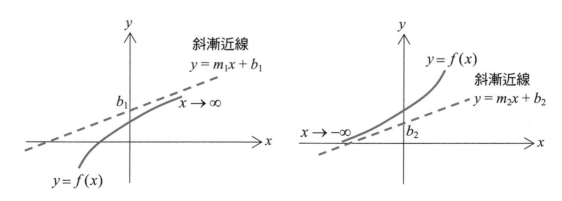

觀念說明

總結三種漸近線求法如下：

1. 定義法：斜漸近線為何如此定義？因為當 $x \to \infty$（或 $x \to -\infty$）時，斜漸近線 $y = mx + b$ 與曲線 $y = f(x)$ 二者無限接近（即幾乎相同）！

   $\therefore \lim\limits_{x \to \infty}(f(x) - mx - b) = 0$，同除 x：$\lim\limits_{x \to \infty}\left(\dfrac{f(x)}{x} - m - \dfrac{b}{x}\right) = 0$

   $\because \lim\limits_{x \to \infty}\dfrac{b}{x} = 0$，$\therefore \lim\limits_{x \to \infty}\left(\dfrac{f(x)}{x} - m\right) = 0$，故得 $\lim\limits_{x \to \infty}\dfrac{f(x)}{x} = m$

   故要先算出 m，再代回 $\lim\limits_{x \to \infty}(f(x) - mx) = b$ 求出 b！

   ▶心得　斜漸近線與水平漸近線的數目和最多二條！

   比較：$\begin{cases} \text{欲求斜漸近線要算二次極限：先算出 } m\text{，再求出 } b。 \\ \text{欲求水平漸近線僅算一次極限：僅求 } b。 \end{cases}$

2. 整理法：若函數 $y = f(x)$ 可整理為 $f(x) = mx + b + g(x)$，且有 $\lim\limits_{x \to \pm\infty} g(x) = 0$，則斜漸近線即為 $y = mx + b$。最常使用整理法的例子是 $y = f(x)$ 為「假分式」，且分子次數要大於分母次數一次或 0 次，如

   $f(x) = \dfrac{x^2 - 1}{x^2 + 1} = 1 - \dfrac{2}{x^2 + 1}$，$\therefore y = 1$ 為水平漸近線。

   $f(x) = \dfrac{x^3 + 1}{x^2 + 1} = x + \dfrac{-x + 1}{x^2 + 1}$，$\therefore y = x$ 為斜漸近線。

3. 隱函數斜漸近線之求法（速解法）

   若函數 $y = f(x)$ 可整理為多項式隱函數之型式 $F(x, y) = 0$，此時將 y 以 $mx + b$ 代入 $F(x, y) = 0$ 並整理 $F(x, mx + b) = 0$ 為 x 之降冪形式，再令 x 之最高次項與第二高次項係數皆為 0 以解出 m 與 b，則 $y = mx + b$ 即為其斜漸近線。此方法可求水平漸近線（當 $m = 0$）與斜漸近線，但不能求垂直漸近線，當然此方法也非萬能。

例題 1   基本題

求 $f(x) = \dfrac{x+3}{(x-3)(x+1)}$ 之水平與垂直漸近線。

解　$\displaystyle\lim_{x \to -1} \dfrac{x+3}{(x-3)(x+1)} = \infty$，$x = -1$ 為垂直漸近線

$\displaystyle\lim_{x \to 3} \dfrac{x+3}{(x-3)(x+1)} = \infty$，$x = 3$ 為垂直漸近線

$\displaystyle\lim_{x \to \infty} \dfrac{x+3}{(x-3)(x+1)} = 0$，$y = 0$ 為水平漸近線 ■

類題　求 $f(x) = \dfrac{4x+1}{x(x-2)}$ 之漸近線。

答　$\displaystyle\lim_{x \to 0} \dfrac{4x+1}{x(x-2)} = \infty$，得 $x = 0$ 為垂直漸近線

$\displaystyle\lim_{x \to 2} \dfrac{4x+1}{x(x-2)} = \infty$，得 $x = 2$ 為垂直漸近線

$\displaystyle\lim_{x \to \infty} \dfrac{4x+1}{x(x-2)} = 0$，得 $y = 0$ 為水平漸近線 ■

例題 2   基本題

求 $y = \dfrac{x}{x^2+2}$ 之漸近線。

解　由 $\displaystyle\lim_{x \to \infty} \dfrac{x}{x^2+2} = 0$，得 $y = 0$ 為水平漸近線 ■

類題　求 $f(x) = \dfrac{2x}{3x^2+1}$ 之漸近線。

答　由 $\displaystyle\lim_{x \to \infty} \dfrac{2x}{3x^2+1} = 0$，得 $y = 0$ 為水平漸近線 ■

例題 3   基本題

求 $f(x) = \dfrac{2x^2+3}{x^2+x+1}$ 之漸近線。

解　$\displaystyle\lim_{x \to \infty} \dfrac{2x^2+3}{x^2+x+1} = 2$

∴ $y = 2$ 為水平漸近線 ■

類題　求 $f(x) = \dfrac{4x^2 + 3}{x^2 + 2x + 4}$ 之漸近線。

答　$\lim\limits_{x \to \infty} \dfrac{4x^2 + 3}{x^2 + 2x + 4} = 4$，∴ $y = 4$ 為水平漸近線 ∎

例題 4　基本題

求 $f(x) = \dfrac{x^2 - x + 4}{x + 1}$ 之漸近線。

解　$f(x) = \dfrac{x^2 - x + 4}{x + 1} = x - 2 + \dfrac{6}{x + 1}$

直接看出 $x = -1$ 為垂直漸近線

<法一> 直接看出 $y = x - 2$ 為斜漸近線

<法二> 令 $mx + b = \dfrac{x^2 - x + 4}{x + 1} \Rightarrow (m-1)x^2 + (m+b+1)x + b - 4 = 0$

由 $\begin{cases} m - 1 = 0 \\ m + b + 1 = 0 \end{cases} \Rightarrow \begin{cases} m = 1 \\ b = -2 \end{cases}$

∴ $y = x - 2$ 為斜漸近線 ∎

類題　求 $y = \dfrac{x^3}{x^2 - 1}$ 之所有漸近線。

答　整理為 $y(x) = \dfrac{x^3}{x^2 - 1} = x + \dfrac{x}{(x-1)(x+1)}$

直接看出 $x = 1$、$x = -1$ 為垂直漸近線

直接看出 $y = x$ 為斜漸近線 ∎

習題 1-4

1. 求 $y = \dfrac{2x^2 + 1}{x^3 + x}$ 之漸近線。

2. 求 $y = \dfrac{2x^4 + 3x^2 - 2x - 4}{(x-1)(x^2 + x + 1)}$ 之漸近線。

3. 求 $y = \dfrac{-3x^2 + 5x - 1}{x - 1}$ 之漸近線。

本章習題

基本題

1. (1) 已知 $f(x) = \begin{cases} x^2 + 4, & x < 2 \\ x^3, & x > 2 \end{cases}$ ，

   求 $\lim\limits_{x \to 2} f(x) = ?$

   (2) 若 $f(x) = \begin{cases} x+1, & x < 2 \\ x^2, & x = 2 \\ 2x-1, & x > 2 \end{cases}$ ，

   求 $\lim\limits_{x \to 2} f(x) = ?$

2. (1) 求 $\lim\limits_{x \to 0} \dfrac{x^3 - 2x + 4}{x^2} = ?$

   (2) 求 $\lim\limits_{x \to 1} \dfrac{x(x-1)^2}{(x-1)^2} = ?$

3. 求 $\lim\limits_{x \to 0} \dfrac{|x^3|}{x^3} = ?$

4. (1) 求 $\lim\limits_{x \to 8} \dfrac{x^2 + 5x - 24}{x^2 + 10x + 16} = ?$

   (2) 求 $\lim\limits_{x \to 2} \dfrac{x^2 + 2x - 8}{x^2 - x - 2} = ?$

5. 求 $\lim\limits_{x \to 0} \left(\dfrac{1}{x} - \dfrac{1}{|x|} \right) = ?$

6. (1) 已知 $f(x) = \begin{cases} x^3 - 1, & x < 1 \\ \dfrac{1}{2}, & x = 1 \\ x^2, & x > 1 \end{cases}$ ，

   求 $\lim\limits_{x \to 1^+} f(x) = ?$

   (2) 已知 $f(x) = \begin{cases} (1+x)^2, & x < -1 \\ \dfrac{1}{(1+x)^2}, & x > -1 \end{cases}$ ，

   求 $\lim\limits_{x \to -1^+} f(x) = ?$

7. 已知 $f(x) = \begin{cases} x+4, & x < 2 \\ x^3 - 2, & x > 2 \end{cases}$ ，

   則 $f(x)$ 在 $x = 2$ 連續嗎？

8. 求 $\lim\limits_{x \to 1^-} \left([x] - |x| \right) = ?$

9. 已知 $f(x) = \begin{cases} x^3 \sin \dfrac{1}{x}, & x \neq 0 \\ 0, & x = 0 \end{cases}$ ，

   問 $f(x)$ 在 $x = 0$ 是否連續？

10. (1) 求 $f(x) = \dfrac{x^7}{2x-4}$ 之漸近線。

    (2) 求 $y(x) = \dfrac{3x}{x+2}$ 之漸近線。

加分題

11. 求 $\lim\limits_{x \to \infty} x \sin \dfrac{1}{x} = ?$

12. 求 $\lim\limits_{x \to 0} \dfrac{x^2 \sin \dfrac{1}{x}}{\sin x} = ?$

13. 求 $\lim\limits_{x \to \infty} \dfrac{x^2 - 4}{3 - 7x - 3x^2} = ?$

14. 求 $\lim\limits_{x \to 0} x \cos 2x = ?$

15. 求 $\lim\limits_{x \to 0} \dfrac{\sin x}{x^2 + 3x} = ?$

2
CHAPTER

微分學

本章大綱

1. 瞭解微分的意義
2. 熟悉基本的微分公式
3. 瞭解三角函數、指數與對數之微分
4. 瞭解連鎖律與對數微分法
5. 瞭解高階微分的計算
6. 瞭解隱函數之微分
7. 瞭解反函數之微分
8. 瞭解參數式之微分計算

2-1　微分之意義

對函數 $y = f(x)$，考慮自變數 x 從 a 變化到 $a + h$（亦即 x 之變化量為 $\Delta x = h$）時，此時因變數 y 的變動量即為 $\Delta y = f(a + h) - f(a)$，如右圖所示。接著計算

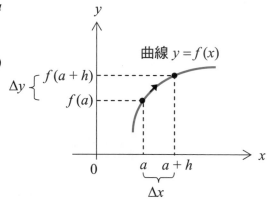

$$\frac{\Delta y}{\Delta x} = \frac{f(a+h) - f(a)}{h} \quad \left(\frac{高度差}{水平差} \right)$$

此處稱 $\dfrac{f(a + h) - f(a)}{h}$ 為差分商（difference quotient），再令 $h \to 0$，則上式即成為一極限問題！

若極限 $\lim\limits_{h \to 0} \dfrac{f(a+h) - f(a)}{h}$ 存在，則稱此極限值為函數 $f(x)$ 在 $x = a$ 點的導數（derivative），並以 $f'(a)$ 表示之。故得如下之定義：

定義　可微分

若函數 $f(x)$ 在 $x = a$ 處之極限值

$$\lim_{h \to 0} \frac{f(a+h) - f(a)}{h} \quad \cdots\cdots (1)$$

存在，則稱 $f(x)$ 在 $x = a$ 點可微分（differentiable）。

註：(1) 式太好記了！即「相減、相除、取極限」。　　　　　　　　　　　　■

定義 導函數

對函數 $f(x)$ 而言，若每一個數 x 皆能使 $f'(x) = \lim\limits_{h \to 0} \dfrac{f(x+h) - f(x)}{h}$ 存在，則稱

$f'(x)$ 為 $f(x)$ 之導函數（function of derivative），此極限值又可記為 $\dfrac{dy}{dx}$。 ■

文法比較 $\begin{cases} 可微分：描述一函數在「一點」或「區間」之數學特性。 \\ 導函數：描述一函數在「任意點」之微分結果（是函數哦）。 \end{cases}$

導函數在應用上經變數變換，可推出第二種表示式，說明如下：

在 (1) 式 $\lim\limits_{h \to 0} \dfrac{f(a+h) - f(a)}{h}$ 中，令 $a + h = x$，則 $h = x - a$，當 $h \to 0$ 即表示 $x \to a$，故可將 (1) 式再度表示為

$$\lim_{h \to 0} \frac{f(a+h) - f(a)}{h} = \lim_{x \to a} \frac{f(x) - f(a)}{x - a} \equiv f'(a) \quad \cdots\cdots (2)$$

(2) 式可視為 (1) 式之「姊妹式」，需記住。

導數的幾何意義

如下圖所示，割線（secant line）$\overline{PQ}$ 之斜率為 $m = \dfrac{\Delta y}{\Delta x} = \dfrac{f(a+h) - f(a)}{h}$

稱 m 為 $f(x)$ 在 P、Q 間之平均變化率（average rate of change）。

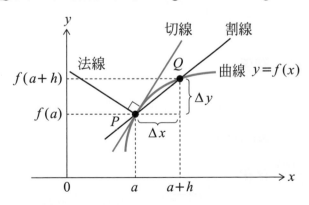

當 $h \to 0$，有 $Q \to P$，m 值即與過 P 點之切線斜率（slope of the tangent）相同。若 $\lim\limits_{h \to 0} \dfrac{f(a+h) - f(a)}{h}$ 存在，此極限稱為 $f(x)$ 在 P 點之瞬時變化率（instantaneous rate of change），幾何意義為過 P 點之切線斜率。

■ **應用** 給定曲線 $y = f(x)$，則過切點 $(a, f(a))$ 之切線（tangent line）方程式
為 $y - f(a) = f'(a)(x - a)$，與切線垂直之法線（normal line）方程式為

$$y - f(a) = \frac{-1}{f'(a)}(x - a)$$

生活常識：(1)定點測速：就是瞬時變化率 $f'(a)$。

(2)區間測速：就是平均變化率 $\dfrac{f(a+h) - f(a)}{h}$。

觀念說明

1. 凡遇絕對值函數、指數函數、高斯函數、根號函數等，皆需以討論方式求「特殊點」之微分值（因為有斷點之可能）。

2. 若已有 $f'(a)$ 存在，則必存在下列事實：

(1) $\displaystyle\lim_{x \to a^+} f(x) = \lim_{x \to a^-} f(x) = \lim_{x \to a} f(x)$

(2) $\displaystyle\lim_{x \to a^+} \frac{f(x) - f(a)}{x - a} = \lim_{x \to a^-} \frac{f(x) - f(a)}{x - a} = \lim_{x \to a} \frac{f(x) - f(a)}{x - a} = f'(a)$

至於一個函數之可微分與連續，這二種特性有何關聯呢？下面的定理正好可以回答此問題：

定理　可微分與連續之關係

設 $f(x)$ 在 $x = a$ 點可微分，則 $f(x)$ 在 $x = a$ 點連續。

證明：因為 $f(x)$ 在 $x = a$ 點可微分

$\therefore \displaystyle\lim_{x \to a} \frac{f(x) - f(a)}{x - a}$ 存在

$\therefore \displaystyle\lim_{x \to a} f(x) = \lim_{x \to a}[f(x) - f(a) + f(a)] = \lim_{x \to a}\left[\frac{f(x) - f(a)}{x - a}(x - a) + f(a)\right]$

$\qquad = \displaystyle\lim_{x \to a} \frac{f(x) - f(a)}{x - a} \cdot \lim_{x \to a}(x - a) + f(a) = f(a)$ 得證！

但連續函數不一定可微分，為說明此事實，此處利用函數圖形分成三類說明。

第一類：圖形有角點（corner），如 $y = f(x) = |x|$
之圖形如右所示：

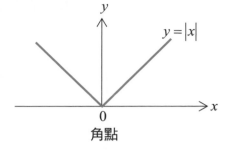

角點

因為 $\lim\limits_{x \to 0^+} \dfrac{f(x) - f(0)}{x - 0} = \lim\limits_{x \to 0^+} \dfrac{x - 0}{x} = 1$

$\lim\limits_{x \to 0^-} \dfrac{f(x) - f(0)}{x - 0} = \lim\limits_{x \to 0^-} \dfrac{-x - 0}{x} = -1$

二邊之極限值不相等，即 $f(x)$ 不可微分，
此點依外型稱為角點。

第二類：圖形有尖點（cusp），如 $y = x^{\frac{2}{3}}$ 之圖形
如右所示：

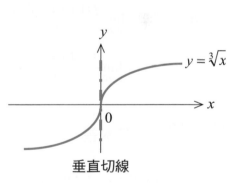

尖點

$f'(x) = \dfrac{2}{3} x^{-\frac{1}{3}}$

在 $x = 0$ 時，由微分之幾何意義看出：

$f'(0^+) = \infty, \ f'(0^-) = -\infty$

故 $f(x)$ 不可微分，依外型稱此點為尖點。

第三類：圖形有垂直切線（vertical tangent），
如 $y = \sqrt[3]{x}$ 之圖形如右所示：

垂直切線

$f'(x) = \dfrac{1}{3} x^{-\frac{2}{3}}$

在 $x = 0$ 時，由微分之幾何意義看出：

$f'(0^+) = f'(0^-) = \infty$

故圖形雖平順仍不可微分，此點在外型上
具有垂直切線。

　　根據以上的說明，對任一個函數 $f(x)$ 在某一點之特性而言，同學可得如下的重
要心得：

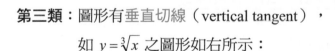

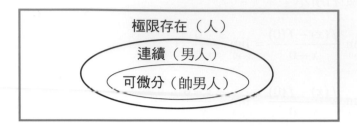

$$\text{極限存在} \xleftrightarrow[\text{一定}]{\text{不一定}} \text{連續} \xleftrightarrow[\text{一定}]{\text{不一定}} \text{可微分}$$

極限存在（人）

連續（男人）

可微分（帥男人）

例題 1　基本題

若 $f(x) = x^2$，依微分之定義求 $f'(2) = ?$

解　依微分之定義計算！

$$f'(2) = \lim_{h \to 0} \frac{f(2+h) - f(2)}{h} = \lim_{h \to 0} \frac{(2+h)^2 - 2^2}{h} = \lim_{h \to 0} \frac{4 + 4h + h^2 - 4}{h}$$

$$= \lim_{h \to 0} \frac{4h + h^2}{h} = \lim_{h \to 0} \frac{4 + h}{1} = 4 \ \blacksquare$$

類題　設 $f(x) = x^2 + 2x$，依微分之定義求 $f'(1) = ?$

答　$f'(1) = \lim_{h \to 0} \frac{f(1+h) - f(1)}{h} = \lim_{h \to 0} \frac{(1+h)^2 + 2(1+h) - (1+2)}{h}$

$$= \lim_{h \to 0} \frac{3 + 4h + h^2 - 3}{h} = \lim_{h \to 0} \frac{4h + h^2}{h} = \lim_{h \to 0} \frac{4 + h}{1} = 4 \ \blacksquare$$

例題 2　基本題

若 $f(x) = \begin{cases} x \sin \dfrac{1}{x}, & x \neq 0 \\ 0, & x = 0 \end{cases}$，求 $f'(0) = ?$

解　此類條件函數僅能依微分之定義計算！

$$f'(0) = \lim_{x \to 0} \frac{f(x) - f(0)}{x - 0} = \lim_{x \to 0} \frac{x \sin \dfrac{1}{x} - 0}{x - 0} = \lim_{x \to 0} \sin \frac{1}{x} = \text{不存在} \ \blacksquare$$

類題　設 $f(x) = \begin{cases} x^2 \sin \dfrac{1}{x}, & x \neq 0 \\ 0, & x = 0 \end{cases}$，求 $f'(0) = ?$

答　$f'(0) = \lim_{x \to 0} \dfrac{f(x) - f(0)}{x - 0} = \lim_{x \to 0} \dfrac{x^2 \sin \dfrac{1}{x} - 0}{x - 0} = \lim_{x \to 0} x \sin \dfrac{1}{x} = 0$ ■

例題 3　基本題

設 $f(x) = \begin{cases} x^2 + 3, & x > 0 \\ mx + b, & x \le 0 \end{cases}$ 為可微分函數，求 m 與 b 之值。

解　由題目看出分段點在 $x = 0$

(1) 先測試連續：$\lim_{x \to 0^+} f(x) = \lim_{x \to 0^+} (x^2 + 3) = 3$

$\lim_{x \to 0^-} f(x) = \lim_{x \to 0^-} (mx + b) = b$

得 $b = 3$

(2) 再測試可微：$\lim_{x \to 0^+} \dfrac{f(x) - f(0)}{x - 0} = \lim_{x \to 0^+} \dfrac{x^2 + 3 - 3}{x} = \lim_{x \to 0^+} (x) = 0$

$\lim_{x \to 0^-} \dfrac{f(x) - f(0)}{x - 0} = \lim_{x \to 0^-} \dfrac{mx - 0}{x} = m$

得 $m = 0$ ■

類題　已知 $f(x) = \begin{cases} x^2 - a, & x \ge 2 \\ mx + 6, & x < 2 \end{cases}$ 為可微分函數，求 m 與 a 之值。

答　由題目看出分段點在 $x = 2$

先測試連續得 $\lim_{x \to 2^+} (x^2 - a) = 4 - a$，$\lim_{x \to 2^-} (mx + b) = 2m + 6$

$\Rightarrow 4 - a = 2m + 6$

再測試可微得 $\lim_{x \to 2^+} \dfrac{f(x) - f(2)}{x - 2} = \lim_{x \to 2^+} \dfrac{x^2 - a - (4 - a)}{x - 2} = \lim_{x \to 2^+} \dfrac{(x + 2)(x - 2)}{x - 2} = 4$

$\lim_{x \to 2^-} \dfrac{f(x) - f(2)}{x - 2} = \lim_{x \to 2^-} \dfrac{mx + 6 - 2m - 6}{x - 2} = m \Rightarrow m = 4$

代回解得 $a = -10$ ■

例 題 4　　基本題

設 $f(x) = \left| x^2 - 1 \right|$，則 $f(x)$ 在 $x = 1$ 處是否可微？

解　觀察可知此點 $x = 1$ 為 $\left| x^2 - 1 \right|$ 之轉折點，故依微分定義檢驗！

由 $\lim\limits_{x \to 1^+} \dfrac{f(x) - f(1)}{x - 1} = \lim\limits_{x \to 1^+} \dfrac{(x^2 - 1) - 0}{x - 1} = \lim\limits_{x \to 1^+}(x + 1) = 2$

$\lim\limits_{x \to 1^-} \dfrac{f(x) - f(1)}{x - 1} = \lim\limits_{x \to 1^-} \dfrac{-(x^2 - 1) - 0}{x - 1} = \lim\limits_{x \to 1^-}(-x - 1) = -2$

故 $f(x)$ 在 $x = 1$ 不可微分 ■

類 題　　設 $f(x) = \left| x^2 - 4 \right|$，則 $f(x)$ 在 $x = 2$ 處是否可微？

答　　$\lim\limits_{x \to 2^+} \dfrac{f(x) - f(2)}{x - 2} = \lim\limits_{x \to 2^+} \dfrac{(x^2 - 4) - 0}{x - 2} = \lim\limits_{x \to 2^+} \dfrac{(x + 2)(x - 2)}{x - 2} = \lim\limits_{x \to 2^+}(x + 2) = 4$

$\lim\limits_{x \to 2^-} \dfrac{f(x) - f(2)}{x - 2} = \lim\limits_{x \to 2^-} \dfrac{(4 - x^2) - 0}{x - 2} = \lim\limits_{x \to 2^-} \dfrac{(2 + x)(2 - x)}{x - 2} = -\lim\limits_{x \to 2^-}(x + 2) = -4$

故 $f(x)$ 在 $x = 2$ 不可微分 ■

可微分的觀念簡單易懂，因此考題只能賣弄一些數學常識或算術能力而已。

習題 2-1

1.　若 $f(x) = \begin{cases} x^3 \sin \dfrac{1}{x}, & x \neq 0 \\ 0, & x = 0 \end{cases}$，

求 $f'(0) = ?$

2.　若 $f(x) = \begin{cases} x^2 + 5, & x < 2 \\ 7x - 5, & x \geq 2 \end{cases}$，則

$f'(2) = ?$

3.　若 $f(x) = \begin{cases} x^2 + 5, & x > 1 \\ ax + b, & x \leq 1 \end{cases}$，求 a, b 之值
使 $f(x)$ 在 $x = 1$ 可以微分。

2-2 基本微分公式

　　求一個函數 $f(x)$ 之微分，固然可以利用其定義式求之，但總是相當繁瑣，因此有必要創造一些常見函數之微分公式，以利數學上之運算，不好意思嘍：以下的公式都是要記住（很簡單的）。

導函數基本公式

　　設 $f(x)$、$g(x)$ 均為可微分函數，c 為常數，則：

1. $(c)' = 0$。

　　證明：令 $f(x) = c$，$f'(x) = \lim_{h \to 0} \dfrac{f(x+h) - f(x)}{h} = \lim_{h \to 0} \dfrac{c - c}{h} = 0$

2. $\left[cf(x)\right]' = cf'(x)$。

3. $\left[f(x) \pm g(x)\right]' = f'(x) \pm g'(x)$。

4. $\left[f(x)g(x)\right]' = f'(x)g(x) + f(x)g'(x)$。

　　證明：$\left[f(x)g(x)\right]' = \lim_{h \to 0} \dfrac{f(x+h)g(x+h) - f(x)g(x)}{h}$

$$= \lim_{h \to 0} \dfrac{f(x+h)g(x+h) - f(x)g(x+h) + f(x)g(x+h) - f(x)g(x)}{h}$$

$$= \lim_{h \to 0} \left[g(x+h)\dfrac{f(x+h) - f(x)}{h} + f(x)\dfrac{g(x+h) - g(x)}{h} \right]$$

$$= f'(x)g(x) + f(x)g'(x)$$

■ 推論　　$(fgh)' = f'gh + fg'h + fgh'$。

5. $\left[\dfrac{f(x)}{g(x)}\right]' = \dfrac{f'(x)g(x) - f(x)g'(x)}{g^2(x)}$，$g(x) \neq 0$。

　　證明：$\left[\dfrac{f(x)}{g(x)}\right]' = \lim_{h \to 0} \dfrac{\dfrac{f(x+h)}{g(x+h)} - \dfrac{f(x)}{g(x)}}{h}$

$$= \lim_{h \to 0} \dfrac{1}{g(x)g(x+h)} \cdot \dfrac{f(x+h)g(x) - f(x)g(x+h)}{h} \quad （通分）$$

$$= \lim_{h \to 0} \frac{1}{g(x)g(x+h)}\left[g(x)\frac{f(x+h)-f(x)}{h} - f(x)\frac{g(x+h)-g(x)}{h}\right]$$

$$= \frac{f'(x)g(x) - f(x)g'(x)}{g^2(x)}, \quad g(x) \neq 0$$

▶口訣　先修理「分子」，再修理「分母」。

✽特例　$\left[\dfrac{1}{g(x)}\right]' = \dfrac{-g'(x)}{g^2(x)}, \quad g(x) \neq 0$。

6.　$(x^n)' = nx^{n-1}, \ n \in \mathbb{R}$。

證明：$\left[x^n\right]' = \lim_{h \to 0}\frac{(x+h)^n - x^n}{h} = \lim_{h \to 0}\frac{x^n + nx^{n-1}h + \frac{n(n-1)}{2}x^{n-2}h^2 + \cdots - x^n}{h}$

$$= \lim_{h \to 0}\left[nx^{n-1} + \frac{n(n-1)}{2}x^{n-2}h + \cdots \right] = nx^{n-1}$$

■ 推論　$f(x) = a_n x^n + a_{n-1}x^{n-1} + \cdots + a_1 x + a_0$，則 $f'(x) = na_n x^{n-1} + (n-1)a_{n-1}x^{n-2} + \cdots + a_1$

例題 1　基本題

若 $f(x) = x^3 - 3x^2 + 6x$，則 $f'(x) = ?$

解　$f'(x) = 3x^2 - 6x + 6$ ■

類題　若 $f(x) = 3x^5 - 4x^4$，則 $f'(x) = ?$

答　$f'(x) = 15x^4 - 16x^3$ ■

例題 2　基本題

若 $f(x) = 2\sqrt{x} - \dfrac{1}{2\sqrt{x}}$，則 $f'(x) = ?$

解　$f'(x) = \dfrac{1}{\sqrt{x}} + \dfrac{1}{4x^{3/2}}$ ■

類題　若 $f(x) = 3x^{2/3} - 4x^{1/2}$，則 $f'(x) = ?$

答　$f'(x) = 2x^{-1/3} - 2x^{-1/2}$ ■

例題 3　基本題

若 $f(x) = \dfrac{x}{x^2+1}$，則 $f'(x) = ?$

解　$f'(x) = \dfrac{x^2+1-x\cdot 2x}{(x^2+1)^2} = \dfrac{-x^2+1}{(x^2+1)^2}$ ■

類題　若 $f(x) = \dfrac{x}{x^2-1}$，則 $f'(x) = ?$

答　$f'(x) = \dfrac{x^2-1-x\cdot 2x}{(x^2-1)^2} = \dfrac{-x^2-1}{(x^2-1)^2}$ ■

例題 4　基本題

求曲線 $y = 3x^5 - 4x^2 + 1$ 上通過 $(1, 0)$ 之切線與法線方程式。

解　$y'(x) = 15x^4 - 8x$，代入點 $(1, 0)$ 得切線斜率為 $y'|_{x=1} = 7$

故得切線方程式為 $y = 7(x-1)$

過切點且與切線垂直的直線稱為法線（normal line）！

故法線方程式為 $y = -\dfrac{1}{7}(x-1)$ ■

類題　求曲線 $y = x^4 - 1$ 上通過 $(1, 0)$ 之切線與法線方程式。

答　$y'(x) = 4x^3$，代入點 $(1, 0)$ 得切線斜率為 $y'|_{x=1} = 4$

故得切線方程式為 $y = 4(x-1)$；法線方程式為 $y = -\dfrac{1}{4}(x-1)$ ■

習題 2-2

1. 求函數 $y = 2x - x^2$ 在法線斜率為 $\dfrac{1}{4}$ 時之切線與法線方程式。

2. 求曲線 $y = x^3$ 上哪一點的切線斜率為 12 ?

3. 曲線 $y = 3x^2 - x + 1$ 上一點之切線與 $x + 5y = 4$ 垂直，則此切點為何 ?

2-3　三角函數、指數與對數之微分

　　三角函數共有六個：$\sin x$、$\cos x$、$\tan x$、$\cot x$、$\sec x$、$\csc x$，其微分公式是最基本的數學常識，現說明如下：

1.　$(\sin x)' = \cos x$

證明：$(\sin x)' = \lim\limits_{h \to 0} \dfrac{\sin(x+h) - \sin x}{h} = \lim\limits_{h \to 0} \dfrac{\sin x \cos(h) + \cos x \sin(h) - \sin x}{h}$

$$= (\sin x) \lim\limits_{h \to 0} \dfrac{\cos(h) - 1}{h} + (\cos x) \lim\limits_{h \to 0} \dfrac{\sin(h)}{h}$$

$$= (\sin x) \lim\limits_{h \to 0} \dfrac{[\cos(h) - 1][\cos(h) + 1]}{h[\cos(h) + 1]} + (\cos x) \cdot 1$$

$$= (\sin x) \lim\limits_{h \to 0} \dfrac{-\sin^2(h)}{h[\cos(h) + 1]} + \cos x$$

$$= (\sin x) \lim\limits_{h \to 0} \left[\dfrac{\sin(h)}{h} \dfrac{-\sin(h)}{\cos(h) + 1} \right] + \cos x = 0 + \cos x = \cos x$$

2.　$(\cos x)' = -\sin x$　（同學自行證明，與 $\sin x$ 之步驟相同）

3.　$(\tan x)' = \sec^2 x$

證明：$(\tan x)' = \left(\dfrac{\sin x}{\cos x} \right)' = \dfrac{(\sin x)' \cos x - \sin x (\cos x)'}{\cos^2 x}$

$$= \dfrac{\cos^2 x + \sin^2 x}{\cos^2 x} = \dfrac{1}{\cos^2 x} = \sec^2 x$$

4.　$(\cot x)' = -\csc^2 x$

證明：$(\cot x)' = \left(\dfrac{\cos x}{\sin x} \right)' = \dfrac{(\cos x)' \sin x - \cos x (\sin x)'}{\sin^2 x}$

$$= \dfrac{-\sin^2 x - \cos^2 x}{\sin^2 x} = \dfrac{-1}{\sin^2 x} = -\csc^2 x$$

5.　$(\sec x)' = \tan x \sec x$

證明：$(\sec x)' = \left(\dfrac{1}{\cos x} \right)' = \dfrac{-(\cos x)'}{\cos^2 x} = \dfrac{\sin x}{\cos^2 x}$

$$= \tan x \cdot \sec x$$

6.　$(\csc x)' = -\cot x \csc x$　（同學自行證明，與 $\sec x$ 之步驟相同）

例題 1　基本題

若 $f(x) = \sin x$，則 $f'(30^\circ) = ?$

解　$f'(x) = (\sin x)' = \cos x$

　　$\therefore f'(30^\circ) = \cos(30^\circ) = \dfrac{\sqrt{3}}{2}$ ■

類題　若 $f(x) = \cos x$，則 $f'(30^\circ) = ?$

　答　$f'(x) = (\cos x)' = -\sin x$

　　$\therefore f'(30^\circ) = -\sin(30^\circ) = -\dfrac{1}{2}$ ■

e 的出現

對指數函數 $f(x) = a^x$，欲求 $f'(x)$，若從微分定義著手推導會較繁雜，因而此處先定義如下之「自然指數」e：

定義　自然指數 e

$$e = \lim_{n \to \infty}(1 + \frac{1}{n})^n \quad \cdots\cdots (1)$$

(1) 式是微積分很重要的定義，需記住！此處先代入幾個不同之 n 算算其值！

$n = 1$，則 $(1 + \dfrac{1}{1})^1 = 2$　　　　$n = 2$，則 $(1 + \dfrac{1}{2})^2 = 2.25$

$n = 3$，則 $(1 + \dfrac{1}{3})^3 = 2.37037\cdots$　　$n = 4$，則 $(1 + \dfrac{1}{4})^4 = 2.44140625$

$n = 5$，則 $(1 + \dfrac{1}{5})^5 = 2.48832$　　$n = 6$，則 $(1 + \dfrac{1}{6})^6 = 2.521626\cdots$

　　　$\vdots$　　　　　　　　　　　　　　$\vdots$

利用電腦計算當 $n \to \infty$ 後有 $e = 2.718281828\cdots$（無理數哦！）。e 出現後，指數的微分變得好方便，如下之定理：

定理　指數函數之微分

$$(e^x)' = e^x \quad \cdots\cdots (2)$$

(2) 式是常使用的公式，最好記住！（此處省略推導）

至於對數函數 $f(x) = \log x$，欲求 $f'(x)$，在 e 出現後，先規定如下符號：

$$\log_e x = \ln x$$

則對數函數微分也會變得很方便，如下定理：

定 理　**對數函數之微分**

$$(\ln x)' = \frac{1}{x} \quad \cdots\cdots (3)$$

(3) 式也是常用的公式，最好記住！（此處省略推導）

現將指數函數 $y = e^x$〔或記為 $y = \exp(x)$〕與對數函數 $y = \ln x$ 之圖形表示如下：

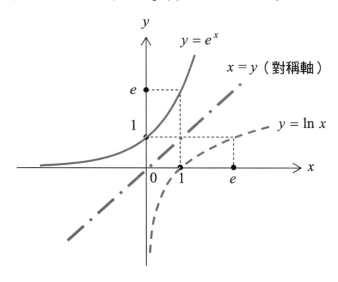

　　對一般人，π 的故事較清楚，但說到 e，就想像成微積分之一個「魔數」好了！且發現：指數與對數函數之圖形對稱於 $x = y$ 之直線，因為它們正好是函數與反函數之關係（詳 2-7 節）。說明至此，已經有如下之心得：在連續（continuous）（即真實，real）的世界中，以 e 為底的指數與對數最好算；但在離散（discrete）（即數位，digital，亦即電腦）的世界中，以 2 為底的指數（即二進位）仍最「方便」（讀了計算機概論即知）。至於在高中時期以 10 為底的指數與對數，雖稱為「常用」對數，但在微積分（亦即大學以上）的世界中反而「不常用」！

例題 2　基本題

已知 $\lim\limits_{n\to\infty}(1+\dfrac{1}{n})^n=e$，則 $\lim\limits_{n\to\infty}(1+\dfrac{a}{n})^n=?$　$\lim\limits_{n\to\infty}(1+\dfrac{1}{n})^{bn}=?$ 其中 a、b 均為常數。

解　注意：$\lim\limits_{n\to\infty}(1+\dfrac{1}{n})^n = \lim\limits_{x\to 0}(1+x)^{1/x}=e$
$$x=\dfrac{1}{n}$$

(1) $\lim\limits_{n\to\infty}(1+\dfrac{a}{n})^n = \lim\limits_{m\to\infty}(1+\dfrac{1}{m})^{am} = \lim\limits_{m\to\infty}\left[(1+\dfrac{1}{m})^m\right]^a = e^a$
$$n=am$$

(2) $\lim\limits_{n\to\infty}(1+\dfrac{1}{n})^{bn} = \lim\limits_{n\to\infty}\left[(1+\dfrac{1}{n})^n\right]^b = e^b$ ∎

■ **推論**　由例題 2 知：$\lim\limits_{n\to\infty}(1-\dfrac{1}{n})^n=e^{-1}$、$\lim\limits_{n\to\infty}(1-\dfrac{a}{n})^n=e^{-a}$、$\lim\limits_{n\to\infty}(1+\dfrac{a}{n})^{bn}=e^{ab}$。

2-4　連鎖律與對數微分法

　　至此我們已經知道 $(\sin x)' = \cos x$，但 $(\sin 2x)' = ?$ 這就要利用下面要談的連鎖律（chain rule），它可說是微分運算之「打手」，有了它，微分世界才能發光！因為可擴大微分的功能也！

連鎖律

定理　**連鎖律**

> 設 $y=f(u), u=g(x)$，f、g 均為可微分函數，則
>
> $$\{f[g(x)]\}' = f'[g(x)]\cdot g'(x)$$
>
> （口訣：先外後內）

■ **微分通式**　$\left[f(\square)\right]' = f'(\square)\cdot\square'$

註：$f[g(x)]$ 稱為合成函數，又記為 $(f \circ g)(x)$。

　　即合成函數的微分公式稱為連鎖律，有了連鎖律後，則三角函數、指數函數與對數函數之微分即有以下之公式：

1. $\left\{\sin\left[f(x)\right]\right\}' = \cos\left[f(x)\right]\cdot f'(x)$。

2. $\left\{\cos\left[f(x)\right]\right\}' = -\sin\left[f(x)\right]\cdot f'(x)$。

3. $\left\{e^{f(x)}\right\}' = e^{f(x)}\cdot f'(x)$。

4. $\left\{\ln\left[f(x)\right]\right\}' = \dfrac{1}{f(x)}\cdot f'(x)$。

連鎖律之引申

　　設 $y = f(u), u = g(x), x = h(t)$，即 $y \xrightarrow{\ f\ } u \xrightarrow{\ g\ } x \xrightarrow{\ h\ } t$，則 $\dfrac{dy}{dt} = \dfrac{dy}{du}\cdot\dfrac{du}{dx}\cdot\dfrac{dx}{dt}$。

例題 1　基本題

求 (1) $\dfrac{d}{dx}(\sin 2x) = ?$

　 (2) $\dfrac{d}{dx}\left(\sin(x^2)\right) = ?$

解　(1) $\dfrac{d}{dx}(\sin 2x) = \cos 2x\cdot 2 = 2\cos 2x$

　 (2) $\dfrac{d}{dx}\left(\sin(x^2)\right) = \cos(x^2)\cdot 2x = 2x\cos(x^2)$ ■

類題　求 $\dfrac{d}{dx}\left(\sec(x^2)\right) = ?$

　答　$\dfrac{d}{dx}\left(\sec(x^2)\right) = \sec(x^2)\tan(x^2)\cdot 2x$ ■

例題 2　基本題

求 (1) $\dfrac{d}{dx}(e^{x^2}) = ?$　(2) $\dfrac{d}{dx}(e^{-x^2-x}) = ?$

解 (1) $\dfrac{d}{dx}(e^{x^2}) = e^{x^2} \cdot 2x = 2xe^{x^2}$

(2) $\dfrac{d}{dx}(e^{-x^2-x}) = e^{-x^2-x} \cdot (-2x-1) = -(2x+1)e^{-x^2-x}$ ∎

類題 求 $\dfrac{d}{dx}(e^{x^3}) = ?$

答 $\dfrac{d}{dx}(e^{x^3}) = e^{x^3} \cdot 3x^2$ ∎

例題 3 基本題

求 (1) $\dfrac{d}{dx}(a^x) = ?$

(2) $\dfrac{d}{dx}(\log_a x) = ?$

解 (1) $\because a^x = e^{x\ln a}$ （換底）

$\therefore \dfrac{d}{dx}a^x = \dfrac{d}{dx}e^{x\ln a} = e^{x\ln a}\ln a = a^x\ln a$ （記！）

(2) $\because \log_a x = \dfrac{\ln x}{\ln a}$ ，$\therefore \dfrac{d}{dx}(\log_a x) = \dfrac{1}{x\ln a}$ ∎

類題 求 $\dfrac{d}{dx}(3^{2x}) = ?$

答 $\because 3^{2x} = e^{2x\ln 3}$ ，$\therefore \dfrac{d}{dx}(3^{2x}) = e^{2x\ln 3}(2\ln 3) = 3^{2x}(2\ln 3)$ ∎

例題 4 基本題

求 $\dfrac{d}{dx}3^x \bigg|_{x=3} = ?$

解 $\because 3^x = e^{(x)\ln 3}$ ，$\therefore \dfrac{d}{dx}3^x = (\ln 3) \cdot 3^x$

故 $\dfrac{d}{dx}3^x \bigg|_{x=3} = (\ln 3) \cdot 3^3 = 27\ln 3$ ∎

類題　求 $\left.\dfrac{d}{dx} 2^x\right|_{x=1} = ?$

　答　$\because 2^x = e^{x\ln 2}$

　　　$\therefore \dfrac{d}{dx}(2^x) = (\ln 2)\cdot 2^x$

　　　$\left.\dfrac{d}{dx} 2^x\right|_{x=1} = (\ln 2)\cdot 2 = 2\ln 2$ ∎

例題 5　基本題

求 $\dfrac{d}{dx}\ln(x^2 + 1) = ?$

解　$\dfrac{d}{dx}\ln(x^2 + 1) = \dfrac{2x}{x^2 + 1}$ ∎

類題　若 $f(x) = \ln(x^3 + 1)$，求 $f'(x) = ?$

　答　$f'(x) = \dfrac{3x^2}{x^3 + 1}$ ∎

例題 6　基本題

已知 $y = u^6$，$u = 3x^4 + 5$，求 $\dfrac{dy}{dx} = ?$ 以 x 表示之。

解　$\dfrac{dy}{dx} = \dfrac{dy}{du}\dfrac{du}{dx} = 6u^5 \cdot 12x^3 = 72x^3(3x^4 + 5)^5$ ∎

類題　若 $y = t^2 + 1$, $t = e^x$，求 $\dfrac{dy}{dx} = ?$ 以 x 表示之。

　答　$\dfrac{dy}{dx} = \dfrac{dy}{dt}\dfrac{dt}{dx} = 2t \cdot e^x = 2e^x \cdot e^x = 2e^{2x}$ ∎

例題 7　基本題

求 $\dfrac{d}{dx}\sec(x^2) = ?$

解　一步一步做！原式 $= \sec(x^2)\tan(x^2)\cdot 2x$ ∎

類題 求 $\dfrac{d}{dx}\left[\sin(\sin x^2)\right]=$?

答 原式 $=\cos(\sin x^2)\cdot(\cos x^2)\cdot 2x$ ■

例題 8 基本題

設 $f(x)=\sqrt{3x+7}$，求 $f'(x)=$?

解 直接算得 $f'(x)=\dfrac{1}{2}[3x+7]^{-\frac{1}{2}}\cdot 3=\dfrac{3}{2\sqrt{3x+7}}$ ■

類題 已知 $f(x)=\sqrt{x^2+3x+5}$，求 $f'(x)=$?

答 直接算得原式 $=\dfrac{2x+3}{2\sqrt{x^2+3x+5}}$ ■

對數微分法

接下來談的「對數微分法」，它專門解決以下型式之微分計算：

$$\frac{f_1^{r_1}(x)\cdot f_2^{r_2}(x)\cdots f_n^{r_n}(x)}{h_1^{s_1}(x)\cdot h_2^{s_2}(x)\cdots h_n^{s_n}(x)}\ (\text{即連續相乘之複雜分式型})$$

如何使用對數微分法呢？顧名思義，先取「對數」，再做「微分」。現以下例說明之。

例題 9 基本題

設 $f(x)=\dfrac{x^2(x-3)^3}{(x-1)(x+3)^2}$，求 $f'(x)=$?

解 令 $y=\dfrac{x^2(x-3)^3}{(x-1)(x+3)^2}$

(1) 先取對數：$\ln y=2\ln x+3\ln(x-3)-\ln(x-1)-2\ln(x+3)$

(2) 再取微分：$\dfrac{y'}{y}=\dfrac{2}{x}+\dfrac{3}{x-3}-\dfrac{1}{x-1}-\dfrac{2}{x+3}$

故 $\dfrac{dy}{dx}=\dfrac{x^2(x-3)^3}{(x-1)(x+3)^2}\left[\dfrac{2}{x}+\dfrac{3}{x-3}-\dfrac{1}{x-1}-\dfrac{2}{x+3}\right]$ ■

類題　設 $y(x) = \dfrac{(x^2 - 3x - 2)^2(2x^2 + x - 1)^3}{(x^4 - x^2 + 1)^4(2x + 1)^6}$，求 $\dfrac{dy}{dx} = ?$

答　先取對數得

$$\ln y = 2\ln(x^2 - 3x - 2) + 3\ln(2x^2 + x - 1) - 4\ln(x^4 - x^2 + 1) - 6\ln(2x + 1)$$

再取微分：$\dfrac{y'}{y} = \dfrac{2(2x-3)}{x^2 - 3x - 2} + \dfrac{3(4x+1)}{2x^2 + x - 1} - \dfrac{4(4x^3 - 2x)}{x^4 - x^2 + 1} - \dfrac{6 \cdot 2}{2x + 1}$

$\therefore \dfrac{dy}{dx} = \dfrac{(x^2 - 3x - 2)^2(2x^2 + x - 1)^3}{(x^4 - x^2 + 1)^4(2x + 1)^6} \cdot \left[\dfrac{2(2x-3)}{x^2 - 3x - 2} + \dfrac{3(4x+1)}{2x^2 + x - 1} \right.$

$\left. - \dfrac{4(4x^3 - 2x)}{x^4 - x^2 + 1} - \dfrac{12}{2x + 1} \right]$ ∎

習題 2-4

1. 設 $y(x) = 5^{3x}$，求 $y'(x) = ?$

2. 設 $y(x) = (x^2 + 4x - 5)^{100}$，求 $y'(x) = ?$

3. $\dfrac{d}{dx}(x^5 - 5^x) = ?$

4. 設 $y(x) = \dfrac{(x^2 + 2)^5(x^3 + 1)^2}{(2x + 1)^3}$，
求 $y'(x) = ?$

5. 設 $y = \sqrt{5x + 3}$，則 $\dfrac{dy}{dx} = ?$

6. 設 $y(x) = e^{x^2 + 4}$，求 $y' = ?$

7. $f(x) = 5x^4(x^2 - 3)^3$，求 $f'(2) = ?$

2-5　高階微分之求法

設 $y(x)$ 為可微分，則 $y'(x) = \dfrac{dy}{dx}$ ⋯⋯ **一階導函數**

同理，$y'(x)$ 為可微分，則 $y''(x) = \dfrac{d}{dx}(\dfrac{dy}{dx}) = \dfrac{d^2 y}{dx^2}$ ⋯⋯ **二階導函數**

$\vdots$

$y^{(n-1)}(x)$ 為可微分，則 $y^{(n)}(x) = \dfrac{d}{dx}(\dfrac{d^{n-1} y}{dx^{n-1}}) = \dfrac{d^n y}{dx^n}$ ⋯⋯ **n 階導函數**

即函數一直微下去就可得高階導函數。有些函數之高階導函數具有通式（即具有微
分規律性），此通式求法以三題例題說明之。

⭐ **注意** 1. 二階導函數 $\dfrac{d^2y}{dx^2}$ 「不可」寫為 $\dfrac{dy^2}{dx^2}$ 或 $\dfrac{d^2y}{d^2x}$！

利用物理之「單位」來幫助思考，即知為何要表示為 $\dfrac{d^2y}{dx^2}$！

例如位移為 $y(t)$ 公尺，則速度為 $v(t) = \dfrac{dy}{dt}$（單位：$\dfrac{m}{s}$）

加速度為 $a(t) = \dfrac{dv}{dt} = \dfrac{d}{dt}(\dfrac{dy}{dt}) = \dfrac{d^2y}{dt^2}$（單位：$\dfrac{m}{s^2}$）。

2. $\dfrac{dy}{dx} = \dfrac{1}{\dfrac{dx}{dy}}$，但 $\dfrac{d^2y}{dx^2} \neq \dfrac{1}{\dfrac{d^2x}{dy^2}}$！

例題 1　基本題

若 $f(x) = \dfrac{1}{2}\sin x$，求 $f^{(20)}(x) = ?$

解　由 $f(x) = \dfrac{1}{2}\sin x$，$f'(x) = \dfrac{1}{2}\cos x$，$f''(x) = -\dfrac{1}{2}\sin x$

$f'''(x) = -\dfrac{1}{2}\cos x$，$f''''(x) = \dfrac{1}{2}\sin x$

歸納得 $f^{(20)}(x) = \dfrac{1}{2}\sin x$。∎

類題　求 $\dfrac{d^{99}}{dx^{99}}\sin x = ?$

答　由規律性歸納得 $\dfrac{d^{99}}{dx^{99}}\sin x = -\cos x$ ∎

例題 2　基本題

若 $f(x) = \ln x$，求 $f''(x) = ?$　$f'''(x) = ?$

解　$f'(x) = \dfrac{1}{x}$，$f''(x) = -\dfrac{1}{x^2}$，$f'''(x) = \dfrac{2!}{x^3}$ ∎

類題　已知 $f(x) = \ln(1+x)$，求 $f''(x) = ?$　$f'''(x) = ?$

答　$f'(x) = \dfrac{1}{1+x}$，$f''(x) = \dfrac{-1}{(1+x)^2}$，$f'''(x) = \dfrac{2}{(1+x)^3}$ ∎

例題 3　基本題

若 $f(x) = 2x^{3/2}$，求 $f''(4) = ?$

解　$f'(x) = 3\sqrt{x}$，$f''(x) = \dfrac{3}{2}\dfrac{1}{\sqrt{x}}$

$\therefore f''(4) = \dfrac{3}{2}\cdot\dfrac{1}{2} = \dfrac{3}{4}$ ■

類題　已知 $f(x) = e^x(x-1)$，求 $f''(0) = ?$

答　$f'(x) = e^x(x-1) + e^x = e^x x$

$f''(x) = e^x x + e^x = e^x(x+1)$

$\therefore f''(0) = 1\cdot(0+1) = 1$ ■

習題 2-5

1. 設 $f(x) = xe^x$，求 $f''(x) = ?$
   $f'''(x) = ?$

2. 若 $f(x) = \ln(x^3)$，求 $f''(3) = ?$

3. 若 $f(x) = \sin 5x$，求 $f^{(73)}(x) = ?$

2-6　隱函數之微分

函數若以 $y = f(x)$ 來表示，稱 $y = f(x)$ 之函數為顯函數（explicit function），即以 x 為自變數，y 為因變數，其關係相當明顯，求其微分亦很容易。但有些函數不易表成 $y = f(x)$ 之關係式，卻很容易由 $F(x, y) = 0$ 來表達，稱 $F(x, y) = 0$ 為隱函數（implicit function），因為

$$y = f(x) \Rightarrow f(x) - y = 0，即 f(x) - y \equiv F(x, y) = 0$$

可知顯函數 $y = f(x)$ 只是隱函數 $F(x, y) = 0$ 的特例，因此只要知道 $F(x, y) = 0$ 之 $\dfrac{dy}{dx}$ 求法，那麼 $y = f(x)$ 之 $\dfrac{dy}{dx}$ 求法也就會了。現欲求 $F(x, y) = 0$ 之 $\dfrac{dy}{dx}$，有二種方法：

方法一：視 y 為 x 之函數，將 $F(x, y) = 0$ 對 x 微分，碰到 x 項時，直接微分，碰到 y 項時，要用連鎖律與微分規則，整理得到新的等式 $G(x, y, \frac{dy}{dx}) = 0$ 後，再視 $\frac{dy}{dx}$ 為未知數，解出 $\frac{dy}{dx}$ 即可。

方法二：利用在 8-4 節才講解之「偏微分」來計算，即 $\dfrac{dy}{dx} = -\dfrac{F_x}{F_y} = -\dfrac{\dfrac{\partial F}{\partial x}}{\dfrac{\partial F}{\partial y}}$ …… (1)

其中 F_x 乃 $F(x, y)$ 對 x 之偏微分，F_y 乃 $F(x, y)$ 對 y 之偏微分。此處建議先記住 (1) 式與做法，等讀完 8-4 節就知道 (1) 式之來龍去脈了。

例題 1　基本題

已知 $x^2 + 2xy + y^3 + 6 = 0$，求 $\dfrac{dy}{dx} = ?$

解　<法一> 視 $y = y(x)$，對原式 x 微分得

$$2x + 2y + 2xy' + 3y^2 y' = 0$$

解 $\dfrac{dy}{dx}$ 得 $y' = -\dfrac{2x + 2y}{2x + 3y^2}$（外型含 x、y）

<法二> 由原式得 $F(x, y) = x^2 + 2xy + y^3 + 6 = 0$

則 $\dfrac{dy}{dx} = -\dfrac{F_x}{F_y} = -\dfrac{2x + 2y}{2x + 3y^2}$ ∎

類題　若 $F(x, y) = x^2 + 4xy + 3y^2 - 100 = 0$，求 $\dfrac{dy}{dx} = ?$

答　<法一> 視 $y = y(x)$，對原式之 x 微分得

$$2x + 4y + 4xy' + 6yy' = 0$$

解 $\dfrac{dy}{dx}$ 得 $y' = -\dfrac{2x + 4y}{4x + 6y} = -\dfrac{x + 2y}{2x + 3y}$

<法二> $\dfrac{dy}{dx} = -\dfrac{F_x}{F_y} = -\dfrac{2x + 4y}{4x + 6y} = -\dfrac{x + 2y}{2x + 3y}$ ∎

▶心得　例題 1 的法一與法二都是很好的方法，都要會！

例 題 2 　基本題

有一直線切 $2x^3 - x^2y^2 + 4y^3 = 16$ 於點 $(2, 1)$，求此直線之斜率為何？

解　微分得 $6x^2 - 2xy^2 - 2x^2yy' + 12y^2y' = 0$

移項整理得 $y' = \dfrac{2xy^2 - 6x^2}{12y^2 - 2x^2y}$，故 $y'\big|_{(2,1)} = \dfrac{2xy^2 - 6x^2}{12y^2 - 2x^2y}\bigg|_{(2,1)} = -5$

故此直線之斜率為 -5 ■

類 題　曲線 $y^2 - 2y^3 + x^3 = 7$ 在點 $(2, 1)$ 之切線方程式為何？

答　微分得 $2yy' - 6y^2y' + 3x^2 = 0$

移項整理得 $y' = \dfrac{-3x^2}{2y - 6y^2}$，代入得 $y'\big|_{(2,1)} = \dfrac{-12}{-4} = 3$

故切線為 $y - 1 = 3(x - 2)$ ■

例 題 3 　基本題

若 $2x^2 - y^2 = -1$，求 $\dfrac{d^2y}{dx^2}$ 在點 $(2, 3)$ 之值。

解　對 $2x^2 - y^2 = -1$ 微分得 $4x - 2yy' = 0$，$\therefore y' = \dfrac{2x}{y}$，$y'(2, 3) = \dfrac{4}{3}$

再微分得 $y'' = \dfrac{2y - 2xy'}{y^2}$

即 $y''(2, 3) = \dfrac{6 - 4 \cdot \dfrac{4}{3}}{9} = \dfrac{2}{27}$ ■

類 題　若 $x^3 + y^3 = 2$，求 y'' 在點 $(1, 1)$ 之值。

答　對 $x^3 + y^3 = 2$ 微分得 $3x^2 + 3y^2y' = 0$

得 $y' = -\dfrac{x^2}{y^2}$，$y'\big|_{(1,1)} = -1$

再微分得 $6x + 6y(y')^2 + 3y^2y'' = 0$

移項得 $y'' = -\dfrac{6x + 6y(y')^2}{3y^2}$

$\therefore y''\big|_{(1,1)} = -\dfrac{6 + 6 \cdot 1 \cdot (-1)^2}{3} = -4$ ■

習題 2-6

1. 若 $xy - 2^x + 2^y = 0$，則 $y' = ?$
2. 若 $x^2 - 2xy + 3y^2 = 0$，則 $y' = ?$
3. 若 $x \sin y = \cos(x + y)$，則 $y' = ?$
4. 若 $y^2 - xy - 3x = 1$，求在點 $(0, -1)$ 之切線斜率。

5. 若 $x^3 + y^3 = 6xy$，則 $\dfrac{dy}{dx} = ?$
6. 若 $x^3 - 3x^2y + 2xy^2 = 12$，求 $\dfrac{dy}{dx} = ?$
7. 若 $x^2 + y^2 = 9$，則 $\dfrac{d^2y}{dx^2}$ 在點 $(1, 2\sqrt{2})$ 之值為何？

2-7 反函數之微分

反函數（inverse function）乃將原函數之定義域與值域互換所得到的新函數！如蘋果一顆 20 元，則購買 x 顆就是 $y = 20x$ 元。反過來說，y 元可以買 $x = \dfrac{y}{20}$ 顆。例如指數函數與對數函數即互為著名的反函數！首先定義反函數如下：

定義 反函數

若 $y = f(x)$ 為一對一函數，則 f 存在逆映射 $g(y) = x$，稱 f 為可逆函數，並稱 g 為 f 之反函數，記為 $g = f^{-1}$。 ■

我們將 f 的反函數記為 f^{-1}，則 f 與 f^{-1} 二者的關係可由下圖表示之：

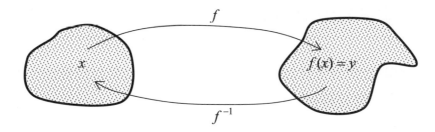

列舉一些反函數之性質如下：

1. $(f^{-1})^{-1} = f$。
2. $f^{-1}(f(x)) = x,\ f(f^{-1}(y)) = y$，即 $f(f^{-1}(\square)) = \square$，$f^{-1}(f(\square)) = \square$。
3. 將 $f(x) = y$ 之 x 以 $f^{-1}(y)$ 代入得 $f(f^{-1}(y)) = y$，此式僅含 y，可利用此式當成求出反函數之工具。

例題 1　說明題

設 $y = f(x) = 2x + 3$，若 f 為可逆函數，求其反函數。

解　<法一> 依反函數之意義，有 $f^{-1}(y) = x$

$$由\ y = 2x + 3\ \rightarrow\ x = \frac{y - 3}{2} = f^{-1}(y)$$

$$故\ f^{-1}(x) = \frac{x - 3}{2}$$

<法二> 利用 $f(f^{-1}(y)) = y$，得 $2f^{-1}(y) + 3 = y$

$$即\ f^{-1}(y) = \frac{y - 3}{2}$$

$$故\ f^{-1}(x) = \frac{x - 3}{2}\ ■$$

類題　設 $y = f(x) = \sqrt{-x - 1}$，若 f 為可逆函數，求其反函數。

答　<法一> 由 $y = \sqrt{-x - 1}\ \rightarrow\ y^2 = -x - 1$

$$\rightarrow\ x = -1 - y^2 = f^{-1}(y)$$

$$故\ f^{-1}(x) = -1 - x^2$$

<法二> 利用 $f(f^{-1}(y)) = y$，得 $\sqrt{-f^{-1}(y) - 1} = y$

整理得 $f^{-1}(y) = -y^2 - 1$

$$故\ f^{-1}(x) = -x^2 - 1\ ■$$

　　函數與反函數之間最重要之關係為：在 x-y 平面坐標上其圖形所具有的對稱性（symmetry），如下之定理所示：

定理 函數與反函數之對稱性

函數 f 與反函數 f^{-1} 在 x-y 平面上，其圖形對稱於 $x=y$ 之直線。

證明：如下圖所示：

當 $f(a)=b$ 時，有 $f^{-1}(b)=a$，即 f 的圖形上有一點 (a,b) 時，則 f^{-1} 的圖形上必有一點 (b,a) 與其對應。

反之亦然，而 (a,b) 與 (b,a) 對稱於直線 $x=y$，故得證。

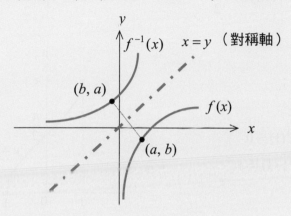

定理 反函數微分定理

若 $y=f(x)$ 為可逆函數，且 $g(y)$ 為其反函數，則 $g'(y)=\dfrac{1}{f'(x)}$。

證明：$\because y=f(x)$，則 $x=g(y)$

$\therefore x=g[f(x)]$ 對 x 微分得

$1=g'[f(x)]\cdot f'(x)=g'(y)f'(x)$

$\therefore g'(y)=\dfrac{1}{f'(x)}$，如右圖所示。

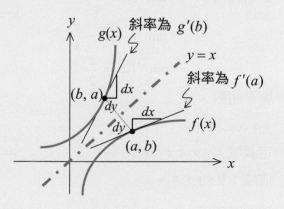

▶心得 欲求反函數在某一點 (b,a) 之微分，只要知道原函數在其對稱點 (a,b) 之微分即可，因為二者正好是「倒數」關係！

六個反三角函數之定義域與值域：

1. $y = \sin^{-1} x$ ～常用！

   定義域：$-1 \le x \le 1$；

   值域：$-\dfrac{\pi}{2} \le y \le \dfrac{\pi}{2}$。

   如右圖所示。$\therefore \sin^{-1}(1) = \dfrac{\pi}{2}$

   $$\sin^{-1}(-1) = -\dfrac{\pi}{2}$$

   屬奇函數。

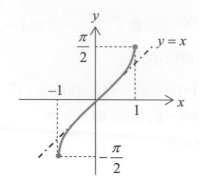

2. $y = \cos^{-1} x$，

   定義域：$-1 \le x \le 1$；

   值域：$0 \le y \le \pi$。

   如右圖所示。$\cos^{-1}(1) = 0$

   $$\cos^{-1}(-1) = \pi$$

   屬不奇不偶函數。

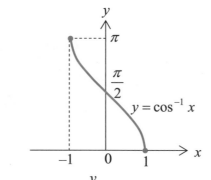

3. $y = \tan^{-1} x$ ～常用！

   定義域：$-\infty < x < \infty$；

   值域：$-\dfrac{\pi}{2} < y < \dfrac{\pi}{2}$。

   如右圖所示。$\therefore \tan^{-1}(1) = \dfrac{\pi}{4}$

   $$\tan^{-1}(-1) = -\dfrac{\pi}{4}$$

   $$\tan^{-1}(\infty) = \dfrac{\pi}{2}$$

   屬奇函數。

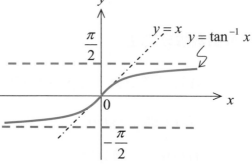

4. $y = \cot^{-1} x$，

   定義域：$-\infty < x < \infty$；

   值域：$0 < y < \pi$。

   如右圖所示。$\therefore \cot^{-1}(1) = \dfrac{\pi}{4}$

   $$\cot^{-1}(-1) = \dfrac{3\pi}{4}$$

   屬不奇不偶函數。

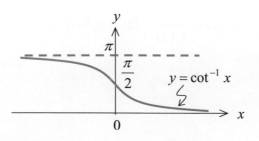

5. $y = \sec^{-1} x$，定義域：$|x| \geq 1$；值域：$y \in [0, \frac{\pi}{2}) \cup [\pi, \frac{3}{2}\pi)$。

6. $y = \csc^{-1} x$，定義域：$|x| \geq 1$；值域：$y \in (0, \frac{\pi}{2}] \cup (\pi, \frac{3}{2}\pi]$。

註：實用上，只要會計算 $\sin^{-1}x$ 與 $\tan^{-1}x$ 即可。

反三角函數之性質

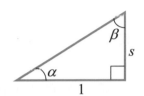

1. $\begin{cases} xy = 1, \quad x > 0, y > 0, \ \text{則} \tan^{-1} x + \tan^{-1} y = \frac{\pi}{2} \\ xy = 1, \quad x < 0, y < 0, \ \text{則} \tan^{-1} x + \tan^{-1} y = -\frac{\pi}{2} \end{cases}$

   由 $\tan \alpha = s \rightarrow \alpha = \tan^{-1} s$，$\tan \beta = \frac{1}{s} \rightarrow \beta = \tan^{-1} \frac{1}{s}$

   $\therefore \tan^{-1} s + \tan^{-1} \frac{1}{s} = \frac{\pi}{2}$，$s > 0$，

   如右圖所示。

2. 若 $xy \neq 1$，則 $\tan^{-1} x + \tan^{-1} y = \tan^{-1} \frac{x+y}{1-xy} \pm \pi \cdots (1)$～供參考！

   (1) 式之 $\pm\pi$，有時不一定要存在！

   即：是否要 $+\pi$ 或 $-\pi$，由等號二邊之計算值個別判斷決定。

3. $\sin^{-1} x + \cos^{-1} x = \tan^{-1} x + \cot^{-1} x = \sec^{-1} x + \csc^{-1} x = \frac{\pi}{2}$。

   換句話說：$\sin^{-1}x$，$\cos^{-1}x$ 為互餘！其它二類也是。

例題 2 　 說明題

化簡 $\sin\left(\tan^{-1}\left(\frac{3}{4}\right) \right) = ?$

證　如右圖所示：

$$\sin\left(\tan^{-1}\left(\frac{3}{4}\right) \right) = \sin\left(\sin^{-1}\left(\frac{3}{5}\right) \right) = \frac{3}{5} ■$$

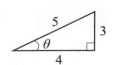

類題　化簡 $\sin\left(\tan^{-1}\left(\frac{3}{7}\right) \right) = ?$

答　$\sin\left(\tan^{-1}\left(\frac{3}{7}\right) \right) = \sin\left(\sin^{-1}\left(\frac{3}{\sqrt{58}}\right) \right) = \frac{3}{\sqrt{58}} ■$

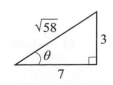

例題 3　基本題

試證 $\cos(\sin^{-1} x) = \sqrt{1-x^2}$。

證　如右圖所示：

$$\sin^{-1} x = \cos^{-1}(\sqrt{1-x^2})$$

故 $\cos(\sin^{-1} x) = \cos\left(\cos^{-1}(\sqrt{1-x^2})\right) = \sqrt{1-x^2}$ ■

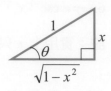

類題　試證 $\sin(\tan^{-1} x) = \dfrac{x}{\sqrt{1+x^2}}$。

證　如右圖所示，$\tan^{-1} x = \sin^{-1}(\dfrac{x}{\sqrt{1+x^2}})$

故 $\sin(\tan^{-1} x) = \sin\left(\sin^{-1}(\dfrac{x}{\sqrt{1+x^2}})\right) = \dfrac{x}{\sqrt{1+x^2}}$ ■

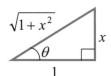

例題 4　說明題

求 $\dfrac{d}{dx}(\sin^{-1} x) = ?$

解　令 $y = \sin x$，則 $x = \sin^{-1} y$，由反函數微分定理 $g'(y) = \dfrac{1}{f'(x)}$ 知

$$\frac{d}{dy}(\sin^{-1} y) = \frac{1}{\dfrac{d}{dx}(\sin x)} = \frac{1}{\cos x} = \frac{1}{\sqrt{1-\sin^2 x}} = \frac{1}{\sqrt{1-y^2}}$$

故 $\dfrac{d}{dx}(\sin^{-1} x) = \dfrac{1}{\sqrt{1-x^2}}$，且 $|x| < 1$（記！）■

例題 5　說明題

求 $\dfrac{d}{dx}(\cos^{-1} x) = ?$

解　∵ $\sin^{-1} x + \cos^{-1} x = \dfrac{\pi}{2}$，∴ $\dfrac{d}{dx}(\sin^{-1} x) + \dfrac{d}{dx}(\cos^{-1} x) = 0$

故 $\dfrac{d}{dx}(\cos^{-1} x) = -\dfrac{d}{dx}(\sin^{-1} x) = -\dfrac{1}{\sqrt{1-x^2}}$，且 $|x| < 1$（記！）■

例題 6 　說明題

求 $\dfrac{d}{dx}(\tan^{-1} x) = ?$ 　$\dfrac{d}{dx}(\cot^{-1} x) = ?$

解　令 $y = \tan x$，則 $x = \tan^{-1} y$，由反函數微分定理

$$\frac{d}{dy}(\tan^{-1} y) = \frac{1}{\dfrac{d}{dx}(\tan x)} = \frac{1}{\sec^2 x} = \frac{1}{1 + \tan^2 x} = \frac{1}{1 + y^2}$$

故 $\dfrac{d}{dx}(\tan^{-1} x) = \dfrac{1}{1 + x^2}$ （記！）

同理，$\dfrac{d}{dx}(\cot^{-1} x) = -\dfrac{d}{dx}(\tan^{-1} x) = -\dfrac{1}{1 + x^2}$ ∎

例題 7 　說明題

求 $\dfrac{d}{dx}(\sec^{-1} x) = ?$ 　$\dfrac{d}{dx}(\csc^{-1} x) = ?$

解　由 $y = \sec x$，則 $x = \sec^{-1} y$，由反函數微分定理

$$\frac{d}{dy}(\sec^{-1} y) = \frac{1}{\dfrac{d}{dx}(\sec x)} = \frac{1}{\sec x \tan x} = \frac{1}{\sec x \sqrt{\sec^2 x - 1}} = \frac{1}{y\sqrt{y^2 - 1}}$$

故 $\dfrac{d}{dx}(\sec^{-1} x) = \dfrac{1}{x\sqrt{x^2 - 1}}$ （記！）

同理，$\dfrac{d}{dx}(\csc^{-1} x) = -\dfrac{d}{dx}(\sec^{-1} x) = \dfrac{-1}{x\sqrt{x^2 - 1}}$ ∎

▷心得　只要記住 $\sin^{-1} x$、$\tan^{-1} x$、$\sec^{-1} x$ 三個反函數之微分公式，其他三個（$\cos^{-1} x$、$\cot^{-1} x$、$\csc^{-1} x$）自然就會了！

例題 8 　基本題

求 $\dfrac{d}{dx}\sin^{-1}(x^2) = ?$

解　利用連鎖律算得原式 $= \dfrac{1}{\sqrt{1 - x^4}} \cdot 2x = \dfrac{2x}{\sqrt{1 - x^4}}$ ∎

類題　若 $y = \tan^{-1}(x^2)$，求 $\dfrac{dy}{dx} = ?$

答　利用連鎖律算得原式 $= \dfrac{2x}{1+x^4}$ ∎

例題 9　基本題

若 $f(x) = \ln x$，求 $(f^{-1})'(\ln 3) = ?$

解　令 $f^{-1}(y)$：反函數，已知 $(f^{-1})'(y) = \dfrac{1}{f'(x)}$

由 $y = \ln x$ 知當 $y = \ln 3$ 時 $x = 3$

故 $(f^{-1})'(\ln 3) = \dfrac{1}{f'(3)} = \left.\dfrac{1}{\dfrac{1}{x}}\right|_{x=3} = 3$。 ∎

類題　若 $f(x) = \tan^2 x$，$0 < x < \dfrac{\pi}{2}$，求 $(f^{-1})'(3) = ?$

答　由 $y = \tan^2 x$，計算知當 $y = 3$ 時 $x = \dfrac{\pi}{3}$

故 $(f^{-1})'(3) = \dfrac{1}{f'\left(\dfrac{\pi}{3}\right)} = \left.\dfrac{1}{2\tan x \sec^2 x}\right|_{x=\frac{\pi}{3}} = \dfrac{1}{2 \cdot \sqrt{3} \cdot 2^2} = \dfrac{1}{8\sqrt{3}}$。 ∎

例題 10　基本題

若 $f(x) = x^3 - x$，求 $(f^{-1})'(6) = ?$

解　令 $f^{-1}(y)$ 為反函數，已知 $(f^{-1})'(y) = \dfrac{1}{f'(x)}$

由 $y = x^3 - x$ 知，當 $y = 6$ 時 $x = 2$

故 $(f^{-1})'(6) = \dfrac{1}{f'(2)} = \left.\dfrac{1}{3x^2 - 1}\right|_{x=2} = \dfrac{1}{11}$ ∎

類題　若 $f(x) = \dfrac{e^{4-x^2}}{x}$，求 $(f^{-1})'\left(\dfrac{1}{2}\right) = ?$

答　由 $y = \dfrac{e^{4-x^2}}{x}$，知當 $y = \dfrac{1}{2}$ 時 $x = 2$

故 $(f^{-1})'\left(\dfrac{1}{2}\right) = \dfrac{1}{f'(2)} = \left.\dfrac{1}{\dfrac{(-2x^2-1)e^{4-x^2}}{x^2}}\right|_{x=2} = -\dfrac{4}{9}$ ∎

說明至此，同學對於函數之微分計算應該都了然於胸，因為連反函數之微分都會，那微分世界已無難題！下節要談的是參數式之微分。

習題 2-7

1. 若 $f(x) = \tan^{-1}\left(\dfrac{1}{x}\right)$，求 $f'(x) = ?$

2. 若 $f(x) = x\sin^{-1} x$，則 $f'(x) = ?$

3. 若 $f(x) = x^5 + x + 1$，則 $\left(f^{-1}\right)'(1) = ?$

4. (1) 若 $f(x) = e^x + \ln x$，

求 $(f^{-1})'(e) = ?$

(2) 若 $f(x) = \tan^{-1} x + \ln x$，

求 $(f^{-1})'(\dfrac{\pi}{4}) = ?$

(3) 若 $f(x) = \dfrac{8}{x^3}$，求 $(f^{-1})'(1) = ?$

2-8 參數式之微分

配合例題 2

所謂參數式（parameter form），就是將函數 $y = f(x)$ 或方程式 $F(x, y) = 0$ 表示成 $\begin{cases} x = x(t) \\ y = y(t) \end{cases}$ 之形式，此處 x、y 皆為參數（parameter）t 之函數。常見的例子如：

1. 以原點為圓心、半徑為 a 之圓 C：

方程式：$x^2 + y^2 = a^2$

參數式：$\begin{cases} x = a\cos t \\ y = a\sin t \end{cases}$，$0 \le t \le 2\pi$

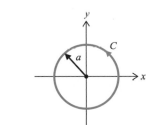

2. 以原點為圓心、軸半徑為 a, b 之橢圓 E：

方程式：$\dfrac{x^2}{a^2} + \dfrac{y^2}{b^2} = 1$

參數式：$\begin{cases} x = a\cos t \\ y = b\sin t \end{cases}$，$0 \le t \le 2\pi$

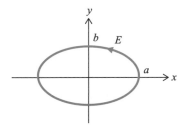

本節將說明參數式 $\begin{cases} x = x(t) \\ y = y(t) \end{cases}$ 之微分計算如下：

1. $\dfrac{dy}{dx} = \dfrac{\dfrac{dy}{dt}}{\dfrac{dx}{dt}} = \dfrac{y'(t)}{x'(t)}$ ～如同「除法」！

此結果屬於 t 之函數。此表示法僅對一階微分的計算有用。

亦可表為 $\underbrace{\dfrac{d\boxed{y}}{dx}}_{對\,x\,微} = \left(\dfrac{dt}{dx}\right) \cdot \underbrace{\dfrac{d\boxed{y}}{dt}}_{對\,t\,微}$，此式意義為：$y$ 原本對 x 微，改為對 t 微，付出的

代價即多乘上 $\dfrac{dt}{dx}$！此表示法對高階微分的計算較有用。

2. $\dfrac{d^2y}{dx^2} = \dfrac{d}{dx}(\underbrace{\dfrac{dy}{dx}}_{t\,之函數}) = \dfrac{dt}{dx}\dfrac{d}{dt}(\underbrace{\dfrac{dy}{dx}}_{t\,之函數})$，此式之意義為函數 $\dfrac{dy}{dx}$ 原本對 x 微，改為對 t 微，需

付出代價，即多乘上 $\dfrac{dt}{dx}$！

例題 1　基本題

設一曲線方程式 $\begin{cases} x = t^2 - 2 \\ y = t^3 - 2t + 1 \end{cases}$，求通過曲線上 $t = 2$ 之切線方程式。

解　$\dfrac{dy}{dx} = \dfrac{3t^2 - 2}{2t}$，則 $\left.\dfrac{dy}{dx}\right|_{t=2} = \dfrac{5}{2}$

又 $t = 2$ 時切點為 $(2, 5)$

故切線為 $y - 5 = \dfrac{5}{2}(x - 2)$ ■

類題　設一曲線方程式 $\begin{cases} x = 2t^3 - 15t^2 + 24t + 7 \\ y = t^2 + t + 1 \end{cases}$，求通過曲線上 $t = 2$ 之切線方程式。

答　$\dfrac{dy}{dx} = \left.\dfrac{2t+1}{6t^2 - 30t + 24}\right|_{t=2} = -\dfrac{5}{12}$

又 $t = 2$ 時切點為 $(11, 7)$

得切線 $y - 7 = -\dfrac{5}{12}(x - 11)$ ■

例題 2　　基本題

參數式為 $\begin{cases} x(t) = t^4 + t \\ y(t) = t^3 - t \end{cases}$ ，求 $\dfrac{dy}{dx}$ 、 $\dfrac{d^2y}{dx^2} = ?$ 以 t 表示之。

解　$\dfrac{dy}{dx} = \dfrac{\dfrac{dy}{dt}}{\dfrac{dx}{dt}} = \dfrac{3t^2 - 1}{4t^3 + 1}$

$\dfrac{d^2y}{dx^2} = \dfrac{d}{dx}(\dfrac{dy}{dx}) = \dfrac{dt}{dx}\dfrac{d}{dt}(\dfrac{dy}{dx}) = \dfrac{1}{4t^3 + 1}\dfrac{d}{dt}(\dfrac{3t^2 - 1}{4t^3 + 1}) = \dfrac{-12t^4 + 12t^2 + 6t}{(4t^3 + 1)^3}$ ∎

類題　設 $\begin{cases} x = t^2 \\ y = e^t - 2t \end{cases}$ ，求 $\dfrac{dy}{dx}$ 、 $\dfrac{d^2y}{dx^2} = ?$ 以 t 表示之。

答　$\dfrac{dy}{dx} = \dfrac{\dfrac{dy}{dt}}{\dfrac{dx}{dt}} = \dfrac{e^t - 2}{2t}$

$\dfrac{d^2y}{dx^2} = \dfrac{d}{dx}(\dfrac{dy}{dx}) = \dfrac{dt}{dx}\dfrac{d}{dt}(\dfrac{dy}{dx}) = \dfrac{1}{2t}\dfrac{2te^t - 2(e^t - 2)}{(2t)^2} = \dfrac{2te^t - 2e^t + 4}{8t^3}$ ∎

習題 2-8

1. 若參數式為 $\begin{cases} x = 2t^2 + 3 \\ y = t^4 \end{cases}$ ，求在 $t = -1$ 時之切線方程式。

2. 若一曲線可由 $x = \sqrt{t}$ 與 $y = \dfrac{1}{4}(t^2 - 4)$ 來描述，且 $t \geq 0$。請問此曲線在點 $(2, 3)$ 處之切線斜率為何？

3. 若 $\begin{cases} x = a\sin^2\theta \\ y = a\cot\theta \end{cases}$ ，求 $\dfrac{dy}{dx}\Big|_{\theta = \frac{\pi}{4}} = ?$

4. 若 $\begin{cases} x = t^2 - 1 \\ y = t^4 - 2t^3 \end{cases}$ ，求 $\dfrac{d^2y}{dx^2}\Big|_{t=1} = ?$

本章習題

基本題

1. 求曲線 $y = x^3 + x - 2$ 上哪一點的切線平行於 $y = 4x + 3$？

2. 若 $f(x) = x + \sqrt{1 - x^2}$，求 $f'(0) = ?$

3. 已知 $y(x) = \sin(\ln x)$，求 $y'(1) = ?$

4. (1) 曲線 $x^3 y + y^4 = 2$ 上之點 $(1, 1)$，求
   $$\left. \frac{dy}{dx} \right|_{(1,1)} = ?$$

   (2) 已知 $x^3 y^3 + y^2 = x + y$，在點 $(1, 1)$，
   求 $\left. \frac{dy}{dx} \right|_{(1,1)} = ?$

5. 若 $f(x) = \begin{cases} ax + b, & x < 1 \\ x^3, & x \geq 1 \end{cases}$，求 a、b 之值使 $f(x)$ 為可微。

6. 若 $w^3 - 3z^2 w + 2\ln z = 0$，求 $\dfrac{dw}{dz} = ?$
   （其中 $w = w(z)$）

7. 求 $\dfrac{d}{dz}\left\{ e^{3z} \right\} = ?$

8. 若 $\sin(xy) = x^2$，求 $\dfrac{dy}{dx} = ?$

9. 已知 $y^2 + 2y = 4x^2 + 2x$，求 $\dfrac{dy}{dx} = ?$

10. 求以下各式 $y'(x)$ 之值：
    (1) $y = (\ln x)^2$，$x = e^2$
    (2) $y = 4\sqrt{x}$，$x = 4$

加分題

11. 若 $f(x) = \begin{cases} \dfrac{1 - \cos x}{x}, & x \neq 0 \\ 0, & x = 0 \end{cases}$

求 $f'(0) = ?$

12. 求笛卡耳葉形線 $x^3 + y^3 = 9xy$ 在點 $(4, 2)$ 之切線方程式。

13. 若 $f(x)$ 之圖形如下圖所示，則：
    (1) $\displaystyle\lim_{x \to 0} \frac{f(x) - f(0)}{x} = ?$
    (2) $\displaystyle\lim_{h \to 0} \frac{f(1 + h) - f(1)}{h} = ?$
    (3) $\displaystyle\lim_{x \to 2^+} f(x) = ?$
    (4) $\displaystyle\lim_{x \to 2} f(x) = ?$

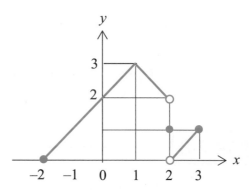

14. 已知 $\sin x = \ln y$，$0 < x < \pi$，求 $\dfrac{dy}{dx} = ?$ 以 x 表之。

15. 已知 $\begin{cases} x = 1 - e^{-t} \\ y = t + e^{-t} \end{cases}$，求 $\dfrac{dy}{dx} = ?$

16. 已知 $h(x) = \sqrt{4 + 3f(x)}$，且 $f(1) = 7$，$f'(1) = 4$，求 $h'(1) = ?$

17. $y = \dfrac{2u}{7 - 6u}$ 且 $u = (7x^2 - 6)^5$，若 $x = 1$，請問 $\dfrac{dy}{dx}$ 的數值為？

18. 已知 $4x^2 - 2y^2 = 9$，則 $\dfrac{d^2 y}{dx^2} = ?$

3 CHAPTER

微分應用

1. 瞭解羅必達法則求不定型的極限
2. 利用微分求函數的近似值
3. 瞭解求變化率的應用問題
4. 瞭解 Rolle 定理、微分均值定理

5. 瞭解極大值、極小值與反曲點的計算
6. 瞭解函數圖形之描繪
7. 瞭解極值之應用問題

　　在學完微分的意義、操作原則後，大家已有能力進一步瞭解微分具有哪些功能，亦即本章要說明的「微分的應用」。

3-1　羅必達法則

　　首先要談的第一個應用是在極限求法方面，此法稱為羅必達法則（L'Hospital rule）。羅必達（L'Hospital，1661~1704）是一位業餘的法國數學家，曾受教於瑞士數學家白努利（Johann Bernoulli，1667~1748），此外羅必達也是世界上第一本微積分書籍的作者。他所創造的方法能針對許多型態的極限問題，快速得到答案（如高鐵快），因此就其功勞而言，名號雖是業餘，貢獻卻很大！現說明如下：

定 理　**羅必達法則**

羅必達法則說明當 $\lim\limits_{x \to a} \dfrac{f(x)}{g(x)}$ 為「$\dfrac{0}{0}$」及「$\dfrac{\infty}{\infty}$」的兩種情況：

一、若 $\lim\limits_{x \to a} f(x) = \lim\limits_{x \to a} g(x) = 0$，且 $\lim\limits_{x \to a} \dfrac{f'(x)}{g'(x)}$ 存在，則

$$\lim_{x \to a} \frac{f(x)}{g(x)} = \lim_{x \to a} \frac{f'(x)}{g'(x)}$$

若 $\lim\limits_{x \to a} f'(x) = \lim\limits_{x \to a} g'(x) = 0$，則 $\lim\limits_{x \to a} \dfrac{f(x)}{g(x)} = \lim\limits_{x \to a} \dfrac{f''(x)}{g''(x)}$

其餘依此類推，直到分母不為 0 即可代入！

二、若 $\lim\limits_{x \to a} f(x) = \pm\infty$，$\lim\limits_{x \to a} g(x) = \pm\infty$，且 $\lim\limits_{x \to a} \dfrac{f'(x)}{g'(x)}$ 存在，則

$$\lim_{x \to a} \frac{f(x)}{g(x)} = \lim_{x \to a} \frac{f'(x)}{g'(x)}$$

若 $\lim\limits_{x \to a} f'(x) = \pm\infty$，$\lim\limits_{x \to a} g'(x) = \pm\infty$，則 $\lim\limits_{x \to a} \dfrac{f(x)}{g(x)} = \lim\limits_{x \to a} \dfrac{f''(x)}{g''(x)}$

其餘依此類推。

以下依題型分別說明羅必達法則的用法，這是較快的學習法。

▌第一型　「$\dfrac{0}{0}$」型，亦即分子、分母皆趨近於零

例題 1　基本題

求 $\lim\limits_{x \to 0} \dfrac{\sin 2x}{x} = ?$

解　$\lim\limits_{x \to 0} \dfrac{\sin 2x}{x} = \lim\limits_{x \to 0} \dfrac{2\cos 2x}{1} = 2$ ∎

類題　求 $\lim\limits_{x \to 0} \dfrac{\tan 3x}{x} = ?$

答　原式 $= \lim\limits_{x \to 0} \dfrac{3\sec^2 3x}{1} = 3$ ∎

例題 2　基本題

求 $\lim\limits_{x \to 0} \dfrac{\sin ax}{\tan bx}$，$a$、$b$ 都是常數。

解　$\lim\limits_{x \to 0} \dfrac{\sin ax}{\tan bx} = \lim\limits_{x \to 0} \dfrac{a\cos ax}{b\sec^2 bx} = \dfrac{a}{b}$ ∎

類題　求 $\lim\limits_{x \to \frac{\pi}{2}} \dfrac{1 - \sin x}{\cos x} = ?$

答　原式 $= \lim\limits_{x \to \frac{\pi}{2}} \dfrac{-\cos x}{-\sin x} = 0$ ∎

例題 3　基本題

求 $\displaystyle\lim_{x \to 0} \frac{\sqrt{1+x} - \sqrt{1-x}}{x} = ?$

解　$\displaystyle\lim_{x \to 0} \frac{\sqrt{1+x} - \sqrt{1-x}}{x} = \lim_{x \to 0} \frac{\dfrac{1}{2\sqrt{1+x}} + \dfrac{1}{2\sqrt{1-x}}}{1} = \frac{1}{2} + \frac{1}{2} = 1$ ■

類題　求 $\displaystyle\lim_{x \to 0} \frac{\sqrt{x+1} - 1}{x} = ?$

答　原式 $= \displaystyle\lim_{x \to 0} \frac{\dfrac{1}{2\sqrt{x+1}}}{1} = \frac{1}{2}$ ■

■ 第二型　「$\dfrac{\infty}{\infty}$」型，亦即分子、分母皆趨近於無限大

例題 4　基本題

求 $\displaystyle\lim_{x \to \infty} \frac{\ln x}{x} = ?$　$\displaystyle\lim_{x \to \infty} \frac{x}{e^x} = ?$

解　$\displaystyle\lim_{x \to \infty} \frac{\ln x}{x} = \lim_{x \to \infty} \frac{\dfrac{1}{x}}{1} = 0$，$\displaystyle\lim_{x \to \infty} \frac{x}{e^x} = \lim_{x \to \infty} \frac{1}{e^x} = 0$ ■

▶心得　當 $x \to \infty$ 時，則 $\ln x < x < x^n < e^x < x^x$。

例題 5　基本題

求 $\displaystyle\lim_{x \to \infty} \frac{2e^{2x} + 1}{e^{2x} + 2} = ?$

解　$\displaystyle\lim_{x \to \infty} \frac{2e^{2x} + 1}{e^{2x} + 2} = \lim_{x \to \infty} \frac{4e^{2x}}{2e^{2x}} = 2$ ■

類題　求 $\displaystyle\lim_{x \to 1^+} \frac{\ln(x-1)}{\ln(x^2 - 1)} = ?$

答　原式 $= \lim\limits_{x \to 1^+} \dfrac{\dfrac{1}{x-1}}{\dfrac{2x}{x^2-1}} = \lim\limits_{x \to 1^+} \dfrac{x+1}{2x} = 1$ ∎

⭐ **注意**　雖然羅必達法則很好用又很厲害，但並非萬能！例如 $\lim\limits_{x \to \infty} \dfrac{e^x + e^{-x}}{e^x - e^{-x}} \approx \lim\limits_{x \to \infty} \dfrac{e^x}{e^x} = 1$，本題若使用羅必達法則會一直循環而解不出，幸好此類型題目較少出現。

▌第三型　其他不定型

若將前面所談之第一、二型視為「標準型」，則其他型式即稱為非標準型，碰到非標準型，只要設法將非標準型化為標準型即可！現在分類說明如下：

一、將 $0 \cdot \infty$ 與 $(\infty - \infty)$ 化為 $\dfrac{0}{0}$ 或 $\dfrac{\infty}{\infty}$ 計算之

理由：化為「分式型式」才能分子、分母互相比較也！

例題 6　基本題

求 $\lim\limits_{x \to 0^+} x \ln x = ?$ 　（$0 \cdot \infty$）型

解　$\lim\limits_{x \to 0^+} x \ln x = \lim\limits_{x \to 0^+} \dfrac{\ln x}{\dfrac{1}{x}} = \lim\limits_{x \to 0^+} \dfrac{\dfrac{1}{x}}{-\dfrac{1}{x^2}} = \lim\limits_{x \to 0^+} (-x) = 0$ ∎

類題　求 $\lim\limits_{x \to 0^+} (e^x - 1) \cot x = ?$

答　原式 $= \lim\limits_{x \to 0^+} \dfrac{e^x - 1}{\tan x} = \lim\limits_{x \to 0^+} \dfrac{e^x}{\sec^2 x} = 1$ ∎

例題 7　基本題

求 $\lim\limits_{x \to 0} (\dfrac{\cos x}{\sin x} - \dfrac{1}{x}) = ?$ 　（$\infty - \infty$）型

解　原式 $= \lim\limits_{x \to 0} \dfrac{x \cos x - \sin x}{x \sin x} = \lim\limits_{x \to 0} \dfrac{-x \sin x}{\sin x + x \cos x} = \lim\limits_{x \to 0} \dfrac{-\sin x - x \cos x}{\cos x + \cos x - x \sin x} = \dfrac{0}{2} = 0$ ∎

類題　求 $\lim\limits_{x \to 0^+}(\dfrac{1}{x} - \dfrac{1}{\sin x}) = ?$

答　原式 $= \lim\limits_{x \to 0^+} \dfrac{\sin x - x}{x \sin x} = \lim\limits_{x \to 0^+} \dfrac{\cos x - 1}{\sin x + x \cos x}$

$\qquad = \lim\limits_{x \to 0^+} \dfrac{-\sin x}{2\cos x - x \sin x} = \dfrac{0}{2} = 0$ ■

二、將 ∞^0、1^∞、0^0 利用 $f(x)^{g(x)} = e^{g(x) \ln f(x)}$ 化為 $\dfrac{0}{0}$ 或 $\dfrac{\infty}{\infty}$

　　理由：讓底數不變後將計算式簡化，即可化為「分式型式」計算！

例題 8　　基本題

求 $\lim\limits_{x \to \infty} x^{1/x} = ?$　（∞^0）型

解　∵ $x^{\frac{1}{x}} = e^{\frac{\ln x}{x}}$，∴ 原式 $= e^{\lim\limits_{x \to \infty} \frac{\ln x}{x}} = e^{\lim\limits_{x \to \infty} \frac{1}{x}} = e^0 = 1$ ■

類題　求 $\lim\limits_{x \to \infty}(1 + 2x)^{\frac{1}{3x}} = ?$

答　∵ $(1 + 2x)^{\frac{1}{3x}} = e^{\frac{1}{3x} \ln(1 + 2x)}$

$\qquad$ 而 $\lim\limits_{x \to \infty} \dfrac{\ln(1 + 2x)}{3x} = \lim\limits_{x \to \infty} \dfrac{\dfrac{2}{1 + 2x}}{3} = 0$

$\qquad$ 故 $\lim\limits_{x \to \infty}(1 + 2x)^{\frac{1}{3x}} = e^0 = 1$ ■

例題 9　　基本題

求 $\lim\limits_{x \to 0^+} x^x = ?$　（0^0）型

解　∵ $x^x = e^{x \ln x}$

$\qquad$ ∴ $\lim\limits_{x \to 0^+} x \ln x = \lim\limits_{x \to 0^+} \dfrac{\ln x}{\dfrac{1}{x}} = \lim\limits_{x \to 0^+} \dfrac{\dfrac{1}{x}}{-\dfrac{1}{x^2}} = \lim\limits_{x \to 0^+}(-x) = 0$

故 $\lim_{x \to 0^+} x^x = e^0 = 1$ ∎

類題 求 $\lim_{x \to 0^+} (\sin x)^{\frac{1}{\ln x}} = ?$

答 ∵ $(\sin x)^{\frac{1}{\ln x}} = e^{\frac{\ln(\sin x)}{\ln x}}$ ，∴ $\lim_{x \to 0^+} \dfrac{\ln(\sin x)}{\ln x} = \lim_{x \to 0^+} \dfrac{\dfrac{\cos x}{\sin x}}{\dfrac{1}{x}} = \lim_{x \to 0^+} (\cos x \cdot \dfrac{x}{\sin x}) = 1$

故 $\lim_{x \to 0^+} (\sin x)^{\frac{1}{\ln x}} = e^1 = e$ ∎

例題⑩ 基本題

求 $\lim_{x \to \infty} (1 + \dfrac{\alpha}{x})^x = ?$ （1^∞）型

解 <法一> ∵ $(1 + \dfrac{\alpha}{x})^x = e^{x \ln(1 + \frac{\alpha}{x})}$

$$\lim_{x \to \infty} x \ln(1 + \dfrac{\alpha}{x}) = \lim_{x \to \infty} \dfrac{\ln(1 + \dfrac{\alpha}{x})}{\dfrac{1}{x}} = \lim_{x \to \infty} \dfrac{\dfrac{-\alpha}{x(x + \alpha)}}{-\dfrac{1}{x^2}} = \alpha$$

故 $\lim_{x \to \infty} (1 + \dfrac{\alpha}{x})^x = e^\alpha$

<法二> $\lim_{x \to \infty} (1 + \dfrac{\alpha}{x})^x \overset{x = \alpha t}{=} \lim_{t \to \infty} (1 + \dfrac{1}{t})^{\alpha t} = \lim_{t \to \infty} \left[(1 + \dfrac{1}{t})^t \right]^\alpha$

$= e^\alpha$ （此法快多了，但可遇不可求）∎

類題 求 $\lim_{x \to 0} (\cos x)^{\frac{1}{x^2}} = ?$

答 ∵ $(\cos x)^{\frac{1}{x^2}} = e^{\frac{1}{x^2} \ln(\cos x)}$

而 $\lim_{x \to 0} \dfrac{\ln(\cos x)}{x^2} = \lim_{x \to 0} \dfrac{\dfrac{-\sin x}{\cos x}}{2x} = -\dfrac{1}{2}$

故 $\lim_{x \to 0} (\cos x)^{\frac{1}{x^2}} = e^{-\frac{1}{2}}$ ∎

習題 3-1

1. 求 $\lim\limits_{x \to 0} \dfrac{2\tan x}{x} = $?

2. 求 $\lim\limits_{x \to 0}(1 + \sin x)^{1/x} = $?

3. 求 $\lim\limits_{x \to 0^{+}} \dfrac{\cot x}{\ln x} = $?

4. 求 $\lim\limits_{x \to 0} \dfrac{\tan(3x) + 3x}{\sin 4x} = $?

5. 求 $\lim\limits_{x \to 1^{+}}(\dfrac{x}{x-1} - \dfrac{1}{\ln x}) = $?

6. 求 $\lim\limits_{x \to \infty}(1 + \dfrac{3}{x})^{x+2} = $?

7. 求 $\lim\limits_{x \to \frac{\pi}{4}}(\tan x)^{\tan 2x} = $?

8. 求 $\lim\limits_{x \to \infty} x^{e^{-x}} = $?

3-2　求近似值

　　「微分」若以俏皮話來解釋即為「變化率」，因此由函數 $f(x)$ 在點 $x = a$ 微分，可求出 $f(x)$ 在點 $x = a$ 之變化率與變化量。若 $f(x)$ 之幾何意義圖示如下，可看出：

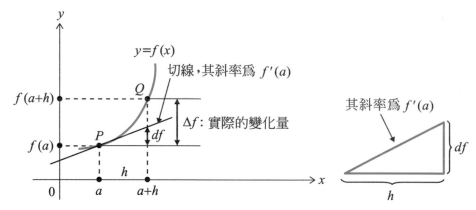

令 $\begin{cases} df \ : f(x) \ \text{從 } a \text{ 到 } a+h \text{ 以切線斜率計算的近似變化量} \\ \Delta f \ : f(x) \ \text{從 } a \text{ 到 } a+h \text{ 的實際變化量} \end{cases}$

　　所以 $df = hf'(a)$，當 $h \to 0$ 時，有 $\Delta f \approx df$，估算會更正確，此方法稱為局部線性近似（local linear approximation），亦可稱為切線近似（tangent-line approximation），即以 df 代替 Δf。（因為 Δf 有時很難算！）

　　現將計算 $f(a + h)$ 之方法整理如下：

1. **騎驢**：從題目中假設 $f(x)$，並得到 $f(a)$，且微分得到 $f'(x)$。

2. **找馬**：由幾何意義得 $df = hf'(a) \to f(a+h) \approx f(a) + hf'(a)$，

　　　　故 $\boxed{f(a+h) \approx f(a) + hf'(a)}$ ～記！

例題 1　基本題

求 $\sqrt{16.1}$ 之近似值。

解　令 $f(x) = \sqrt{x}$，則 $f'(x) = \dfrac{1}{2\sqrt{x}}$，由 $f(x+h) \approx f(x) + hf'(x)$

　　取 $x = 16$，$h = 0.1$，則 $\sqrt{16.1} \approx 4 + (0.1) \cdot \dfrac{1}{2\sqrt{16}} = 4 + \dfrac{0.1}{8} = 4.0125$ ■

類題　求 $\sqrt[4]{17}$ 之近似值。

答　令 $f(x) = \sqrt[4]{x}$，則 $f'(x) = \dfrac{1}{4x^{3/4}}$，由 $f(x+h) \approx f(x) + hf'(x)$

　　取 $x = 16$，$h = 1$，則 $\sqrt[4]{17} \approx 2 + \dfrac{1}{4} \cdot \dfrac{1}{(16)^{3/4}} = 2 + \dfrac{1}{32} = 2.03125$ ■

例題 2　基本題

求 $\sin 46°$ 之近似值。

解　令 $f(x) = \sin x$，則 $f'(x) = \cos x$，取 $x = 45°$，$\Delta x = 1° = \dfrac{\pi}{180}$（弧度）

　　$\therefore \sin 46° \approx \sin 45° + \cos 45° \cdot \dfrac{\pi}{180} = \dfrac{1}{\sqrt{2}} + \dfrac{1}{\sqrt{2}} \cdot \dfrac{\pi}{180} \approx 0.7194$ ■

類題　求 $\sin 31°$ 之近似值。

答　令 $f(x) = \sin x$，則 $f'(x) = \cos x$，取 $x = 30°$，$\Delta x = 1° = \dfrac{\pi}{180}$（弧度）

　　$\therefore \sin 31° \approx \sin 30° + \cos 30° \cdot \dfrac{\pi}{180} = 0.5 + \dfrac{\sqrt{3}}{2} \cdot \dfrac{\pi}{180} \approx 0.5151$ ■

應用：牛頓勘根法

　　找出函數 $f(x) = 0$ 之根，自有數學以來大家就有高度的興趣，此處介紹有名的牛頓勘根法。如右圖所示，計算步驟如下：

1. 先以觀察或其他方法得到一個近似根 x_1。

2. 過點 $(x_1, f(x_1))$ 之切線為

$$y - f(x_1) = f'(x_1) \cdot (x - x_1)$$

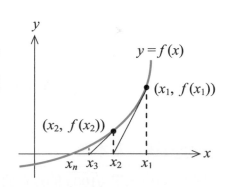

令此切線交 x 軸於 x_2，代入得

$$-f(x_1) = f'(x_1) \cdot (x_2 - x_1)$$

整理得 $x_2 = x_1 - \dfrac{f(x_1)}{f'(x_1)}$。

3. 同理，過點 $(x_2, f(x_2))$ 做切線交 x 軸於 x_3，同理可算出 $x_3 = x_2 - \dfrac{f(x_2)}{f'(x_2)}$。

4. 依此類推得通式： $x_n = x_{n-1} - \dfrac{f(x_{n-1})}{f'(x_{n-1})}$ 。

✪ **注意**　在上面的計算中需 $f'(x_i) \neq 0$。且一開始取的近似根 x_1 可以比真根大，也可以比真根小。

例題 3　**基本題**

求 $f(x) = x^3 - 2x - 5 = 0$ 之一個近似根。

解　利用牛頓勘根法，又 $f'(x) = 3x^2 - 2$

(1) 因 $f(2) = -1 < 0$，$f(3) = 16 > 0$，故知在 $(2, 3)$ 之間必有一根

(2) 取 $x_1 = 3$，則 $x_2 = x_1 - \dfrac{f(x_1)}{f'(x_1)} = 3 - \dfrac{16}{3 \cdot 3^2 - 2} = 3 - \dfrac{16}{25} = 2.36$

$x_3 = x_2 - \dfrac{f(x_2)}{f'(x_2)} \approx 2.36 - \dfrac{3.424}{14.7088} \approx 2.1272$ ■

類題　利用牛頓勘根法，求 $f(x) = x^3 + x - 3 = 0$ 之一個近似根。

答　$f'(x) = 3x^2 + 1$

(1) 因 $f(1) = -1 < 0$，$f(2) = 7 > 0$，故知在 $(1, 2)$ 之間必有一根

(2) 取 $x_1 = 2$，則 $x_2 = x_1 - \dfrac{f(x_1)}{f'(x_1)} = 2 - \dfrac{7}{3 \cdot 2^2 + 1} = 2 - \dfrac{7}{13} \approx 1.46$

$x_3 = x_2 - \dfrac{f(x_2)}{f'(x_2)} \approx 1.46 - \dfrac{1.5721}{7.3948} \approx 1.2474$ ■

例題 4　**基本題**

以牛頓勘根法求 $\sqrt[3]{1003}$ 的近似值。（找根就是求值！）

解 令 $x = \sqrt[3]{1003}$，則 $f(x) = x^3 - 1003$，又 $f'(x) = 3x^2$

取 $x_1 = 10$，則 $x_2 = x_1 - \dfrac{f(x_1)}{f'(x_1)} = 10 - \dfrac{-3}{3 \cdot 10^2} = 10.01$

$x_3 = x_2 - \dfrac{f(x_2)}{f'(x_2)} = 10.01 - \dfrac{(10.01)^3 - 1003}{3 \cdot (10.01)^2}$

$\approx 10.01 - \dfrac{0.003}{300.6} \approx 10.00999$ ■

類題 以牛頓勘根法求 $\sqrt[3]{28}$ 之近似值。

答 令 $x = \sqrt[3]{28}$，則 $f(x) = x^3 - 28$，又 $f'(x) = 3x^2$

取 $x_1 = 3$，則 $x_2 = x_1 - \dfrac{f(x_1)}{f'(x_1)} = 3 - \dfrac{-3}{3 \cdot 3^2} = 3.11$

$x_3 = x_2 - \dfrac{f(x_2)}{f'(x_2)} \approx 3.11 - \dfrac{(3.11)^3 - 28}{3 \cdot (3.11)^2}$

$= 3.11 - \dfrac{2.08}{29.016} \approx 3.0383$ ■

習題 3-2

1. 求 $\sqrt{24.8}$ 之近似值。

2. 求 $\sqrt[3]{63}$ 之近似值。

3. 求 $\cos 46^\circ$ 之近似值。

4. 以牛頓勘根法求 $f(x) = x^3 + x - 1 = 0$ 的一個近似根。

3-3 求變化率

物理、數學或其他（如複利）之應用問題常見「變化率」，求解此類問題，需根據題意列出關係式，題目即變得很簡單！

1. 設一質點 p 之位置函數為 $s(t)$，則速率為 $v(t) = \dfrac{ds}{dt}$。

2. 高度 $h(t)$ 之變化率：$\dfrac{dh(t)}{dt}$。

3. 面積 $A(t)$ 之變化率：$\dfrac{dA(t)}{dt}$。需知半徑為 r 之球體表面積為 $A = 4\pi r^2$。

4. 體積 $V(t)$ 之變化率：$\dfrac{dV(t)}{dt}$。需知半徑為 r 之球體體積為 $V = \dfrac{4}{3}\pi r^3$。

5. 複利與連續複利（compound interest continuously）問題。

例題 1　基本題

一質點沿 $x^2 + y^2 = 25$ 做順時針方向之圓周運動，當經過點 $(3, 4)$ 時，有 $\dfrac{dy}{dt} = -3$，則 $\dfrac{dx}{dt} = ?$

解　如右圖所示：

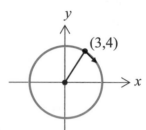

圓的參數式視為 $\begin{cases} x = x(t) \\ y = y(t) \end{cases}$

對 $x^2 + y^2 = 25$ 微分得 $2x\dfrac{dx}{dt} + 2y\dfrac{dy}{dt} = 0$

代入得 $3 \cdot \dfrac{dx}{dt} + 4 \cdot (-3) = 0$

即 $\dfrac{dx}{dt} = 4$ ∎

類題　一質點沿 x 軸向右移動之方程式為 $x = \left[\ln(1+t)\right]^2$，求 $t \to \infty$ 之速率。

答　$\dfrac{dx}{dt} = \dfrac{2\ln(1+t)}{1+t}$，$\therefore \displaystyle\lim_{t\to\infty}\dfrac{dx}{dt} = \lim_{t\to\infty}\dfrac{2\ln(1+t)}{1+t} = 0$ ∎

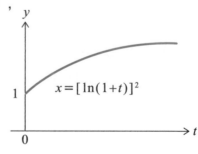

例題 2　基本題

甲車以 $30\dfrac{公里}{時}$ 往西移動，乙車以 $40\dfrac{公里}{時}$ 往北移動，二車預計交會於十字路口，請問甲車在離交點 0.6 公里前、乙車離交點 0.8 公里前，二車之相對速率為何？

解　令 x 表甲車與交點的距離

$\quad$ y 表乙車與交點的距離

$\quad$ z 表甲、乙二車的相對距離

則 $z^2 = x^2 + y^2$

如右圖所示：

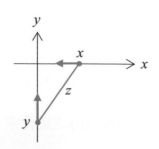

由 $z^2 = x^2 + y^2$ 微分得 $2z\dfrac{dz}{dt} = 2x\dfrac{dx}{dt} + 2y\dfrac{dy}{dt}$

整理得 $\dfrac{dz}{dt} = \dfrac{1}{z}(x\dfrac{dx}{dt} + y\dfrac{dy}{dt})$

當 $x = 0.6$、$y = 0.8$ 時，有 $z = 1.0$

依題意代入得 $\dfrac{dz}{dt} = \dfrac{1}{1.0}(x\dfrac{dx}{dt} + y\dfrac{dy}{dt}) = 0.6 \times 30 + 0.8 \times 40$

$$= 50 \ (\dfrac{公里}{時}) \ ■$$

類題　二船同時從同一起點出發，一船以 $6\dfrac{公里}{時}$ 往東移動，另一船以 $8\dfrac{公里}{時}$ 往北移動，請問二小時後二船之相對速率為何？

答　令 x 表 $6\dfrac{公里}{時}$ 的船移動後與起點的距離

　　y 表 $8\dfrac{公里}{時}$ 的船移動後與起點的距離

　　z 表二船的相對距離

　　如右圖所示：

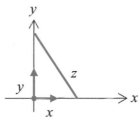

$z^2 = x^2 + y^2$ 微分得 $2z\dfrac{dz}{dt} = 2x\dfrac{dx}{dt} + 2y\dfrac{dy}{dt}$

整理得 $\dfrac{dz}{dt} = \dfrac{1}{z}(x\dfrac{dx}{dt} + y\dfrac{dy}{dt})$

當 $x = 12$、$y = 16$ 時，有 $z = 20$

代入得 $\dfrac{dz}{dt} = \dfrac{1}{z}(x\dfrac{dx}{dt} + y\dfrac{dy}{dt}) = \dfrac{1}{20}(12 \times 6 + 16 \times 8) = 10 \ (\dfrac{公里}{時}) \ ■$

例題 3　基本題

如右圖所示，5 公尺長的梯子靠在牆上，當底部以 $2\dfrac{公尺}{秒}$ 往右移動時，求在 $x = 3$ 公尺時，其梯子頂部之下滑速率是多少？

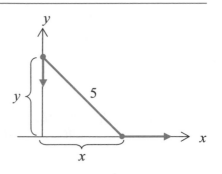

解　由題意知 $x^2 + y^2 = 25$

　　微分得 $2x\dfrac{dx}{dt} + 2y\dfrac{dy}{dt} = 0$

當 $x = 3$ 時，$y = 4$

代入得 $2 \cdot 3 \cdot 2 + 2 \cdot 4 \cdot \dfrac{dy}{dt} = 0$

$\therefore \dfrac{dy}{dt} = -\dfrac{12}{8} = -\dfrac{3}{2}$（公尺／秒）……下滑速率 ■

類題　如右圖所示，8 公尺長的梯子靠在 4 公尺

高的牆上。當梯子底部以 $2\dfrac{公式}{秒}$ 往右移

動時，求在梯子與牆壁的夾角為 $\dfrac{\pi}{3}$ 時，

其角度變化率 $\dfrac{d\theta}{dt} = ?$

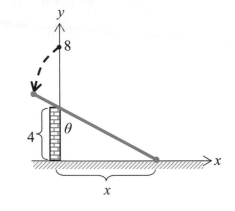

答　如圖所示，得 $\tan\theta = \dfrac{x}{4}$

$\therefore x(t) = 4\tan\theta(t)$

$\therefore \dfrac{dx}{dt} = (4\sec^2\theta)\dfrac{d\theta}{dt}$

當 $\theta = \dfrac{\pi}{3}$、$\dfrac{dx}{dt} = 2\dfrac{公尺}{秒}$ 時

代入得 $2 = 4 \cdot 4 \dfrac{d\theta}{dt} \to \dfrac{d\theta}{dt} = \dfrac{1}{8}$（$\dfrac{弧度}{秒}$）■

例題 4　基本題

有一球體之表面積以每秒 4 cm² 之變化率增加，求半徑為 10 cm 時，其體積變化率為何？

解　$\because A(t) = 4\pi r^2$，$V(t) = \dfrac{4\pi r^3}{3}$

$\therefore \begin{cases} \dfrac{dA}{dt} = 8\pi r \dfrac{dr}{dt} \\ \dfrac{dV}{dt} = 4\pi r^2 \dfrac{dr}{dt} \end{cases}$

由此二式消去 $\dfrac{dr}{dt}$ 後得 $\dfrac{dV}{dt} = \dfrac{dA}{dt} \cdot \dfrac{r}{2} = 4 \cdot \dfrac{10}{2} = 20$（$\dfrac{cm^3}{sec}$）■

類題 將空氣以每秒 50 cm³ 之速率加入一球體，求半徑為 10 cm 時，其表面積變化率為何？

答 ∵ $A(t) = 4\pi r^2$, $V(t) = \dfrac{4\pi r^3}{3}$，由題意知 $\dfrac{dV}{dt} = 50$（$\dfrac{\text{cm}^3}{\text{sec}}$）

∴ $\begin{cases} \dfrac{dA}{dt} = 8\pi r \dfrac{dr}{dt} \\ \dfrac{dV}{dt} = 4\pi r^2 \dfrac{dr}{dt} \end{cases}$

由此二式消去 $\dfrac{dr}{dt}$ 後得 $\dfrac{dA}{dt} = \dfrac{dV}{dt} \cdot \dfrac{2}{r} = 50 \cdot \dfrac{2}{10} = 10$（$\dfrac{\text{cm}^2}{\text{sec}}$）■

例題 5　常考題

將本金 10000 元存入年利率 2% 之帳戶，請分別以 (1) 一年複利一次；(2) 一個月複利一次；(3) 連續複利，求出 15 年後的本利和各多少？

解 複利之計算公式為 $A(t) = A_0(1 + \dfrac{r}{n})^{nt}$（記！）

其中 $A(t)$ 為本利和

A_0 為本金

t 為時間（單位：年）

r 為年利率

n 為一年複利次數

(1) 按年複利：取 $n = 1$，$t = 15$，$A(15) = 10000(1 + \dfrac{0.02}{1})^{1 \times 15} = 13458$（元）

(2) 按月複利：取 $n = 12$，$t = 15$，$A(15) = 10000(1 + \dfrac{0.02}{12})^{12 \times 15}$
$$= 13479 \text{（元）}$$

(3) 連續複利：取 $n \to \infty$，$t = 15$，利用 $\lim\limits_{n \to \infty}(1 + \dfrac{a}{n})^{bn} = e^{ab}$ 得

$$A(15) = \lim\limits_{n \to \infty} 10000(1 + \dfrac{0.02}{n})^{n \times 15} = 10000 \cdot e^{0.02 \times 15}$$
$$= 13498 \text{（元）} ■$$

類題　將本金 A_0 元存入年利率 7.2% 之帳戶，請分別以 (1) 三個月複利一次計；(2) 一個月複利一次計；求出 1 年後的本利和各多少？

答　(1) 每三個月複利一次：取 $n = 4$，$t = 1$

$$A(1) = A_0(1 + \frac{0.072}{4})^{4 \times 1} = A_0(1.018)^4 = 1.0739A_0 \text{（元）}$$

(2) 按月複利：取 $n = 12$，$t = 1$

$$A(1) = A_0(1 + \frac{0.072}{12})^{12 \times 1} = A_0(1.006)^{12} = 1.0743A_0 \text{（元）} ■$$

■ **公式**　由例題 5 知連續複利的本利和為　$A(t) = A_0 e^{rt}$ 。

例題 6　**基本題**

一圓錐體水槽深 20 公尺，頂部半徑 10 公尺，今以 $3 \dfrac{\text{立方公尺}}{\text{分}}$ 之速率注入水；當水深 2 公尺時，其水面上升之速率為何？

解　如右圖所示，水深 h 與水面半徑 r 之

關係為 $\dfrac{h}{20} = \dfrac{r}{10} \Rightarrow r = \dfrac{h}{2}$

而體積 $V = \dfrac{1}{3}\pi r^2 h = \dfrac{1}{3}\pi(\dfrac{h}{2})^2 h = \dfrac{1}{12}\pi h^3$

故 $\dfrac{dV}{dh} = \dfrac{1}{4}\pi h^2$，即 $\dfrac{\frac{dV}{dt}}{\frac{dh}{dt}} = \dfrac{1}{4}\pi h^2$，且 $\because \dfrac{dV}{dt} = 3$

$\therefore \dfrac{dh}{dt} = \dfrac{\frac{dV}{dt}}{\frac{1}{4}\pi h^2} = \dfrac{3}{\frac{1}{4} \cdot \pi \cdot 2^2} = \dfrac{3}{\pi} \left(\dfrac{\text{公尺}}{\text{分}}\right) ■$

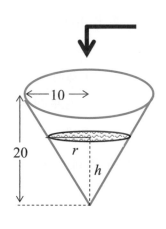

類題　一無水游泳池長 40 公尺、寬 20 公尺、淺水端深 4 公尺、深水端深 9 公尺，現以 $10 \dfrac{\text{立方公尺}}{\text{分}}$ 之速率注水，求當深水端水面高 4 公尺時，其水面上升之速率為何？

答 右圖為游泳池的剖面圖

$$\therefore \frac{h}{x} = \frac{5}{40} \Rightarrow x = 8h \ , \ \frac{dV}{dt} = 10$$

體積 $V = h \cdot x \cdot \frac{1}{2} \cdot 20 = 10hx = 80h^2$

$$\therefore \frac{dV}{dh} = 160h$$

即 $\dfrac{\dfrac{dV}{dt}}{\dfrac{dh}{dt}} = 160h$

$$\therefore \frac{dh}{dt} = \frac{\dfrac{dV}{dt}}{160h} = \frac{10}{160h} \quad \therefore \frac{dh}{dt} = \frac{10}{160h}\bigg|_{h=4} = \frac{1}{64} \ \left(\frac{公尺}{分}\right) \ \blacksquare$$

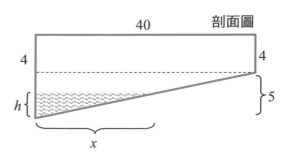

剖面圖

習題 3-3

1. 一球體的半徑從 10 公分增加到 10.02 公分時,其體積的變化量為何?

2. 一火箭以每秒 11.2 公里的速度升空,地面上的觀測者距發射地點為 30 公里;當火箭離地 40 公里高,觀測者仰望火箭時,其仰角隨時間的變化率為何?

3. 腰長為 6 公分的等腰三角形,若二腰之夾角 θ 有 $2 \dfrac{度}{分鐘}$ 之變化,當 $\theta = 30°$ 時,此三角形的面積隨時間的變化率為何?

4. 假設以年利率 $r\%$ 在銀行存款,採連續複利,若 t 年後想領回原本金的 2 倍,其請問 r、t 的關係為何?已知 $\ln 2 \approx 0.7$。

3-4 微分均值定理

由 $f'(a) = \lim\limits_{x \to a} \dfrac{f(x) - f(a)}{x - a}$ 可看出:導數是一個局部性(local)的概念,反應的僅是函數 $f(x)$ 在點 $x = a$ 的「局部」變化,如果要瞭解一個大區域(global)的變化,就不能再使用此式。如車子行走的平均速率問題,或預測從 2025~2030 年之 5 年內台灣經濟成長率 … 均屬於大區域之行為。假設車子行進的距離 $f(t)$ 為時間 t 之

函數，則在區間 $[a, b]$ 內，車子的平均速率可表為 $\dfrac{f(b) - f(a)}{b - a}$，此式已經與本節要談的微分均值定理（Mean-value Theorem For Derivative）有關了。但說明「微分均值定理」之前，此處先介紹有名的洛爾定理（Rolle's Theorem）。

定 理　**洛爾定理**

若 $f(x)$ 在區間 $[a, b]$ 為連續，在 (a, b) 為可微分，且 $f(a) = f(b)$，則至少存在 一點 $\xi \in (a, b)$，使得 $f'(\xi) = \dfrac{f(b) - f(a)}{b - a} = 0$。

洛爾定理之結果可用圖解說明如下：

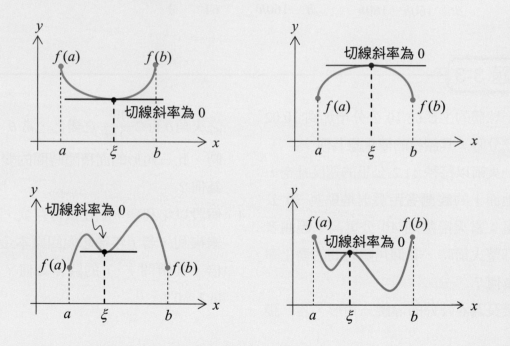

綜合上圖可知：必定存在一點 ξ，使得 $f'(\xi) = 0$。

由幾何意義發現，此定理可幫助大家找出一函數之極值位置，這是微分學的漂亮功能！接下來已有能力談大範圍的平均變化，即著名的微分均值定理。

定理 微分均值定理

設 $f(x)$ 在區間 $[a, b]$ 為連續，在 (a, b) 為可微分，則至少存在一點 $\xi \in (a, b)$，使得

$$f'(\xi) = \frac{f(b) - f(a)}{b - a}$$

此定理之幾何意義如右圖所示，並知洛爾定理只是微分均值定理的特例。（把圖形擺正就是洛爾定理！）

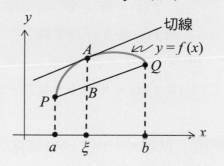

舉例來說，假如你去爬山做「森」呼吸（作者喜歡此運動），山路有時升高有時下降，如右圖所示，從 A 點到 B 點，至少有某一點的斜率（坡度）等於平均斜率（坡度）。

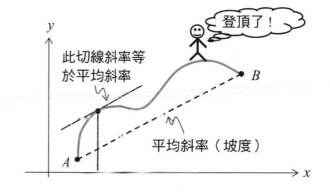

洛爾定理可以使我們確認存在 $f'(x) = 0$ 之點，而微分均值定理可瞭解 $f(x)$ 在某區間之平均變化率（注意：微分均值定理的「值」不是 $f(x)$ 的值，而是 $f(x)$ 的變化率 $f'(x)$！），因此這二個定理會產生許多在數學與應用上的功能性，如：勘根、估計某數範圍、推導不等式、…，以下分題說明之。

例題 1　基本題

試證 $x^7 + x^5 + x + 1 = 0$ 恰有一實根。

解　(1) 此經典考題，利用「勘根定理＋洛爾定理」解之

(2) 令 $f(x) = x^7 + x^5 + x + 1$，$\because f(0) = 1, f(-1) = -2$

　　$\therefore$ 在 $(-1, 0)$ 內存在 ξ，使得 $f(\xi) = 0$

(3) 如右圖所示：

　　設 $f(x)$ 有二個相異實根 ξ_1、ξ_2，且 $\xi_1 < \xi_2$

　　則有 $f(\xi_1) = f(\xi_2) = 0$

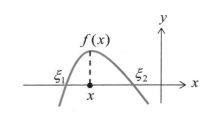

由洛爾定理知存在 $x \in (\xi_1, \xi_2)$

使得 $f'(x) = 0$

$\because f'(x) = 7x^6 + 5x^4 + 1$ 永不為 0，故矛盾！

故 $f(x)$ 恰有一個實根

(4) 若 $\xi_1 = \xi_2 = \xi$（重根），則 $f(\xi) = f'(\xi) = 0$

但 $f'(x)$ 永不為 0，故 $\xi_1 = \xi_2$ 為不可能（故得證）∎

[類][題] 試證 $x^3 + 3x + 1 = 0$ 恰有一個實根。

答 令 $f(x) = x^3 + 3x + 1$，$\because f(0) = 1, f(-1) = -3$

在 $(-1, 0)$ 內存在 ξ，使得 $f(\xi) = 0$

設 $f(x)$ 有二個相異實根 ξ_1、ξ_2，且 $\xi_1 < \xi_2$，則有 $f(\xi_1) = f(\xi_2) = 0$

由洛爾定理知存在 $x \in (\xi_1, \xi_2)$ 使得 $f'(x) = 0$

$\because f'(x) = 3x^2 + 3 \neq 0$，故矛盾！

故 $f(x)$ 恰有一個實根

若 $\xi_1 = \xi_2 = \xi$（重根），則 $f(\xi) = f'(\xi) = 0$

但 $f'(x)$ 永不為 0，故 $\xi_1 = \xi_2$ 為不可能（故得證）∎

[例][題][2]　基本題

利用微分均值定理證明 $|\sin b - \sin a| \leq b - a$。

證 看到：不等式 $\xrightarrow{\text{聯想}}$ 微分均值定理！

(1) 當 $a = b$ 時，等號成立

(2) 令 $a < b$，且設 $f(x) = \sin x$，則有 $f'(x) = \cos x$

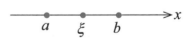

由微分均值定理知存在 $\xi \in (a, b)$

使得 $\cos \xi = \dfrac{\sin b - \sin a}{b - a}$

即 $\dfrac{\sin b - \sin a}{b - a} < 1 \Rightarrow |\sin b - \sin a| < b - a$

由 (1)、(2) 知 $|\sin b - \sin a| \leq b - a$ ∎

類題 利用微分均值定理證明 $\dfrac{1}{b} < \dfrac{\ln b - \ln a}{b-a} < \dfrac{1}{a}$，其中 $a, b \in \mathbb{R}$，$b > a > 0$。

證 設 $f(x) = \ln x$，則 $f'(x) = \dfrac{1}{x}$

由微分均值定理知存在 $\xi \in (a, b)$

使得 $\dfrac{1}{\xi} = \dfrac{\ln b - \ln a}{b-a}$

因為 $\dfrac{1}{b} < \dfrac{1}{\xi} < \dfrac{1}{a}$，故得證 $\dfrac{1}{b} < \dfrac{\ln b - \ln a}{b-a} < \dfrac{1}{a}$ ∎

例題 3 基本題

設 $f(x) = x^2$，$x \in [1, 5]$，求一數 $\xi \in (1, 5)$ 且滿足微分均值定理。

解 $f'(x) = 2x$

由微分均值定理：$f'(\xi) = \dfrac{f(5) - f(1)}{5-1} = \dfrac{25-1}{4} = \dfrac{24}{4} = 6$

$\Rightarrow 2\xi = 6$，$\therefore \xi = 3$ ∎

類題 設 $f(x) = x^3$，$x \subset [1, 4]$，求一數 $\xi \in (1, 4)$ 且滿足微分均值定理。

答 $f'(x) = 3x^2$

由微分均值定理：$f'(\xi) = \dfrac{f(4) - f(1)}{4-1} = \dfrac{64-1}{3} = 21$

$\Rightarrow 3\xi^2 = 21$，$\therefore \xi = \pm\sqrt{7}$ $\because \xi = -\sqrt{7}$ 不在 $(1, 4)$ 內，取 $\xi = \sqrt{7}$ ∎

例題 4 基本題

已知 $f(0) = -3$，且 $f'(x) \le 5$，$\forall x \in \mathbb{R}$，則 $f(2)$ 之最大可能值為何？

解 由微分均值定理知存在 $\xi \in (0, 2)$，使得

$f'(\xi) = \dfrac{f(2) - f(0)}{2-0} = \dfrac{f(2)+3}{2} \le 5$，整理得 $f(2) \le 7$ ∎

類題 已知 $f(1) = 10$，且 $f'(x) \ge 2$，$x \in (1, 4)$，則 $f(4)$ 之最小可能值為何？

答 由微分均值定理知存在 $\xi \in (1, 4)$，使得

$f'(\xi) = \dfrac{f(4) - f(1)}{4-1} = \dfrac{f(4)-10}{3} \ge 2$，整理得 $f(4) \ge 16$ ∎

習題 3-4

1. 利用微分均值定理證明：

   $|\cos b - \cos a| \le b - a$，其中 $a, b \in \mathbb{R}$，$b > a$。

2. 試證 $2x^7 = 1 - x$ 恰有一實根。

3. 已知 $f(x) = \begin{cases} 2, & x = 0 \\ -x^2 + 3x + p, & 0 < x < 1 \\ qx + r, & 1 \le x \le 2 \end{cases}$，

   在區間 $[0, 2]$ 滿足均值定理的假設，則 p、q、r 之值分別為多少？

4. 已知 $f(0) = 1$，且 $2 \le f'(x) \le 5$，$x \in (0, 4)$，則 $f(4)$ 之範圍為何？

3-5 極大值、極小值與反曲點

　　數學應用上，求相對（relative）極大、相對極小值（一般在描述時皆省略相對或局部這二個字）常占有重要的地位，都已經讀到了大學，當然要利用微分求極值。首先藉由下圖來說明如下專有名詞的意義：

極大點：b, e, g

極小點：a, c, f

d 點：非極大也非極小

由以上之說明可看出：

極點 $\begin{cases} \text{端點} \\ f'(x) = 0 \text{ 之點} \\ f'(x) \text{ 不存在之點} \end{cases}$ 臨界點

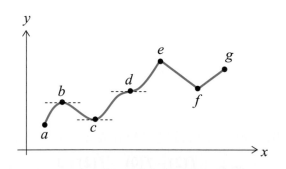

　　極大點、極小點合稱為極點（extreme point），極大值、極小值合稱為極值（extreme value）。且知：端點、$f'(x) = 0$ 或 $f'(x)$ 不存在皆可能產生極值，通稱這些 x 值為臨界數（critical number）。再看如下之專有名詞定義：

定義	絕對極大值（最大值） 絕對極小值（最小值）

1. $\forall x$，皆有 $f(c) \geq f(x)$，則稱 $f(c)$ 為 $f(x)$ 之絕對極大值（absolute maximum）。

2. $\forall x$，皆有 $f(c) \leq f(x)$，則稱 $f(c)$ 為 $f(x)$ 之絕對極小值（absolute minimum）。

如下二圖之說明：

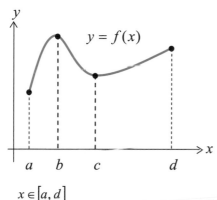

$x \in [a, d]$

絕對極大值：$f(b)$
絕對極小值：$f(a)$

$x \in [a, e]$

絕對極大值：$f(a)$
絕對極小值：$f(d)$

定義	遞增函數、嚴格遞增函數、遞減函數、嚴格遞減函數

滿足 $x_1 < x_2 \rightarrow f(x_1) \leq f(x_2)$，稱 $f(x)$ 為遞增函數（increasing function）。

滿足 $x_1 < x_2 \rightarrow f(x_1) < f(x_2)$，稱 $f(x)$ 為嚴格遞增函數（strictly increasing function）。

滿足 $x_1 < x_2 \rightarrow f(x_1) \geq f(x_2)$，稱 $f(x)$ 為遞減函數（decreasing function）。

滿足 $x_1 < x_2 \rightarrow f(x_1) > f(x_2)$，稱 $f(x)$ 為嚴格遞減函數（strictly decreasing function）。

遞增函數或遞減函數皆稱為單調（monotone）函數。

嚴格遞增函數或嚴格遞減函數皆稱為嚴格（strictly）單調函數。

如下幾圖之說明：

遞增函數（容許有水平段）

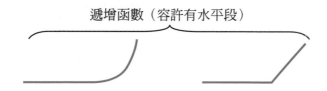

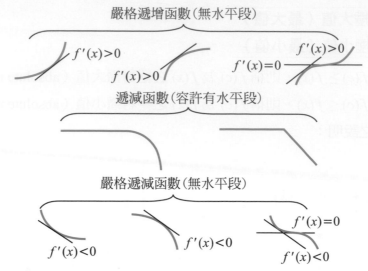

而由 $f'(x)$ 之數學式定義可知：$f'(x) > 0$ 表示 $f(x)$ 隨著 x 增加而增加（因此 $f(x)$ 之圖形會上升）；$f'(x) < 0$ 表示 $f(x)$ 隨著 x 增加而減小（因此 $f(x)$ 之圖形會下降），故得如下定理：

定 理

1. 若 $f'(x) \geq 0$，則 $f(x)$ 為遞增函數。

2. 若 $f'(x) > 0$，則 $f(x)$ 為嚴格遞增函數。

3. 若 $f'(x) \leq 0$，則 $f(x)$ 為遞減函數。

4. 若 $f'(x) < 0$，則 $f(x)$ 為嚴格遞減函數。

定 理 費馬（Fermat）定理

已知 $f'(c)$ 存在，若 $f(x)$ 在 $x = c$ 為極大（小）點，則 $f'(c) = 0$。

⭐ 注意 上述二定理之逆敘述皆不真。例如 $y = x^3$ 為嚴格遞增函數，但在 $x = 0$ 有 $y'(0) = 0$。又例如 $y = \begin{cases} 0, & x \leq 0 \\ x, & x > 0 \end{cases}$ 為遞增函數，但在 $x = 0$ 之 $y'(0)$ 不存在。

說明至此可知：由 $f'(x)$ 可以了解函數 $y = f(x)$ 的遞增、遞減區間與極大、極小值，但 $y = f(x)$ 另一個圖形上的特徵～凹向性（concavity），則要藉由二階微分 $f''(x)$ 來判斷。請看如下說明：

定義　上凹

　　若曲線 $y = f(x)$ 在區間 I 中，其切線都在曲線下方，則稱曲線 $y = f(x)$ 在區間 I 為上凹（concave upward，又稱凹向上），如右圖所示：

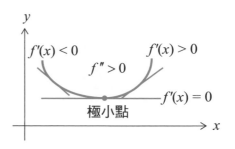

　　由圖形可以看出 $f'(x)$ 隨著 x 增加而增加，因此

$$f''(x) = \frac{f'(b) - f'(a)}{b - a} > 0$$

　　（記法：$\sqrt{}$「打勾」是正的！）

故知：$f''(x) > 0 \Leftrightarrow f'(x)$ 為遞增 $\Leftrightarrow y = f(x)$ 在此區間為上凹。 ■

定義　下凹

　　若曲線 $y = f(x)$ 在區間 I 中，其切線都在曲線上方，則稱曲線 $y = f(x)$ 在區間 I 為下凹（concave downward，又稱凹向下），如右圖所示：

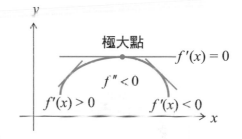

　　由圖形可看出 $f'(x)$ 隨著 x 增加而減小，因此

$$f''(x) = \frac{f'(b) - f'(a)}{b - a} < 0$$

故知：$f''(x) < 0 \Leftrightarrow f'(x)$ 為遞減 $\Leftrightarrow y = f(x)$ 在此區間為下凹。 ■

定義　反曲點

　　在點 $x = c$ 的兩側，$f''(x)$ 的符號不同（即上凹變下凹或下凹變上凹），則稱 $(c, f(c))$ 為 $f(x)$ 之反曲點（inflection point，又稱轉向點、拐點），如下圖所示之八種情況：

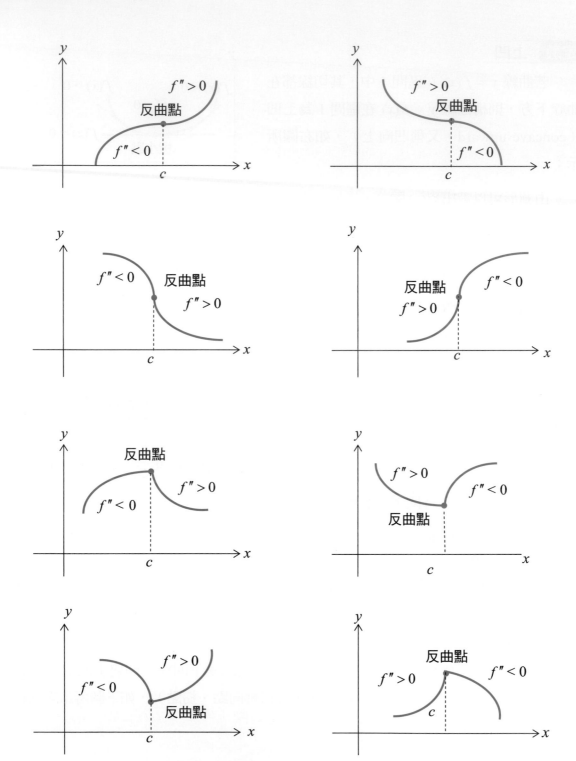

例題 **1** 說明題

已知 $f(x) = x^3$，則 $f'(x) = 3x^2$，故

$f'(0) = 0$。但 $x = 0$ 不是 $f(x)$ 之極點，

因為 $\begin{cases} x > 0 : f'(x) > 0 \\ x < 0 : f'(x) > 0 \end{cases}$，即 $f'(x)$ 在 $x = 0$

之前後仍未變號！圖形如右 ∎

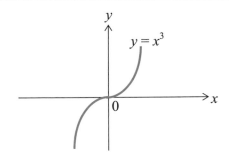

例題 **2** 說明題

已知 $f(x) = x^4$，則有 $f''(x) = 12x^2$，故 $f''(0) = 0$。

因為 $\begin{cases} f''(-0.1) > 0 \\ f''(0.1) > 0 \end{cases}$，即 $f''(x)$ 在 $x = 0$ 之前後仍未

變號！因此 $x = 0$ 不是 $f(x)$ 之反曲點，圖形如右 ∎

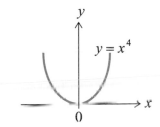

▶心得

1. 可知 $f'(a) = 0$ 之點不一定是極點，找極點一定要測試 $f'(a)$ 在此點之前後有無變號，此法稱為「**一階導數法**」。（萬能！）

2. 或由 $\begin{cases} f'(a) = 0, \ f''(a) > 0 \Rightarrow f(a) \text{ 為極小點} \\ f'(a) = 0, \ f''(a) < 0 \Rightarrow f(a) \text{ 為極大點} \end{cases}$，此法稱為「**二階導數法**」。（非萬能！）

   但此方法當 $f'(a) = f''(a) = 0$ 或 $f'(a)$ 不存在時會失敗！若失敗，則改用一階導數法判斷！

3. 可知 $f''(c) = 0$ 之點不一定是反曲點，找反曲點一定要測試 $f''(c)$ 在此點之前後有無變號。（此法萬能！）

4. 欲判斷 $f(x)$ 之極大（小）點或遞增（減）區間，僅算到 $f'(x)$ 即可（一階導數法）；欲判斷 $f(x)$ 之反曲點或上（下）凹，則須算到 $f''(x)$。

例題 **3** 基本題

求 $y = x^2 - 4x + 8$ 為遞增或遞減之區間？

解 $y' = 2x - 4$，令 $2x - 4 = 0 \rightarrow x = 2$ 為臨界數

列表如下：

x	$(-\infty, 2)$	2	$(2, \infty)$
$f(x) \sim$ 果	↓	4	↑
$f'(x) \sim$ 因	−	0	+

故 $(-\infty, 2)$：遞減；$(2, \infty)$：遞增 ∎

類題　求 $y = -x^2 + 4x - 6$ 為遞增或遞減之區間？

答　$y' = -2x + 4$，令 $-2x + 4 = 0 \rightarrow x = 2$ 為臨界數

列表如下：

x	$(-\infty, 2)$	2	$(2, \infty)$
$f(x)$	↑	−2	↓
$f'(x)$	−	0	+

故 $(-\infty, 2)$：遞增；$(2, \infty)$：遞減 ∎

例題 4　**基本題**

求 $f(x) = x^3 - 6x^2 + 9x - 2$ 之極大值與極小值。

解　極點：含端點、$f'(x) = 0$、$f'(x)$ 不存在之點！

(1) 由 $f(x)$ 之外型看出 $x \in (-\infty, \infty)$，故不需考慮端點

(2) $f'(x) = 3x^2 - 12x + 9 = 3(x-1)(x-3) = 0 \rightarrow x = 1, \ 3$

故極點僅會發生在 $x = 1$ 與 $x = 3$

(3) 列表如下：

x	$(-\infty, -1)$	1	$(1, 3)$	3	$(3, \infty)$
$f(x)$	↑	極大值 2	↓	極小值 −2	↑
$f'(x)$	+	0	−	0	+

即 $x = 1$ 時，極大值為 2；$x = 3$ 時，極小值為 −2 ∎

類題　求 $f(x) = x^3 + 6x^2 + 9x + 4$ 之極大值與極小值。

答　由 $f(x)$ 之外型看出 $x \in (-\infty, \infty)$，故不需考慮端點

$f'(x) = 3x^2 + 12x + 9 = 3(x+1)(x+3) = 0 \rightarrow x = -1, -3$

故極點僅會發生在 $x = -1$ 與 $x = -3$

列表如下：

x	$(-\infty, -3)$	-3	$(-3, -1)$	-1	$(-1, \infty)$
$f(x)$	↑	極大值 4	↓	極小值 0	↑
$f'(x)$	+	0	−	0	+

即 $x = -3$ 時，極大值為 4；$x = -1$ 時，極小值為 0 ■

例題 5　基本題

求 $f(x) = x^4 - 4x^3 + 10$ 之極大、極小值？

解　<法一> $f'(x) = 4x^3 - 12x^2 = 4x^2(x-3) = 0 \rightarrow x = 0, 3$（$x = 0$ 為重根！）

x	$(-\infty, 0)$	0	$(0, 3)$	3	$(3, \infty)$
$f(x)$	↓	非	↓	極小值 −17	↑
$f''(x)$	−	0	−	0	+

即 $x = 0$ 時，不是極值點；$x = 3$ 時，極小值為 −17。

<法二> 當 $f(x)$ 為多項式時，求極大值、極小值時利用「二階導數法」有時很方便（因為 $f''(x)$ 易算！但此法非萬能）

$f'(x) = 4x^3 - 12x^2 = 4x^2(x-3) = 0 \rightarrow x = 0, 3$

$f''(x) = 12x^2 - 24x = 12x(x-2)$

∵ $f''(0) = 0$，∴ $x = 0$ 無法判斷是那一種點！改用「一階導數法」

由 $f'(-0.1) < 0$，$f'(0.1) < 0$，知 $x = 0$ 不是極值點

∵ $f''(3) = 108 - 72 = 36 > 0$，∴ $f(3) = -17$ 為極小點。　■

▶心得　當 $f'(x) = 0$ 有重根時，二階導數法有時會失敗！

類題　求 $f(x) = x^4 - \dfrac{4}{3}x^3 + \dfrac{7}{3}$ 之極大、極小值？

答　<法一> $f'(x) = 4x^3 - 4x^2 = 4x^2(x-1) = 0 \rightarrow x = 0, 1$

x	$(-\infty, 0)$	0	$(0, 1)$	1	$(1, \infty)$
$f(x)$	↓	非	↓	極小值 2	↑
$f'(x)$	−	0	−	0	+

即 $x = 0$ 時，不是極值點；$x = 1$ 時，極小值為 2。

<法二> $f'(x) = 4x^3 - 4x^2 = 4x^2(x-1) = 0 \rightarrow x = 0, 1$

$f''(x) = 12x^2 - 8x$

$\because f''(0) = 0$，$\therefore x = 0$ 無法判斷是那一種點！

由 $f'(-0.1) < 0$，$f'(0.1) < 0$，知 $x = 0$ 不是極值點

$\because f''(1) = 12 - 8 = 4 > 0$，$\therefore f(1) = 2$ 為極小點。∎

例題 6   基本題

求 $f(x) = x^4 - 4x^3$ 之反曲點坐標。

解　$f'(x) = 4x^3 - 12x^2$，$f''(x) = 12x^2 - 24x = 12x(x-2)$

由 $f''(x) = 0 \rightarrow x = 0, 2$

計算知 $\begin{cases} f''(0.1) < 0 \\ f''(-0.1) > 0 \end{cases}$ 且 $\begin{cases} f''(2.1) > 0 \\ f''(1.9) < 0 \end{cases}$

而 $x = 0$；$f(0) = 0$；$x = 2, f(2) = -16$

故 $(0, 0)$、$(2, -16)$ 皆為其反曲點 ∎

類題　求 $f(x) = x^3 - 3x^2$ 之反曲點坐標。

答　$f'(x) = 3x^2 - 6x$，$f''(x) = 6x - 6 = 6(x-1)$

由 $f''(x) = 0 \rightarrow x = 1$（無重根）

計算 $\begin{cases} f''(1.1) > 0 \\ f''(0.9) < 0 \end{cases}$

$x = 1$，$f(1) = -2$，故 $(1, -2)$ 為其反曲點。∎

習題 3-5

1.　求 $f(x) = x^3 - 3x^2$ 為遞增或遞減之區間。

2.　求 $f(x) = x^3 - 3x$ 之相對極值。

3.　求 $f(x) = xe^x$ 之反曲點。

4.　若 $y = x^3 + ax^2 + bx + 1$ 之反曲點為 $(1, 8)$，求 a、b 之值。

5.　求 $f(x) = 2x^3 - 3x^2 - 12x + 6$ 之極點？

6.　求 $f(x) = \dfrac{x}{(x+3)^2}$ 之遞增區間？

7.　求 $f(x) = x^3 - 3x^2 + 1$ 在區間 $[-\frac{1}{2}, 4]$ 之最大與最小值？

8.　求 $f(x) = \dfrac{1}{3}x^3 - x + 2$ 之相對極大與極小值？

3-6 函數圖形之描繪

藉由前面的說明，同學已有能力繪製函數 $y = f(x)$ 之圖形，繪圖時需考量的因素如下：

一、函數基本性質：

1. 定義域、值域：確定其有效範圍。

2. 對稱性：

(1) $f(x) = f(-x)$，則對稱於 y 軸（即為偶函數之定義）。

(2) $f(x) = -f(-x)$，則 $f(x)$ 對稱於原點（即為奇函數之定義）。

二、函數之導數特性：

1. 當 $f' > 0$ 且 $f'' > 0$ 時，曲線形狀如右：

2. 當 $f'' > 0$ 且 $f'' < 0$ 時，曲線形狀如右：

3. 當 $f' < 0$ 且 $f'' > 0$ 時，曲線形狀如右：

4. 當 $f' < 0$ 且 $f'' < 0$ 時，曲線形狀如右：

三、漸近線：已於第 1 章說明，如果有就要計算。

例題 1　基本題

描繪 $f(x) = x^3 - 12x$ 之圖形，並列出極點與反曲點（若存在）。

解　$f'(x) = 3x^2 - 12 = 3(x+2)(x-2) = 0$

∴ $x = -2$ 、 $x = 2$ 為臨界數

$f''(x) = 6x = 0 \rightarrow x = 0$

列表如下：

x	-2		0		2
$f(x)$	16		0		-16
$f'(x)$	$+$	$-$	$-$		$+$
$f''(x)$	$-$	0	$-$	$+$	$+$

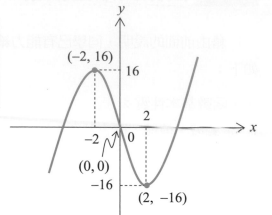

漸近線：無

圖形如右：

極大點：$(-2, 16)$

極小點：$(2, -16)$

反曲點：$(0, 0)$ ■

類題　設 $f(x) = x^3 - 9x - 6$，描繪 $f(x)$ 的圖形，並列出極點與反曲點（若存在）。

答　$f'(x) = 3x^2 - 9 = 3(x + \sqrt{3})(x - \sqrt{3}) = 0$

∴ $x = -\sqrt{3}$ 、 $x = \sqrt{3}$ 為臨界數

$f''(x) = 6x = 0 \rightarrow x = 0$

列表如下：

x	$-\sqrt{3}$		0		$\sqrt{3}$
$f(x)$	$6\sqrt{3} - 6$		-6		$-6\sqrt{3} - 6$
$f'(x)$	$+$	$-$	$-$		$+$
$f''(x)$	$-$	$-$	$+$		$+$

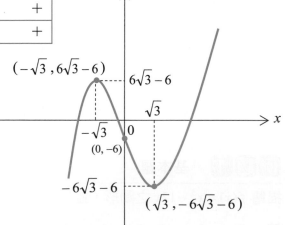

漸近線：無

圖形如右：

極大點：$(-\sqrt{3}, 6\sqrt{3} - 6)$

極小點：$(\sqrt{3}, -6\sqrt{3} - 6)$

反曲點：$(0, -6)$ ■

例題 2　基本題

描繪 $f(x) = x + \dfrac{1}{x}$ 之圖形，並列出極點與反曲點（若存在）。

解　(1) $f'(x) = 1 - \dfrac{1}{x^2}$，所以

$x = 1$、$x = -1$、$x = 0$ 為臨界數

(2) $f''(x) = \dfrac{2}{x^3}$

(3) 列表如下：

x	-1		0	1	
$f(x)$	-2		∞	2	
$f'(x)$	$+$ $\quad 0 \quad$ $-$		$-$	0 $\quad +$	
$f''(x)$	$-$ $\qquad -$		$+$	$+$	

(4) 漸近線：$\lim\limits_{x \to 0} y(x) = \infty$

得 $x = 0$ 為垂直漸近線

再令 $mx + b = x + \dfrac{1}{x}$

$\Rightarrow (m-1)x^2 + bx - 1 = 0$

得 $\begin{cases} m = 1 \\ b = 0 \end{cases}$

$y = x$ 為斜漸近線

(5) 圖形如右：

極大點：$(-1, -2)$

極小點：$(1, 2)$

反曲點：無　■

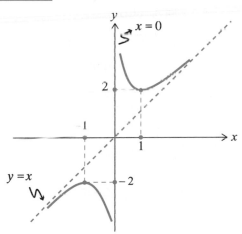

類題　設 $f(x) = \dfrac{x^2}{x+1}$，求 $f(x)$ 的相對極值、反曲點，並描繪圖形。

答　$f'(x) = \dfrac{x^2 + 2x}{(x+1)^2}$，由 $x^2 + 2x = 0$ 及 $(x+1)^2 = 0$ 知

$x = -2$、$x = -1$、$x = 0$ 為臨界數

$f''(x) = \dfrac{2}{(x+1)^3}$

116 第 3 章　微分應用

列表如下：

x	-2	-1	0
$f(x)$	-4	∞	0
$f'(x)$	$+$　　　$-$	$-$	$+$
$f''(x)$	$-$　　　$-$	$+$	$+$

漸近線：$\lim\limits_{x \to -1} f(x) = \infty$，

得 $x = -1$ 為垂直漸近線

再令 $mx + b = \dfrac{x^2}{x+1}$

$\Rightarrow (m-1)x^2 + (m+b)x + b = 0$

得 $\begin{cases} m = 1 \\ b = -1 \end{cases}$

$y = x - 1$ 為斜漸近線

圖形如右：

極大點：$(-2, -4)$

極小點：$(0, 0)$

反曲點：無 ∎

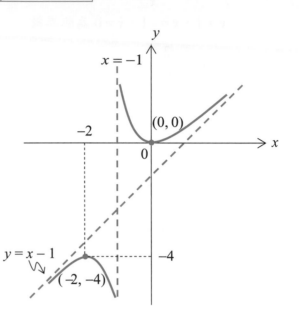

例題 3　基本題

描繪 $f(x) = \dfrac{x}{x^2 + 1}$ 之圖形。

解　$f'(x) = \dfrac{1 - x^2}{(x^2 + 1)^2} \Rightarrow x = \pm 1$ 為臨界數

$f''(x) = \dfrac{2x(x^2 - 3)}{(x^2 + 1)^3}$

列表如下：

x	$-\sqrt{3}$	-1	0	1	$\sqrt{3}$
$f(x)$	$-\dfrac{\sqrt{3}}{4}$	-0.5	0	0.5	$\dfrac{\sqrt{3}}{4}$
$f'(x)$	$-$　　　$-$	0　　$+$	$+$	0　　$-$	$-$
$f''(x)$	$-$　0　$+$	$+$	0　$-$	$-$	0　$+$

$f(x)$ 為奇函數

漸近線：$\lim\limits_{x \to \infty} \dfrac{x}{x^2 + 1} = 0$

得 $y = 0$ 為水平漸近線

故圖形如右 ■

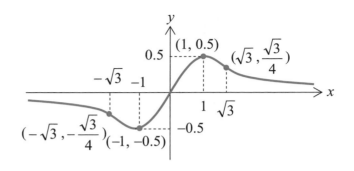

類題　描繪 $f(x) = \dfrac{3x}{x + 2}$ 之圖形。

答　$f'(x) = \dfrac{3(x + 2) - 3x}{(x + 2)^2} = \dfrac{6}{(x + 2)^2}$

$\therefore x = -2$ 為臨界數，$f''(x) = -\dfrac{12}{(x + 2)^3}$

列表如下：

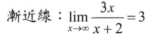

x	-2	
$f(x)$	無	
$f'(x)$	+	+
$f''(x)$	+	−

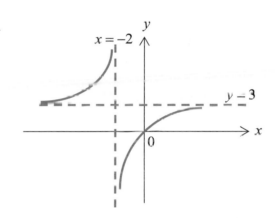

漸近線：$\lim\limits_{x \to \infty} \dfrac{3x}{x + 2} = 3$

得 $y = 3$ 為水平漸近線

觀察知 $x = -2$ 為垂直漸近線

故圖形如右 ■

習題 3-6

1. 求 $y = x^{2/3}(x - 1)$ 之極大點、極小點、反曲點及漸近線，並畫圖。

2. 求 $y = 2 - x^{2/3}$ 之極大點、極小點，並畫圖。

3. 求 $y = \dfrac{1}{1 + e^{-x}}$ 之極值、反曲點、漸近線，並畫圖。

3-7　求極值

配合例題 1

　　藉由極值之理論解決日常之應用問題，亦可說是微積分學的重要貢獻，現以範例說明之。

例題 1　基本題

求在曲線 $y = \sqrt{x}$ 上到點 $P(3, 0)$ 最近之點坐標為何？

解　如右圖所示：

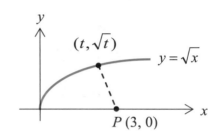

　　令 $x = t$，則 $y = \sqrt{t}$

　　$\therefore d = \sqrt{(t-3)^2 + (\sqrt{t})^2} = \sqrt{t^2 - 5t + 9}$

　　對 $d^2 = t^2 - 5t + 9$ 微分後得 $2t - 5 = 0$

　　得知 $t = 2.5$ 有最小值

　　故坐標為 $(2.5, \sqrt{2.5})$ ■

類題　求曲線 $y = x^2$ 到點 $(3, 0)$ 最近的點為何？

答　令 $x = t$，則 $y = t^2$

　　$\therefore d = \sqrt{(t-3)^2 + (t^2)^2} = \sqrt{t^4 + t^2 - 6t + 9}$

　　對 $d^2 = t^4 + t^2 - 6t + 9$ 微分後得 $4t^3 + 2t - 6 = 0$

　　算得 $t = 1$ 有最小值

　　故坐標為 $(1, 1)$ ■

例題 2　基本題

已知一容量為 $54\pi \text{ cm}^3$ 之圓柱體飲料罐，則其半徑與高分別為何時，可使材料最省？

解　如右圖所示：

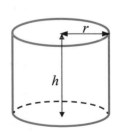

　　令半徑為 r，高為 h

　　則 $\pi r^2 h = 54\pi \implies h = \dfrac{54}{r^2}$

表面積 $A(r) = 2\pi r^2 + 2\pi rh = 2\pi r^2 + 2\pi r \cdot \dfrac{54}{r^2}$

$$= 2\pi r^2 + \dfrac{108\pi}{r}$$

則 $\dfrac{dA}{dr} = 4\pi r - \dfrac{108\pi}{r^2} = 0 \;\Rightarrow\; r^3 = 27$

$\therefore r = 3$，代入得 $h = 6$ ∎

類題　底部為正方形的無蓋容器，其容量為 256 cm^3，則其尺寸為何時，可使材料最省？

答　如右圖所示：

令底部邊長為 x，高為 y

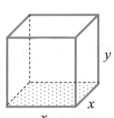

則 $x^2 y = 256 \;\Rightarrow\; y = \dfrac{256}{x^2}$

表面積 $A(x) = x^2 + 4xy = x^2 + 4x \cdot \dfrac{256}{x^2}$

$$= x^2 + \dfrac{1024}{x}$$

則 $\dfrac{dA}{dx} = 2x - \dfrac{1024}{x^2} = 0 \;\Rightarrow\; x^3 = 512$

$\therefore x = 8$，代入得 $y = 4$ ∎

例題 3　基本題

已知一橢圓之方程式為 $\dfrac{x^2}{a^2} + \dfrac{y^2}{b^2} = 1$，求內接此橢圓之長方形中，其最大面積為何？

解　如右圖所示：

橢圓之參數式為 $\begin{cases} x = a\cos\theta \\ y = b\sin\theta \end{cases}$

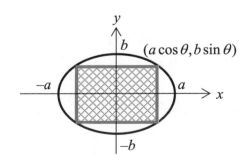

則長方形面積為

$A(\theta) = 2a\cos\theta \cdot 2b\sin\theta = 2ab\sin 2\theta$

直接得知當 $\sin 2\theta = 1 \;\Rightarrow\; \theta = \dfrac{\pi}{4}$

可得 $A\big|_{\max} = 2ab$ ∎

類題　已知半圓方程式為 $x^2 + y^2 = 4$, $y \geq 0$，求內接此半圓之長方形中，其最大面積為何？

答　如右圖所示：

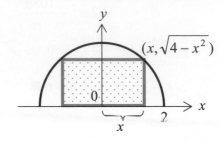

長方形面積為 $A(x) = 2x\sqrt{4 - x^2}$

則 $\dfrac{dA}{dx} = 2\sqrt{4 - x^2} - \dfrac{2x^2}{\sqrt{4 - x^2}} = \dfrac{8 - 4x^2}{\sqrt{4 - x^2}}$

當 $8 = 4x^2 \Rightarrow x = \sqrt{2}$

得 $A\big|_{\max} = 4$ ∎

例題 4　基本題

求內接於半徑為 R 的球體內圓柱體之最大體積。

解　如右圖所示：

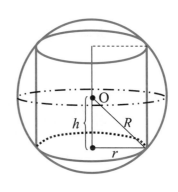

$r^2 + h^2 = R^2$

體積 $V(h) = 2\pi r^2 h = 2\pi(R^2 - h^2)h$

$\qquad\qquad = 2\pi R^2 h - 2\pi h^3$

$\therefore \dfrac{dV}{dh} = 2\pi R^2 - 6\pi h^2 = 0$

得 $h = \dfrac{R}{\sqrt{3}}$，$\therefore r = \sqrt{\dfrac{2}{3}}R$

故得 $V\big|_{\max} = \dfrac{4}{3\sqrt{3}}\pi R^3$ ∎

類題　求內接於半徑為 R 的球內之圓錐體，其最大體積為何？

答　如右圖所示：

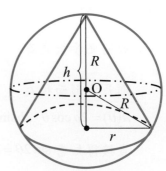

$r^2 + (h - R)^2 = R^2$

整理得 $r^2 = 2hR - h^2$

體積 $V(h) = \dfrac{1}{3}\pi r^2 h = \dfrac{1}{3}\pi(2hR - h^2)h$

$\qquad\qquad = \dfrac{1}{3}\pi(2h^2 R - h^3)$

$$\therefore \frac{dV}{dh} = \frac{1}{3}\pi(4hR - 3h^2) = 0$$

得 $h = \frac{4}{3}R$ 或 0（不合）

又得 $V\big|_{\max} = \frac{32}{81}\pi R^3$ ∎

習題 3-7

1. 有一圓錐體高 60 cm，半徑 30 cm，求內接於此圓錐體之圓柱體尺寸為何時，使其體積最大？

2. 有大圓錐體高 H，試證：高度為 h、頂部朝下之小圓錐體內接於此大圓錐體時，其高度在 $h = \frac{H}{3}$ 時，其體積最大。

3. 底部為正方形的無蓋容器，其容量為 32000 cm^3，則其尺寸為何可使材料最省？

本章習題

基本題

1. 請找出函數 $f(x) = 2x^3 - 3x^2 - 12x + 6$ 的極值。

2. 求 (1) $\lim_{x \to 0^+}(1 + 5x)^{2/x} = ?$

    (2) $\lim_{x \to \infty}\frac{x^3}{e^x} = ?$

3. 求 $\sqrt[3]{8.1}$ 之近似值？

4. 描繪 $f(x) = 1 - (x - 2)^{1/3}$ 之圖形。

5. 求 (1) $\lim_{x \to 0^+}\frac{3^{3+x} - 27}{x} = ?$

    (2) $\lim_{x \to \infty}\frac{\ln(x^x)}{2^x} = ?$

6. 求 $\lim_{x \to 0}\frac{\sqrt{x+1} - 1}{x} = ?$

7. 函數 $f(x) = e^{x^3 - 6x^2 + 9}$ 在下列哪個區間為遞減？

    (A) $(-\infty, 3]$ (B) $[2, 6]$

    (C) $[0, 4]$ (D) $[6, \infty)$

8. 求 $\lim_{z \to 0}\frac{1 - \cos z}{z^2} = ?$

9. 求 $\lim_{x \to 0}\frac{1 - \cos(2x)}{x} = ?$

10. 求 $\lim_{x \to 0}\frac{\tan(\pi x)}{x} = ?$

加分題

11. 求下列各式的值。

    (1) $\lim_{x \to 0}\frac{\sqrt{x^2 + 100} - 10}{x^2} = ?$

(2) $\displaystyle\lim_{x \to 4} \frac{2x^3 - 128}{\sqrt{x} - 2} = ?$

(3) $\displaystyle\lim_{x \to \infty} \left(\sin \frac{1}{x} + \cos \frac{1}{x} \right)^x = ?$

(4) $\displaystyle\lim_{x \to 0^+} (e^x + x)^{2/x} = ?$

(5) $\displaystyle\lim_{x \to \infty} \left(1 + \frac{0.7}{x^2} \right)^{5x} = ?$

(6) $\displaystyle\lim_{x \to 0} \left(\frac{5^x + 7^x}{2} \right)^{1/x} = ?$

12. 求函數 $f(x) = 2x^3 - 15x^2 + 36x$, $1 \le x \le 5$ 的極值。

13. 將本金 1000 元存入年利率 6% 之帳戶，請分別以 (1) 一年複利四次；(2) 連續複利。求出 20 年後的本利和各多少？

14. 將長度為 a 的線段切成二段，欲使其一段的平方乘另一段的積為最大，求此最大值。

15. 下列哪一個函數在 [–1, 1] 不能滿足微分均值定理？

(A) $\cos x$

(B) $\sin^{-1} x$

(C) $x^{5/3}$

(D) $x^{2/3}$

(E) $\dfrac{x}{x - 2}$

16. 如下圖所示，邊長為 12 cm、8 cm 長方形紙欲摺疊，請問 y 為最小時之 x 為多少？

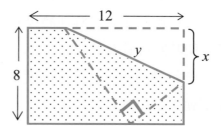

17. 找出函數 $f(x) = 4x^3 - 52x^2 + 160x$, $0 \le x \le 5$ 的極值。

18. 求一數 $\xi \in [1, 2]$，使得 $f(x) = x^3 + 1$ 滿足微分均值定理。

4
CHAPTER

不定積分

學習目標

1. 瞭解從微分所得的積分公式
2. 熟悉變數代換的積分求法
3. 瞭解分部積分法的使用
4. 瞭解有理式積分的計算
5. 瞭解無理式積分的計算

　　說明完前三章後，大家應該很清楚「微分學」的主要內容。即如果給定 $f(x)$，藉由其 $f'(x)$ 以得到極值、切線 … 等等應用。本章則探討「積分學」，正好與微分學相反，即給定 $f'(x)$，反求原函數 $f(x)$ 也！此過程會較微分難，但用心學就會成功！此處先定義不定積分（indefinite integral）如下：

定義　不定積分

　　若 $\dfrac{dF(x)}{dx} = f(x)$，則稱 $F(x)$ 為 $f(x)$ 的不定積分（或稱為反導數、積分函數），以符號 $\int f(x)dx$ 表之，即 $F(x) = \int f(x)dx$。　∎

觀念說明

1. 由 $\dfrac{dF(x)}{dx} = f(x) \to dF = f(x)dx$

   雙邊加入積分符號 $\to \int dF = \int f(x)dx$

   視 d、$\int$ 為互逆運算（如同乘、除為互逆運算）

   則 $F(x) = \int f(x)dx$。

2. 因為常數的微分是 0，所以從計算微分的觀點可知，函數 $f(x)$ 的反導數有無限多個，但每個反導數之間只差一個常數。例如：

   $(x^2 + 1)' = 2x \to \int 2xdx = x^2 + 1$

   $(x^2 + 2)' = 2x \to \int 2xdx = x^2 + 2$

   故有：$\int 2xdx = x^2 + c$

3. 因為反導數 $\int f(x)dx$ 即為微分之反運算，故知 $\int f(x)dx = F(x) + c$，其中 c 為常數。

　　因此，本章的主要用意就是：已知 $f(x)$，然後把它積起來就是了。

4-1　由微分得到的積分公式

　　藉由許多函數的微分公式，就可得到其對應的積分公式，這些公式一看就會，用俏皮話講，就是「微分做多了，積分就會」！如：

一、加減通式：$\int \{f(x) \pm g(x)\} dx = \int f(x) dx \pm \int g(x) dx$。

二、多項式：$\int x^n dx = \dfrac{1}{n+1} x^{n+1} + c$，但 $n \neq -1$。

三、對數與指數：

1. $\int \dfrac{1}{x} dx = \ln|x| + c$（記！）

　　說明：若 $f(x) = \ln|x|$，則 $f(x) = \begin{cases} \ln x, & x > 0 \\ \ln(-x), & x < 0 \end{cases}$

　　　$\therefore f'(x) = \begin{cases} \dfrac{1}{x}, & x > 0 \\ \dfrac{-1}{-x} = \dfrac{1}{x}, & x < 0 \end{cases}$，故 $\int \dfrac{1}{x} dx = \ln|x| + c$

2. $\int e^x dx = e^x + c$

四、三角函數

1. $\int \cos x\, dx = \sin x + c$　　　　2. $\int \sin x\, dx = -\cos x + c$

3. $\int \sec^2 x\, dx = \tan x + c$　　　4. $\int \csc^2 x\, dx = -\cot x + c$

5. $\int \sec x \tan x\, dx = \sec x + c$　6. $\int \csc x \cot x\, dx = -\csc x + c$

五、反三角函數

1. 因 $(\sin^{-1} \dfrac{x}{a})' = \dfrac{1}{\sqrt{a^2 - x^2}}$，故 $\int \dfrac{1}{\sqrt{a^2 - x^2}} dx = \sin^{-1} \dfrac{x}{a} + c,\ |x| < a$。（記！）

2. 因 $(\tan^{-1} \dfrac{x}{a})' = \dfrac{a}{a^2 + x^2}$，故 $\int \dfrac{1}{a^2 + x^2} dx = \dfrac{1}{a} \tan^{-1} \dfrac{x}{a} + c,\ x \in \mathbb{R}$。（記！）

3. 因 $(\sec^{-1} \dfrac{x}{a})' = \dfrac{a}{x\sqrt{x^2 - a^2}}$，故 $\int \dfrac{1}{x\sqrt{x^2 - a^2}} dx = \dfrac{1}{a} \sec^{-1} \dfrac{x}{a} + c,\ |x| > a$。

例題 1 說明題

求 $\int \dfrac{x}{x^2+1}dx = ?$

解 ∵ $\left[\ln(x^2+1)\right]' = \dfrac{2x}{x^2+1}$ ，∴ $\int \dfrac{x}{x^2+1}dx = \dfrac{1}{2}\ln(x^2+1)+c$ ■

類題 求 $\int \dfrac{x}{1-4x^2}dx = ?$

答 ∵ $\left[\ln(1-4x^2)\right]' = \dfrac{-8x}{1-4x^2}$ ，∴ $\int \dfrac{x}{1-4x^2}dx = -\dfrac{1}{8}\ln\left|1-4x^2\right|+c$ ■

例題 2 說明題

求 $\int \dfrac{x}{\sqrt{x^2+1}}dx = ?$

解 ∵ $\left(\sqrt{x^2+1}\right)' = \dfrac{x}{\sqrt{x^2+1}}$ ，∴ $\int \dfrac{x}{\sqrt{x^2+1}}dx = \sqrt{x^2+1}+c$ ■

類題 求 $\int \dfrac{x}{\sqrt{4x^2+1}}dx = ?$

答 ∵ $\left(\sqrt{4x^2+1}\right)' = \dfrac{4x}{\sqrt{4x^2+1}}$ ，∴ $\int \dfrac{x}{\sqrt{4x^2+1}}dx = \dfrac{1}{4}\sqrt{4x^2+1}+c$ ■

例題 3 說明題

求 $\int \dfrac{x}{(4x^2+1)^2}dx = ?$

解 ∵ $\left(\dfrac{1}{4x^2+1}\right)' = \dfrac{-8x}{(4x^2+1)^2}$

∴ $\int \dfrac{x}{(4x^2+1)^2}dx = -\dfrac{1}{8(4x^2+1)}+c$ ■

類題 求 $\int \dfrac{x}{(x^2+1)^2}dx = ?$

答 ∵ $\left(\dfrac{1}{x^2+1}\right)' = \dfrac{-2x}{(x^2+1)^2}$ ，∴ $\int \dfrac{x}{(x^2+1)^2}dx = -\dfrac{1}{2(x^2+1)}+c$ ■

例題 4　說明題

求 $\int 2xe^{x^2}\,dx = ?$

解　$\because (e^{x^2})' = 2xe^{x^2}$ ，$\therefore \int 2xe^{x^2}\,dx = e^{x^2} + c$ ∎

類題　$\int x^2 e^{x^3}\,dx = ?$

答　$\because (e^{x^3})' = 3x^2 e^{x^3}$ ，$\therefore \int x^2 e^{x^3}\,dx = \dfrac{1}{3}e^{x^3} + c$ ∎

例題 5　說明題

求 $\int \tan^2 x\,dx = ?$

解　$\int \tan^2 x\,dx = \int (\sec^2 x - 1)\,dx = \tan x - x + c$ ∎

類題　$\int \cot^2 x\,dx = ?$

答　$\int \cot^2 x\,dx = \int (\csc^2 x - 1)\,dx = -\cot x - x + c$ ∎

習題 4-1

1. $\int (x^3 + 1)\,dx = ?$

2. $\int xe^{x^2}\,dx = ?$

3. $\int xe^{-x^2}\,dx = ?$

4. $\int \dfrac{x^3}{\sqrt{x^4 - 1}}\,dx = ?$

5. $\int \dfrac{x + 2}{\sqrt{4 - x^2}}\,dx = ?$

6. $\int e^{4x}\,dx = ?$

7. $\int \left(x - \dfrac{1}{x} \right)dx = ?$

8. $\int \left(x^{1/2} - e^{-2x} \right)dx = ?$

9. $\int \dfrac{(1 + \sqrt{x})^2}{2\sqrt{x}}\,dx = ?$

10. $\int \dfrac{2x}{(x+1)^2}\,dx = ?$

11. $\int (3x + 1)^5\,dx = ?$

12. $\int \left(xe^{x^2} - \dfrac{x}{x^2 + 2} \right)dx = ?$

4-2 變數代換法

各位已在第 2 章唸了微分學，應知在微分公式中最重要的就是連鎖律；相對於不定積分中，與連鎖律對應的就是所謂的變數代換法（change of variable），即：

$$微分學 \xrightarrow{\;重點\;} 連鎖律$$
$$積分學 \xrightarrow{\;重點\;} 變數代換法$$

二者互相對應

意即藉由變數代換，可將一個較複雜的積分轉換成一個較簡單的積分。

定理 **變數代換法**

若 $\int f(x)dx = F(x) + c$，則

$$\int f[g(t)]g'(t)dt = F[g(t)] + c$$

證明：對 $F[g(t)]$ 使用連鎖律微分得

$$\frac{d}{dt}F[g(t)] = F'[g(t)] \cdot g'(t) = f[g(t)]g'(t)$$

再積分得 $\int f[g(t)]g'(t)dt = F[g(t)] + c$，故得證

這個定理的意思是已知 $f(x)$ 的不定積分為 $F(x)$，但現在要計算 $\int f[g(t)]g'(t)dt$，此時 $f[g(t)]g'(t)$ 可能很複雜，無法馬上得知其積分，現在只要令 $x = g(t)$ 之變數代換，依據微分連鎖律可得 $dx = g'(t)dt$，因此 $\int f[g(t)]g'(t)dt$ 即可化為 $\int f(x)dx = F(x) + c$ 之型式，最後代回原變數即得 $F[g(t)] + c$。此處先舉二個例子：

例題 1 **基本題**

求 $\int 2(x^2 + 1)^3 \cdot xdx = ?$

解 令 $u = x^2 + 1$，則 $du = 2xdx$

$$\therefore \int 2(x^2 + 1)^3 \cdot xdx = \int u^3 du = \frac{1}{4}u^4 + c = \frac{1}{4}(x^2 + 1)^4 + c \blacksquare$$

類題 求 $\int \dfrac{x^2}{x^3+1}dx=?$

答 令 $u=x^3+1$，則 $du=3x^2dx$

$\therefore$ 原式 $=\int \dfrac{1}{u}\cdot\dfrac{du}{3}=\dfrac{1}{3}\ln|u|+c=\dfrac{1}{3}\ln\left|x^3+1\right|+c$ ∎

例題 2   基本題

求 $\int \dfrac{1-3x}{\sqrt{2x-3x^2}}dx=?$

解 令 $u=2x-3x^2$，則 $du=(2-6x)dx=2(1-3x)dx$

$\therefore \int \dfrac{1-3x}{\sqrt{2x-3x^2}}dx=\int \dfrac{1}{\sqrt{u}}\dfrac{du}{2}=\sqrt{u}+c$

$\qquad\qquad\qquad\quad =\sqrt{2x-3x^2}+c$ ∎

類題 求 $\int \dfrac{3x-1}{\sqrt[3]{3x^2-2x+1}}dx=?$

答 令 $u=3x^2-2x+1$，則 $du=(6x-2)\,dx=2(3x-1)\,dx$

$\therefore \int \dfrac{3x-1}{\sqrt[3]{3x^2-2x+1}}dx=\int \dfrac{1}{\sqrt[3]{u}}\dfrac{du}{2}=\dfrac{1}{2}\cdot\dfrac{3}{2}u^{2/3}+c=\dfrac{3}{4}(3x^2-2x+1)^{2/3}+c$ ∎

　　現在的問題是：如何得到變數代換式呢？其實這沒有固定的規則（此道理如同沒有「數學口服液」），同學須多加練習，努力一定有收獲！此處作者提供一句有益的話：「看積分函數中哪一項最特殊，就令此項之變數代換。」

　　現以下列例題分型式說明之。

▌第一型　多項式、分式之積分

例題 3   基本題

求 $\int \dfrac{x}{\sqrt{x^2+1}}dx=?$

解 令 $u=x^2+1$，則 $du=2xdx$

$\therefore$ 原式 $=\int \dfrac{1}{\sqrt{u}}\dfrac{du}{2}=\dfrac{1}{2}(2u^{1/2})+c=(x^2+1)^{1/2}+c$ ∎

類題　求 $\int \dfrac{x}{\sqrt{1-x^2}}dx = ?$

答　令 $u = 1 - x^2$，則 $du = -2xdx$

$\therefore$ 原式 $= \int \dfrac{1}{\sqrt{u}} \cdot \dfrac{du}{-2} = -\sqrt{u} + c = -\sqrt{1-x^2} + c$ ■

註：例題 3 在前一節已有，此處再以「變數變換法」解之！

例題 4　基本題

求 $\int \dfrac{1}{x + \sqrt{x}}dx = ?$

解　令 $u = \sqrt{x}$，則 $u^2 = x$，$2udu = dx$

$\therefore$ 原式 $= \int \dfrac{1}{u^2 + u}2udu = \int \dfrac{2}{u+1}du = 2\ln|u+1| + c = 2\ln\left|\sqrt{x}+1\right| + c$ ■

類題　求 $\int \dfrac{1}{x - \sqrt{x}}dx = ?$

答　令 $u = \sqrt{x}$，則 $u^2 = x$，$2udu = dx$

$\therefore$ 原式 $= \int \dfrac{1}{u^2 - u}2udu = \int \dfrac{2}{u-1}du = 2\ln|u-1| + c = 2\ln\left|\sqrt{x}-1\right| + c$ ■

例題 5　基本題

求 $\int \dfrac{x}{\sqrt{4-x^4}}dx = ?$

解　令 $u = x^2$，則 $du = 2xdx$

$\therefore$ 原式 $= \dfrac{1}{2}\int \dfrac{1}{\sqrt{4-u^2}}du = \dfrac{1}{2}\sin^{-1}(\dfrac{u}{2}) + c = \dfrac{1}{2}\sin^{-1}(\dfrac{x^2}{2}) + c$ ■

類題　求 $\int \dfrac{x^2}{x^6 + 1}dx = ?$

答　令 $u = x^3$，則 $du = 3x^2dx$

$\therefore$ 原式 $= \int \dfrac{1}{u^2 + 1}\dfrac{1}{3}du = \dfrac{1}{3}\tan^{-1}u + c = \dfrac{1}{3}\tan^{-1}(x^3) + c$ ■

例題 6　基本題

求 $\int (1+\sqrt{x})^{100} dx = ?$

解　令 $u = 1 + \sqrt{x}$，則 $du = \dfrac{1}{2}\dfrac{dx}{\sqrt{x}}$

$\therefore$ 原式 $= \int u^{100} \cdot 2\sqrt{x}\, du = 2\int u^{100}(u-1)du = 2\left[\dfrac{1}{102}u^{102} - \dfrac{1}{101}u^{101}\right] + c$

$\qquad = 2\left[\dfrac{1}{102}\left(1+\sqrt{x}\right)^{102} - \dfrac{1}{101}\left(1+\sqrt{x}\right)^{101}\right] + c$ ■

類題　求 $\int e^x \cos(e^x)dx = ?$

答　令 $u = e^x$，則 $du = e^x dx$

$\therefore$ 原式 $= \int (\cos u)(du) = \sin u + c = \sin(e^x) + c$ ■

▌第二型　三角函數之積分

三角函數之積分只要掌握住幾個基本原則，積分是相當簡單的，請看下列諸例之說明。

例題 7　基本題

求 $\int \dfrac{\cos x}{1+\sin x}dx = ?$

解　令 $u = \sin x$，則 $du = \cos x\, dx$

$\therefore$ 原式 $= \int \dfrac{1}{1+u}du = \ln|1+u| + c$

$\qquad = \ln|1+\sin x| + c$ ■

類題　求 $\int \dfrac{\sin x}{1+\cos x}dx = ?$

答　$\therefore$ 原式 $= \int \dfrac{-1}{1+u}du = -\ln|1+u| + c$

（令 $u = \cos x$，則 $du = -\sin x\, dx$）

$\qquad = -\ln|1+\cos x| + c$ ■

例題 8 　基本題

求 $\int \tan x\, dx = ?$（工具題）

解　∴ 原式 $= \int \dfrac{\sin x}{\cos x} dx = -\int \dfrac{du}{u} = -\ln|u| + c = -\ln|\cos x| + c$

（令 $u = \cos x$，則 $du = -\sin x\, dx$）

$= \ln|\sec x| + c$（本題之結果需記住）■

類題　求 $\int \cot x\, dx = ?$（工具題）

答　原式 $= \int \dfrac{\cos x}{\sin x} dx = \int \dfrac{du}{u} = \ln|u| + c = \ln|\sin x| + c$（本題之結果需記住）■

（令 $u = \sin x$，則 $du = \cos x\, dx$）

▶心得　如果碰到 $\tan x$、$\cot x$ 的積分，可化為 $\sin x$、$\cos x$ 來表示，積分會較方便！

例題 9 　技巧題

求 $\int \sec x\, dx = ?$（工具題）

解　本題較具技巧性！原式上下先乘 $\sec x + \tan x$，故

原式 $= \int \dfrac{\sec x(\sec x + \tan x)}{\sec x + \tan x} dx$ （令 $\begin{cases} u = \sec x + \tan x \\ du = (\sec x + \tan x)\sec x\, dx \end{cases}$）

$= \int \dfrac{du}{u} = \ln|u| + c = \ln|\sec x + \tan x| + c$ （本題之結果需記住）■

類題　求 $\int \csc x\, dx = ?$（工具題）

答　本題同樣具技巧性！原式上下先乘 $\csc x + \cot x$，故

原式 $= \int \dfrac{\csc x(\csc x + \cot x)}{\csc x + \cot x} dx$ （令 $\begin{cases} u = \csc x + \cot x \\ du = -(\csc x + \cot x)\csc x\, dx \end{cases}$）

$= -\int \dfrac{du}{u} = -\ln|u| + c = -\ln|\csc x + \cot x| + c$ （本題之結果需記住）■

例題 10　基本題

求 $\int \cos^2 x\,dx = ?$（偶數次方）

解　原式 $= \int \dfrac{1 + \cos 2x}{2}\,dx = \dfrac{1}{2}x + \dfrac{1}{4}\sin 2x + c$ ∎

類題　求 $\int \sin^2 x\,dx = ?$

　　答　原式 $= \int \dfrac{1 - \cos 2x}{2}\,dx = \dfrac{1}{2}x - \dfrac{1}{4}\sin 2x + c$ ∎

例題 11　基本題

求 $\int \cos^3 x\,dx = ?$（奇數次方）

解　原式 $= \int \cos^2 x \cos x\,dx = \int (1 - \sin^2 x)\cos x\,dx$ （令 $u = \sin x$）

　　　　$= \int (1 - u^2)\,du = u - \dfrac{1}{3}u^3 + c = \sin x - \dfrac{1}{3}\sin^3 x + c$ ∎

類題　求 $\int \sin^3 x\,dx = ?$

　　答　原式 $= \int \sin^2 x \sin x\,dx = \int (1 - \cos^2 x)\sin x\,dx$ （令 $u = \cos x$）

　　　　$= -\int (1 - u^2)\,du = -u + \dfrac{1}{3}u^3 + c = -\cos x + \dfrac{1}{3}\cos^3 x + c$ ∎

例題 12　基本題

求 $\int \sin mx \sin nx\,dx = ?$

解　此題需討論。在大二的工數會出現！

(1) 當 $m = n$ 時，原式 $= \int \sin^2 nx\,dx = \int \dfrac{1 - \cos 2nx}{2}\,dx = \dfrac{1}{2}x - \dfrac{1}{4n}\sin 2nx + c$

(2) 當 $m \neq n$ 時，利用積化和差之公式即可！

　　$\cos(m - n)x = \cos mx \cos nx + \sin mx \sin nx$

　　$\cos(m + n)x = \cos mx \cos nx - \sin mx \sin nx$

　　$\therefore$ 原式 $= \int \dfrac{1}{2}\big[\cos(m - n)x - \cos(m + n)x\big]dx = \dfrac{\sin(m - n)x}{2(m - n)} - \dfrac{\sin(m + n)x}{2(m + n)} + c$ ∎

類題 求 $\int \cos mx \cos nx\,dx = ?$

答 當 $m = n$ 時，原式 $= \int \cos^2 nx\,dx = \int \dfrac{1 + \cos 2nx}{2}\,dx = \dfrac{1}{2}x + \dfrac{1}{4n}\sin 2nx + c$

當 $m \neq n$ 時，利用積化和差之公式即可！

原式 $= \int \dfrac{1}{2}\big[\cos(m-n)x + \cos(m+n)x\big]\,dx = \dfrac{\sin(m-n)x}{2(m-n)} + \dfrac{\sin(m+n)x}{2(m+n)} + c$ ∎

例題 13 基本題

求 $\int \sin mx \cos nx\,dx = ?$

解 此題需討論。在大二的工數會出現！

(1) 當 $m = n$ 時，原式 $= \int \sin nx \cos nx\,dx = \int \dfrac{1}{2}\sin 2nx\,dx = -\dfrac{1}{4n}\cos 2nx + c$

(2) 當 $m \neq n$ 時，利用積化和差之公式即可！

$\sin(m+n)x = \sin mx \cos nx + \cos mx \sin nx$

$\sin(m-n)x = \sin mx \cos nx - \cos mx \sin nx$

∴ 原式 $= \int \dfrac{1}{2}\big[\sin(m+n)x + \sin(m-n)x\big]\,dx$

$= -\dfrac{\cos(m+n)x}{2(m+n)} - \dfrac{\cos(m-n)x}{2(m-n)} + c$ ∎

▌第三型 指數函數之積分

換底、適當的變數變換是積分指數函數之積分方法！說穿了還不是頭腦要靈活。

例題 14 基本題

求 $\int e^x (e^x + 1)^{50}\,dx = ?$

解 勇敢嘗試就可以成功！令 $u = e^x + 1$，則 $du = e^x dx$

∴ 原式 $= \int u^{50}\,du = \dfrac{1}{51}u^{51} + c = \dfrac{1}{51}(e^x + 1)^{51} + c$ ∎

類題　求 $\int e^x(e^x+2)^{10}dx=?$

答　令 $u=e^x+2$，則 $du=e^x dx$

原式 $=\int u^{10}du=\frac{1}{11}u^{11}+c=\frac{1}{11}(e^x+2)^{11}+c$ ■

例題 15　基本題

求 $\int x\cdot 10^{x^2}dx=?$

解　此題要先換底才好積

∵ $10^{x^2}=e^{x^2\ln 10}$，令 $u=x^2\ln 10$，則 $du=(2x\ln 10)dx$

∴ 原式 $=\int \frac{1}{2\ln 10}e^u du=\frac{1}{2\ln 10}e^u+c=\frac{10^{x^2}}{2\ln 10}+c$ ■

類題　$\int x^5\cdot 4^{-x^6}dx=?$

答　$4^{-x^6}=e^{-x^6\ln 4}$，令 $u=x^6\ln 4$，則 $du=6x^5\ln 4dx$

∴ 原式 $=\int \frac{1}{6\ln 4}e^{-u}du=\frac{-1}{6\ln 4}e^{-u}+c=\frac{-4^{-x^6}}{6\ln 4}+c$ ■

■ 第四型　對數函數之積分

積分函數中若含對數函數，亦會產生難積分的感覺（但敢當考題就一定積得出），所以還是一句老話：「只要掌握幾個原則，且積分公式靈活運用。」則計算此類積分仍相當簡單，且一定要抱著「寧可做過後悔，也不要後悔沒做」的心態來學習積分技巧！因為都不敢嘗試是永遠失敗的，請看下列諸例之說明。

例題 16　基本題

求 $\int \frac{\ln x}{x}dx=?$

解　令 $u=\ln x$，則 $du=\frac{1}{x}dx$

∴ 原式 $=\int u du=\frac{1}{2}u^2+c=\frac{1}{2}(\ln x)^2+c$ ■

類題　$\int \dfrac{(\ln x)^2}{x} dx = ?$

答　令 $u = \ln x$，則 $du = \dfrac{1}{x} dx$

原式 $= \int u^2 du = \dfrac{1}{3} u^3 + c = \dfrac{1}{3}(\ln x)^3 + c$ ■

✪ 注意　$\int \dfrac{\ln x}{\sin x} dx$、$\int \dfrac{x}{\ln x} dx$ 可以積分嗎？這二式都是從本例題再稍微改一下題目而已，同學可嘗試看看！應該都積不出來，所以不可能當考題！放心！

例題 17　基本題

求 $\int \dfrac{1}{x \ln x} dx = ?$

解　令 $u = \ln x$，則 $du = \dfrac{1}{x} dx$，$\therefore \int \dfrac{1}{x \ln x} dx = \int \dfrac{1}{u} du = \ln|u| + c = \ln|\ln x| + c$ ■

類題　求 $\int \dfrac{1}{x \ln(x) \ln(\ln x)} dx = ?$

答　令 $u = \ln(\ln x)$，則 $du = \dfrac{1}{x \ln x} dx$，原式 $= \int \dfrac{du}{u} = \ln|u| + c = \ln|\ln(\ln x)| + c$ ■

習題 4-2

1. 求 $\int \dfrac{x}{1+x^4} dx = ?$

2. 求 $\int \dfrac{1}{x^2} \sqrt{1 - \dfrac{1}{x}} dx = ?$

3. 求 $\int \dfrac{x+1}{\sqrt{x^2+2x+3}} dx = ?$

4. 求 $\int e^x \cos(e^x) dx = ?$

5. 求 $\int x\sqrt{3x+2} dx = ?$

6. 求 $\int \dfrac{e^{-x}}{1+e^{-x}} dx = ?$

7. $\int \sin^2 x \cos^2 x dx = ?$

8. $\int x^8(2x^9-1)^6 dx = ?$

9. $\int \dfrac{\sqrt{1+\ln x}}{x} dx = ?$

10. $\int \dfrac{(\ln x)^4}{x} dx = ?$

11. $\int (x-3)(x+2)^7 dx = ?$

12. $\int \dfrac{2x \ln(x^2+1)}{x^2+1} dx = ?$

13. $\int 6x^2(x^3+2)^{99} dx = ?$

14. $\int (x^3+x)^5(3x^2+1) dx = ?$

4-3 分部積分法

二個函數相乘的微分公式，乃是分部積分法（integration by parts）之基礎。設 $u(x)$、$v(x)$ 均為可微分函數，則

由 $(uv)' = u'v + uv'$，移項得 $uv' = (uv)' - u'v$

$\xrightarrow{\ \text{積分}\ } \int uv'dx = \int (uv)'dx - \int u'vdx$

即 $\int uv'dx = uv - \int u'vdx$ 或 $\int udv = uv - \int vdu$

上式即稱為分部積分法，此式之用意為當要計算 $\int f(x)dx$ 時，先將 $\int f(x)dx$ 表為 $\int udv$，即可用 $uv - \int vdu$ 來求得，但原則上，$\int vdu$ 必須較容易計算，否則就失去分部積分的意義了。

例題 1　基本題

求 $\int \tan^{-1} xdx = ?$

解　令 $u = \tan^{-1} x$　，$dv = dx$

$du = \dfrac{1}{x^2 + 1}dx$ ，$v = x$

$\therefore$ 原式 $= x\tan^{-1} x - \int \dfrac{x}{x^2+1}dx = x\tan^{-1} x - \dfrac{1}{2}\ln(x^2+1) + c$ ■

類題　求 $\int \sin^{-1} xdx = ?$

答　令 $u = \sin^{-1} x$　，$dv = dx$

$du = \dfrac{1}{\sqrt{1-x^2}}dx$ ，$v = x$

$\therefore$ 原式 $= x\sin^{-1} x - \int \dfrac{x}{\sqrt{1-x^2}}dx = x\sin^{-1} x + \sqrt{1-x^2} + c$ ■

例題 2 基本題

求 $\int \ln x\, dx = ?$

解 <法一> 令 $u = \ln x$ ， $dv = dx$

$\quad du = \dfrac{1}{x}dx$ ， $v = x$

$\quad \therefore$ 原式 $= x\ln x - \int 1 dx = x\ln x - x + c$

<法二> 令 $t = \ln x$，則 $e^t = x$，$dt = \dfrac{1}{x}dx \to e^t dt = dx$ $\quad \therefore$ 原式 $= \int t e^t dt$

$\quad$ 令 $u = t$ ， $dv = e^t dt$

$\quad du = dt$ ， $v = e^t$

$\quad$ 故 $\int t e^t dt = t e^t - \int e^t dt = t e^t - e^t + c = x(\ln x - 1) + c$ ∎

類題 求 $\int \ln^2 x\, dx = ?$

答 令 $u = \ln^2 x$ ， $dv = dx$

$\quad du = \dfrac{2\ln x}{x}dx$ ， $v = x$

$\quad \therefore$ 原式 $= x\ln^2 x - 2\int \ln x\, dx = x\ln^2 x - 2\left[x\ln x - \int dx\right]$

$\quad = x\ln^2 x - 2x\ln x + 2x + c$ ∎

例題 3 基本題

求 $\int x\ln x\, dx = ?$

解 令 $u = \ln x$ ， $dv = x dx$

$\quad du = \dfrac{1}{x}dx$ ， $v = \dfrac{1}{2}x^2$

$\quad \therefore$ 原式 $= \dfrac{1}{2}x^2 \ln x - \int \dfrac{1}{2}x dx = \dfrac{1}{2}x^2 \ln x - \dfrac{1}{4}x^2 + c$ ∎

類題 求 $\int \dfrac{\ln x}{x^2}dx = ?$

答 令 $u = \ln x$ ， $dv = \dfrac{dx}{x^2}$

$$du = \frac{1}{x}dx \text{，} v = -\frac{1}{x}$$

$$\therefore 原式 = -\frac{\ln x}{x} + \int \frac{1}{x^2}dx = -\frac{\ln x}{x} - \frac{1}{x} + c \blacksquare$$

但有些題目需經二次以上分部積分才可完成！因此衍生出如下之「速解法」。

例題 4　基本題

求 $\int x^2 e^x dx = ?$

解　此類問題有速解法如下〔原則：左邊變數一直微分，直至微分的值是 0 為止；而右邊變數一直積分，然後左上項乘以右下項，各項依正負交錯方式（先正後負）相加，即可求得〕。

速解法：　微　　　積

$$\begin{array}{ccc} x^2 & + & e^x \\ 2x & - & e^x \\ 2 & + & e^x \\ 0 & & e^x \end{array}$$

則 $\int x^2 e^x dx = x^2 e^x - 2xe^x + 2e^x + c \blacksquare$

類題　求 $\int x^3 e^{-x} dx = ?$

答　速解法：　微　　　積

$$\begin{array}{ccc} x^3 & + & e^{-x} \\ 3x^2 & - & -e^{-x} \\ 6x & + & e^{-x} \\ 6 & - & -e^{-x} \\ 0 & & e^{-x} \end{array}$$

則 $\int x^3 e^{-x} dx = -x^3 e^{-x} - 3x^2 e^{-x} - 6xe^{-x} - 6e^{-x} + c \blacksquare$

例題 5　基本題

求 $\int x^2 \sin ax\,dx = ?$

解　速解法：微　　　　積

$$
\begin{array}{ll}
x^2 & \sin ax \\
2x & -\dfrac{1}{a}\cos ax \\
2 & -\dfrac{1}{a^2}\sin ax \\
0 & \dfrac{1}{a^3}\cos ax
\end{array}
$$

則 $\int x^2 \sin ax\,dx = -\dfrac{x^2}{a}\cos ax + \dfrac{2x}{a^2}\sin ax + \dfrac{2}{a^3}\cos ax + c$ ■

類題　求 $\int x^2 \cos ax\,dx = ?$

答　速解法：微　　　　積

$$
\begin{array}{ll}
x^2 & \cos ax \\
2x & \dfrac{1}{a}\sin ax \\
2 & -\dfrac{1}{a^2}\cos ax \\
0 & -\dfrac{1}{a^3}\sin ax
\end{array}
$$

則 $\int x^2 \cos ax\,dx = \dfrac{1}{a}x^2 \sin ax + \dfrac{2x}{a^2}\cos ax - \dfrac{2}{a^3}\sin ax + c$ ■

▶心得　速解法對於 $\int x^n e^{ax}dx$ 、$\int x^n \cos ax\,dx$ 、$\int x^n \sin ax\,dx$ 這三種型式之積分可迅速求解，但其他類型之積分則幫助不大。

即使有了分部積分法，但同學仍要有一些常識知道如下之函數是積不出的：

$$\int e^{ax}\ln x\,dx \to 積不出，\int \frac{e^{ax}}{x^2}dx \to 積不出$$

分部積分法在使用上有另一種功用：對某些積分式在使用許多次分部積分後，如果會重複出現原來要求的那個積分式，因而成為所求積分式之一個方程式，那解出此方程式就得到要求的積分了，此處以一個俏皮話來形容，即「相堵會著」（台語），請見以下例題之說明。

例題6　經典題

求 $\int \sec^3 x\,dx = ?$

解　令 $I = \int \sec^3 x\,dx = \int \sec x \sec^2 x\,dx$

再令 $u = \sec x$ ， $dv = \sec^2 x\,dx$

$du = \sec x \tan x\,dx$ ， $v = \tan x$

$\therefore I = \sec x \tan x - \int \sec x \tan^2 x\,dx = \sec x \tan x - \int (\sec x)(\sec^2 x - 1)\,dx$

$= \sec x \tan x - \int \sec^3 x\,dx + \int \sec x\,dx$

$= \sec x \tan x - I + \ln|\sec x + \tan x| + c$

移項後得 $I = \dfrac{1}{2}\Big[\sec x \tan x + \ln|\sec x + \tan x|\Big] + c$ ■

類題　求 $\int \csc^3 x\,dx = ?$

答　令 $I = \int \csc^3 x\,dx = \int \csc x \csc^2 x\,dx$

再令 $u = \csc x$ ， $dv = \csc^2 x\,dx$

$du = -\csc x \cot x\,dx$ ， $v = -\cot x$

$\therefore I = -\csc x \cot x - \int \csc x \cot^2 x\,dx = -\csc x \cot x - \int (\csc x)(\csc^2 x - 1)\,dx$

$= -\csc x \cot x - I - \ln|\csc x + \cot x| + c$

移項後得 $I = -\dfrac{1}{2}\Big[\csc x \cot x + \ln|\csc x + \cot x|\Big] + c$ ■

例題7　說明題

求 $\int e^{ax}\sin bx\,dx = ?$　$\int e^{ax}\cos bx\,dx = ?$（一箭雙鵰型）

解　<法一> 速解法：　微　　　　積

$$
\begin{array}{ccc}
e^{ax} & + & \sin bx \\
ae^{ax} & - & -\dfrac{1}{b}\cos bx \\
a^2 e^{ax} & + & -\dfrac{1}{b^2}\sin bx
\end{array}
$$

（重複出現！）

則 $\int e^{ax}\sin bx\,dx = -\dfrac{1}{b}e^{ax}\cos bx + \dfrac{a}{b^2}e^{ax}\sin bx - \dfrac{a^2}{b^2}\int e^{ax}\sin bx\,dx$

移項得 $(1 + \dfrac{a^2}{b^2}) \displaystyle\int e^{ax} \sin bx\, dx = -\dfrac{1}{b} e^{ax} \cos bx + \dfrac{a}{b^2} e^{ax} \sin bx$

故 $\displaystyle\int e^{ax} \sin bx\, dx = \dfrac{1}{a^2+b^2} e^{ax}(-b\cos bx + a\sin bx) + c$

同理可得 $\displaystyle\int e^{ax} \cos bx\, dx = \dfrac{1}{a^2+b^2} e^{ax}(a\cos bx + b\sin bx) + c$

<法二> 解聯立方程式（慢，萬能）

令 $u = e^{ax}$　，$dv = \sin bx\, dx$

　$du = ae^{ax}\, dx$　，$v = -\dfrac{1}{b}\cos bx$

$\therefore \displaystyle\int e^{ax} \sin bx\, dx = -\dfrac{1}{b} e^{ax} \cos bx + \dfrac{a}{b} \int e^{ax} \cos bx\, dx$

令 $I_1 = \displaystyle\int e^{ax} \sin bx\, dx,\ I_2 = \int e^{ax} \cos bx\, dx$

則 $I_1 = -\dfrac{1}{b} e^{ax} \cos bx + \dfrac{a}{b} I_2$　……(1)

再令 $u = e^{ax}$　，$dv = \cos bx\, dx$

　$du = ae^{ax}\, dx$　，$v = \dfrac{1}{b}\sin bx$

$\therefore \displaystyle\int e^{ax} \cos bx\, dx = \dfrac{1}{b} e^{ax} \sin bx - \dfrac{a}{b} \int e^{ax} \sin bx\, dx$

則 $I_2 = \dfrac{1}{b} e^{ax} \sin bx - \dfrac{a}{b} I_1$　……(2)

由 (1)、(2) 二式聯立解得

$$\begin{cases} I_1 = \dfrac{1}{a^2+b^2} e^{ax}(-b\cos bx + a\sin bx) + c \\[2mm] I_2 = \dfrac{1}{a^2+b^2} e^{ax}(a\cos bx + b\sin bx) + c \end{cases} \blacksquare$$

類題　求 $\displaystyle\int e^{-ax} \sin bx\, dx = ?$　$\displaystyle\int e^{-ax} \cos bx\, dx = ?$

答　依本例題之速解法得 $\displaystyle\int e^{-ax} \sin bx\, dx = \dfrac{1}{a^2+b^2} e^{-ax}(-a\sin bx - b\cos bx) + c$

$$\int e^{-ax} \cos bx\, dx = \dfrac{1}{a^2+b^2} e^{-ax}(-a\cos bx + b\sin bx) + c \blacksquare$$

習題 4-3

1. 求 $\displaystyle\int xe^x\,dx = ?$

2. 求 $\displaystyle\int x\cos 2x\,dx = ?$

3. 求 $\displaystyle\int \frac{\ln(x+1)}{x^2}\,dx = ?$

4. 求 $\displaystyle\int xe^{-2x}\,dx = ?$

5. 求 $\displaystyle\int x(2^x)\,dx = ?$

6. 求 $\displaystyle\int x^5 e^{1-x}\,dx = ?$

7. $\displaystyle\int xe^{8x}\,dx = ?$

8. $\displaystyle\int x\sin 4x\,dx = ?$

4-4 有理式積分

設 $P(x)$ 與 $Q(x)$ 是兩個多項式，凡型如 $\dfrac{P(x)}{Q(x)}$ 的函數稱為有理式或分式，若

$$\begin{cases} \deg[P(x)] \ge \deg[Q(x)], \text{ 為假分式} \\ \deg[P(x)] < \deg[Q(x)], \text{ 為真分式} \end{cases}, \ \deg \text{ 表「次數」}$$

因為「假分式 = 多項式 + 真分式」，故只要探討真分式的積分即已足夠。在說明之前有個預備題，先看下例。

例題 1 預備題

若 $\dfrac{1}{x(x+2)^2}$ 可分解為「部分分式」如下：

$$\frac{1}{x(x+2)^2} = \frac{A}{x} + \frac{B}{x+2} + \frac{C}{(x+2)^2}$$

則係數 A、B、C 分別為多少？

解　分解為部分分式須滿足：分子次方 < 分母次方

因此本來要令 $\dfrac{1}{x(x+2)^2} = \dfrac{A}{x} + \dfrac{B}{x+2} + \dfrac{Cx+D}{(x+2)^2}$

但因為 $\dfrac{Cx+D}{(x+2)^2} = \dfrac{C(x+2)+D-2C}{(x+2)^2} = \dfrac{C}{x+2} + \dfrac{D-2C}{(x+2)^2} = \dfrac{C}{x+2} + \dfrac{D'}{(x+2)^2}$

其中 $\dfrac{C}{x+2}$ 又可被併入 $\dfrac{B}{x+2}$

故只要令 $\dfrac{1}{x(x+2)^2} = \dfrac{A}{x} + \dfrac{B}{x+2} + \dfrac{C}{(x+2)^2}$ …(a)即可！

亦即當「分母有重根」時，其分子之外型須重複前一項！

現在對(a)式，同乘分母得 $1 = A(x+2)^2 + Bx(x+2) + Cx$

$x = 0$ 代入得 $1 = 4A \Rightarrow A = \dfrac{1}{4}$

速解法：求 A 可用「一手遮天」法，$A = \dfrac{1}{(x+2)^2}\bigg|_{x=0} = \dfrac{1}{4}$

即用手遮住 $\dfrac{1}{x(x+2)^2}$ 之 x，再用 $x = 0$ 代入！

求 C 亦可用「一手遮天」法，$C = \dfrac{1}{x}\bigg|_{x=-2} = -\dfrac{1}{2}$

即用手遮住 $\dfrac{1}{x(x+2)^2}$ 之 $(x+2)^2$，再用 $x = -2$ 代入！

剩下之 B 以比較係數求之！（仍有公式，但公式不好用）

比較 x^2 之係數：$0 = A + B \Rightarrow B = -A = -\dfrac{1}{4}$

$\therefore \dfrac{1}{x(x+2)^2} = \dfrac{\frac{1}{4}}{x} - \dfrac{\frac{1}{4}}{x+2} - \dfrac{\frac{1}{2}}{(x+2)^2}$。∎

⭐注意　$\dfrac{x^2}{x^2-1} = \dfrac{x^2}{(x-1)(x+1)} \neq \dfrac{A}{x-1} + \dfrac{B}{x+1}$，$\therefore \dfrac{x^2}{x^2-1}$ 是假分式！

碰到假分式，要先化為真分式哦！

類題　若 $\dfrac{1}{x(x+2)^3} = \dfrac{A}{x} + \dfrac{B}{x+2} + \dfrac{C}{(x+2)^2} + \dfrac{D}{(x+2)^3}$，係數 A、B、C、D 分別為多少？

答　一手遮天得 $A = \dfrac{1}{(x+2)^3}\bigg|_{x=0} = \dfrac{1}{8}$，$D = \dfrac{1}{x}\bigg|_{x=-2} = -\dfrac{1}{2}$

同乘分母得 $1 = \dfrac{1}{8}(x+2)^3 + Bx(x+2)^2 + Cx(x+2) - \dfrac{1}{2}x$

比較 x^3 之係數：$0 = \dfrac{1}{8} + B \Rightarrow B = -\dfrac{1}{8}$

比較 x^2 之係數：$0 = \dfrac{6}{8} + 4B + C \Rightarrow C = -\dfrac{1}{4}$。∎

例題 2　基本題

求 $\int \frac{1}{x^2+a^2}dx=?$（此式常見，應該記住！）

解　令 $x=a\tan\theta$，則 $dx=a\sec^2\theta\,d\theta$

故 $\int \frac{1}{x^2+a^2}dx=\int \frac{a\sec^2\theta\,d\theta}{a^2\sec^2\theta}=\frac{1}{a}\int d\theta=\frac{1}{a}\theta+c=\frac{1}{a}\tan^{-1}\frac{x}{a}+c$ ■

類題　求 $\int \frac{1}{x^2+4}dx=?$

答　原式$=\int \frac{1}{x^2+2^2}dx=\frac{1}{2}\tan^{-1}\frac{x}{2}+c$ ■

例題 3　基本題

求 $\int \frac{1}{x^2-1}dx=?$

解　令 $\frac{1}{x^2-1}=\frac{1}{(x-1)(x+1)}=\frac{A}{x-1}+\frac{B}{x+1}$

速解法：求 A 可用「一手遮天」法，$A=\left.\frac{1}{x+1}\right|_{x=1}=\frac{1}{2}$

求 B 可用「一手遮天」法，$B=\left.\frac{1}{x-1}\right|_{x=-1}=-\frac{1}{2}$

即 $\frac{1}{x^2-1}=\frac{\frac{1}{2}}{x-1}-\frac{\frac{1}{2}}{x+1}$

$\therefore$原式$=\int \frac{\frac{1}{2}}{x-1}dx-\int \frac{\frac{1}{2}}{x+1}dx=\frac{1}{2}\ln|x-1|-\frac{1}{2}\ln|x+1|+c$

$=\frac{1}{2}\ln\left|\frac{x-1}{x+1}\right|+c$。■

類題　求 $\int \frac{1}{x^2-4}dx=?$

答　化為部份分式得 $\frac{1}{x^2-4}=\frac{1}{(x-2)(x+2)}=\frac{\frac{1}{4}}{x-2}-\frac{\frac{1}{4}}{x+2}$

積分得 $\frac{1}{4}\ln|x-2|-\frac{1}{4}\ln|x+2|+C=\frac{1}{4}\ln\left|\frac{x-2}{x+2}\right|+C$。■

例題 4 基本題

求 $\int \dfrac{x+2}{(x+1)(x+3)}dx = ?$

解 令 $\dfrac{x+2}{(x+1)(x+3)} = \dfrac{A}{x+1} + \dfrac{B}{x+3}$

同乘分母得 $x + 2 = A(x+3) + B(x+1)$

$x = -1$ 代入得 $1 = 2A \Rightarrow A = \dfrac{1}{2}$

$x = -3$ 代入得 $-1 = -2B \Rightarrow B = \dfrac{1}{2}$

速解法：求 A 可用「一手遮天」法，$A = \dfrac{x+2}{x+3}\bigg|_{x=-1} = \dfrac{1}{2}$

即用手遮住 $\dfrac{x+2}{(x+1)(x+3)}$ 之 $x+1$，再用 $x = -1$ 代入！

求 B 可用「一手遮天」法，$B = \dfrac{x+2}{x+1}\bigg|_{x=-3} = \dfrac{1}{2}$

即用手遮住 $\dfrac{x+2}{(x+1)(x+3)}$ 之 $x+3$，再用 $x = -3$ 代入！

$\therefore \dfrac{x+2}{(x+1)(x+3)} = \dfrac{\frac{1}{2}}{x+1} + \dfrac{\frac{1}{2}}{x+3}$

$\therefore$ 原式 $= \int \dfrac{\frac{1}{2}}{x+1}dx + \int \dfrac{\frac{1}{2}}{x+3}dx = \dfrac{1}{2}\ln|x+1| + \dfrac{1}{2}\ln|x+3| + c$。∎

類題 求 $\int \dfrac{5x+6}{x(x+2)}dx = ?$

答 化為部份分式得 $\dfrac{5x+6}{x(x+2)} = \dfrac{3}{x} + \dfrac{2}{x+2}$

原式 $= \int \dfrac{3}{x}dx + \int \dfrac{2}{x+2}dx = 3\ln|x| + 2\ln|x+2| + c$。∎

例題 5 基本題

求 $\int \dfrac{x+2}{(x+3)(x+1)^2}dx = ?$

解 令 $\dfrac{x+2}{(x+3)(x+1)^2} = \dfrac{A}{x+3} + \dfrac{B}{x+1} + \dfrac{C}{(x+1)^2}$

同乘分母得 $x + 2 = A(x+1)^2 + B(x+3)(x+1) + C(x+3)$

$x=-3$ 代入得 $-1=4A \Rightarrow A=-\dfrac{1}{4}$

速解法：求 A 亦可用「一手遮天」法

即用手遮住 $\dfrac{x+2}{(x+3)(x+1)^2}$ 之 $x+3$，再用 $x=-3$ 代入！

$A=\dfrac{x+2}{(x+1)^2}\Big|_{x=-3}=-\dfrac{1}{4}$

求 C 亦可用「一手遮天法」：$C=\dfrac{x+2}{x+3}\Big|_{x=-1}=\dfrac{1}{2}$

即用手遮住 $\dfrac{x+2}{(x+3)(x+1)^2}$ 之 $(x+1)^2$，再用 $x=-1$ 代入！

比較 x^2 之係數：$0=A+B \Rightarrow B=-A=\dfrac{1}{4}$（即 B 以比較之方式較好做！）

$\therefore \dfrac{x+2}{(x+3)(x+1)^2}=\dfrac{-\dfrac{1}{4}}{x+3}+\dfrac{\dfrac{1}{4}}{x+1}+\dfrac{\dfrac{1}{2}}{(x+1)^2}$

$\therefore$ 原式 $=\displaystyle\int\dfrac{\dfrac{1}{4}}{x+3}dx+\int\dfrac{\dfrac{1}{4}}{x+1}dx+\int\dfrac{\dfrac{1}{2}}{(x+1)^2}dx$

$=-\dfrac{1}{4}\ln|x+3|+\dfrac{1}{4}\ln|x+1|-\dfrac{1}{2(x+1)}+c$ ■

類題 求 $\displaystyle\int\dfrac{4x^2+5x+6}{(x+2)x^2}dx=?$

答 化為部份分式得 $\dfrac{4x^2+5x+6}{(x+2)x^2}=\dfrac{1}{x}+\dfrac{3}{x^2}+\dfrac{3}{x+2}$

積分得原式 $=\ln|x|-\dfrac{3}{x}+3\ln|x+2|+c$ ■

例題 6　基本題

求 $\int \dfrac{x^3 + x^2 + x + 1}{x-1} dx = ?$

解　先將假分式化為多項式 + 真分式

　　得 $\dfrac{x^3 + x^2 + x + 1}{x-1} = x^2 + 2x + 3 + \dfrac{4}{x-1}$

　　$\therefore$ 原式 $= \int \left(x^2 + 2x + 3 + \dfrac{4}{x-1} \right) dx = \dfrac{x^3}{3} + x^2 + 3x + 4\ln|x-1| + c$。∎

類題　求 $\int \dfrac{x^2 + 5x + 6}{x+1} dx = ?$

答　$\dfrac{x^2 + 5x + 6}{x+1} = x + 4 + \dfrac{2}{x+1}$

　　$\therefore$ 原式 $= \int \left(x + 4 + \dfrac{2}{x+1} \right) dx = \dfrac{x^2}{2} + 4x + 2\ln|x+1| + c$。∎

例題 7　基本題

求 $\int \dfrac{2x+2}{(x-1)(x^2+1)^2} dx = ?$

解　令 $\dfrac{2x+2}{(x-1)(x^2+1)^2} = \dfrac{A}{x-1} + \dfrac{Bx+C}{x^2+1} + \dfrac{Dx+E}{(x^2+1)^2}$

　　速解法：$A = \dfrac{2x+2}{(x^2+1)^2} \Big|_{x=1} = \dfrac{1}{1} = 1$

　　同乘分母得

　　$2x + 2 = A(x^2+1)^2 + (Bx+C)(x-1)(x^2+1) + (Dx+E)(x-1)$

　　比較 x^4 之係數：$0 = A + B \ \Rightarrow \ B = -A = -1$

　　比較 x^3 之係數：$0 = -B + C \ \Rightarrow \ C = B = -1$

　　比較 x^2 之係數：$0 = 2A + B - C + D \ \Rightarrow \ D = -2A - B + C = -2$

　　比較常數之係數：$2 = A - C - E \ \Rightarrow \ E = A - C - 2 = 0$

　　$\therefore \dfrac{2x+2}{(x-1)(x^2+1)^2} = \dfrac{1}{x-1} + \dfrac{-x-1}{x^2+1} + \dfrac{-2x}{(x^2+1)^2}$

　　$\therefore$ 原式 $= \int \dfrac{1}{x-1} dx - \int \dfrac{x+1}{x^2+1} dx - \int \dfrac{2x}{(x^2+1)^2} dx$

　　　$= \ln|x-1| - \dfrac{1}{2}\ln\left|(x^2+1)\right| - \tan^{-1}x + \dfrac{1}{x^2+1} + c$ ∎

類題 求 $\int \dfrac{1-x+2x^2-x^3}{x(x^2+1)^2}dx=?$

答 化為部份分式得 $\dfrac{1-x+2x^2-x^3}{x(x^2+1)^2}=\dfrac{1}{x}-\dfrac{x+1}{x^2+1}+\dfrac{x}{(x^2+1)^2}$

積分得原式 $=\ln|x|-\dfrac{1}{2}\ln\left|x^2+1\right|-\tan^{-1}x-\dfrac{1}{2(x^2+1)}+c$ ■

例題 8 基本題

求 $\int \dfrac{x^2+5}{(x+1)(x^2-2x+3)}dx=?$

解 令 $\dfrac{x^2+5}{(x+1)(x^2-2x+3)}=\dfrac{A}{x+1}+\dfrac{Bx+C}{x^2-2x+3}$

$A=\left.\dfrac{x^2+5}{x^2-2x+3}\right|_{x=-1}=\dfrac{6}{6}=1$

同乘分母得 $x^2+5=A(x^2-2x+3)+(Bx+C)(x+1)$

比較 x^2 之係數：$1=A+B \Rightarrow B=-A+1=0$

比較常數之係數：$5=3A+C \Rightarrow C=-3A+5=2$

$\therefore \dfrac{x^2+5}{(x+1)(x^2-2x+3)}=\dfrac{1}{x+1}+\dfrac{2}{x^2-2x+3}=\dfrac{1}{x+1}+\dfrac{2}{(x-1)^2+2}$

$\therefore$ 原式 $=\ln|x+1|+\sqrt{2}\tan^{-1}\dfrac{x-1}{\sqrt{2}}+c$ ■

類題 求 $\int \dfrac{3x^2-7x+5}{(x-1)(x^2-2x+2)}dx=?$

答 化為部份分式，整理得

$\dfrac{3x^2-7x+5}{(x-1)(x^2-2x+2)}=\dfrac{1}{x-1}+\dfrac{2x-3}{x^2-2x+2}=\dfrac{1}{x-1}+\dfrac{2(x-1)-1}{(x-1)^2+1}$

則原式 $=\ln|x-1|+\ln\left|x^2-2x+2\right|-\tan^{-1}(x-1)+c$ ■

例題 9　綜合題

求 $\displaystyle\int \frac{1}{e^x+1}dx = ?$

解　令 $u=e^x$，則 $du=e^x dx$

$$\therefore I = \int \frac{1}{1+u}\cdot\frac{du}{e^x} = \int \frac{1}{u(u+1)}du = \int \left(\frac{1}{u}-\frac{1}{u+1}\right)du$$

$$= \ln|u| - \ln|u+1| + c = \ln(e^x) - \ln|e^x+1| + c = x - \ln|e^x+1| + c \ \blacksquare$$

類題　求 $\displaystyle\int \frac{1}{e^x - e^{-x}}dx = ?$

答　令 $u=e^x$，則 $du = e^x dx = udx$

$$\therefore 原式 = \int \frac{1}{u-\dfrac{1}{u}}\cdot\frac{du}{u} = \int \frac{1}{u^2-1}du = \int \frac{1}{2}\left(\frac{1}{u-1}-\frac{1}{u+1}\right)du$$

$$= \frac{1}{2}\ln\left|\frac{u-1}{u+1}\right| + c = \frac{1}{2}\ln\left|\frac{e^x-1}{e^x+1}\right| + c \ 。 \ \blacksquare$$

習題 4-4

1.　求 $\displaystyle\int \frac{x+1}{x-1}dx = ?$

2.　$\displaystyle\int \frac{1}{(x-1)(x-2)}dx = ?$

3.　$\displaystyle\int \frac{x^5}{(x^3+1)^3}dx = ?$

4.　求 $\displaystyle\int \frac{x^2}{1+4x^6}dx = ?$

5.　求 $\displaystyle\int \frac{1}{x^2+4x+5}dx = ?$

6.　求 $\displaystyle\int \frac{x+1}{x^2+1}dx = ?$

7.　求 $\displaystyle\int \frac{x^2+5x+2}{(x+1)(x^2+1)}dx = ?$

8.　求 $\displaystyle\int \frac{x^2-2x-5}{x^3+x}dx = ?$

9.　$\displaystyle\int \frac{2x}{(x-1)(x-2)(x-3)}dx = ?$

10.　$\displaystyle\int \frac{e^x}{e^x+1}dx = ?$

4-5 無理式積分

較複雜的無理式積分有些需經配方這個動作，經「配方」處理後可得如下之六種型式，分析如下：

1. $\int \dfrac{1}{\sqrt{a^2-x^2}}dx = \sin^{-1}\dfrac{x}{a}+c$ （此式常見，應該記住！）

   證明：令 $x = a\sin\theta$，則 $dx = a\cos\theta\,d\theta$

   $$\text{故}\int \frac{1}{\sqrt{a^2-x^2}}dx = \int \frac{a\cos\theta\,d\theta}{a\cos\theta} = \theta + c$$

   $$= \sin^{-1}\frac{x}{a}+c$$

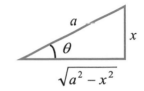

2. $\int \sqrt{a^2-x^2}\,dx = \dfrac{1}{2}x\sqrt{a^2-x^2} + \dfrac{a^2}{2}\sin^{-1}\dfrac{x}{a}+c$

   證明：令 $x = a\sin\theta$，則 $dx = a\cos\theta\,d\theta$

   $$\therefore \int \sqrt{a^2-x^2}\,dx = \int a\cos\theta\,a\cos\theta\,d\theta = a^2\int \frac{1+\cos 2\theta}{2}d\theta$$

   $$= \frac{a^2}{2}\theta + \frac{a^2}{4}\sin 2\theta + c$$

   $$= \frac{1}{2}x\sqrt{a^2-x^2} + \frac{a^2}{2}\sin^{-1}\frac{x}{a}+c$$

3. $\int \dfrac{1}{\sqrt{x^2+a^2}}dx = \ln\left|x+\sqrt{x^2+a^2}\right|+c$

   證明：令 $x = a\tan\theta$，則 $dx = a\sec^2\theta\,d\theta$

   $$\text{故}\int \frac{1}{\sqrt{x^2+a^2}}dx = \int \frac{a\sec^2\theta\,d\theta}{a\sec\theta} = \ln|\tan\theta + \sec\theta|+c$$

   $$= \ln\left|\frac{x+\sqrt{x^2+a^2}}{a}\right|+c$$

   $$= \ln\left|x+\sqrt{x^2+a^2}\right| - \ln a + c$$

   $$= \ln\left|x+\sqrt{x^2+a^2}\right|+c$$

4. $\int \sqrt{x^2 + a^2}\, dx = \frac{1}{2} x \sqrt{x^2 + a^2} + \frac{a^2}{2} \ln \left| x + \sqrt{x^2 + a^2} \right| + c$

   提示：令 $x = a \tan \theta$ 即可導得！

5. $\int \frac{1}{\sqrt{x^2 - a^2}}\, dx = \ln \left| x + \sqrt{x^2 - a^2} \right| + c$

   證明：令 $x = a \sec \theta$，則 $dx = a \sec \theta \tan \theta \, d\theta$

   故 $\int \frac{1}{\sqrt{x^2 - a^2}}\, dx = \int \frac{a \sec \theta \tan \theta \, d\theta}{a \tan \theta} = \int \sec \theta \, d\theta$

   $$= \ln |\sec \theta + \tan \theta| + c = \ln \left| \frac{x + \sqrt{x^2 - a^2}}{a} \right| + c$$

   $$= \ln \left| x + \sqrt{x^2 - a^2} \right| + c$$

6. $\int \frac{1}{x \sqrt{x^2 - a^2}}\, dx = \frac{1}{a} \sec^{-1} \left| \frac{x}{a} \right| + c$

   提示：令 $x = a \sec \theta$ 即可導得！

以上六個式子中只有第一式需要記憶，其他則會推導就行。

例題 1　基本題

求 $\int \frac{1}{x \sqrt{4x^2 - 1}}\, dx = ?$

解　令 $u = 2x$，則 $du = 2dx$

原式 $= \int \frac{1}{\frac{u}{2} \sqrt{u^2 - 1}} \cdot \frac{du}{2} = \int \frac{1}{u \sqrt{u^2 - 1}}\, du = \sec^{-1} u + c$

$$= \sec^{-1}(2x) + c \ \blacksquare$$

類題 求 $\int \dfrac{1}{x\sqrt{9x^2-25}}\,dx = ?$

答 令 $u = \dfrac{3}{5}x$ ，則 $du = \dfrac{3}{5}dx$

原式 $= \int \dfrac{1}{\dfrac{5u}{3}\cdot 5\sqrt{u^2-1}}\cdot \dfrac{5du}{3} = \dfrac{1}{5}\int \dfrac{1}{u\sqrt{u^2-1}}\,du = \dfrac{1}{5}\sec^{-1}u + c$

$= \dfrac{1}{5}\sec^{-1}(\dfrac{3}{5}x) + c$ ∎

讀完本章後，同學最後還要有一些常識，即知道哪一些積分函數是用遍所有積分技巧仍積不出來，如：

$\int \dfrac{\sin x}{x}\,dx$ 、 $\int \dfrac{\cos x}{x}\,dx$ 、 $\int \dfrac{x}{\sinh x}\,dx$ 、 $\int \dfrac{x}{\cosh x}\,dx$ 、 $\int \dfrac{e^{-x}}{x}\,dx$ 、 $\int e^{-x^2}\,dx$ 、 $\int e^{-x^3}\,dx$ 、

$\int \ln(\sin x)\,dx$ 、 $\int e^{-x}\ln x\,dx$ 、 $\int \sqrt{3+2\sin x}\,dx$ ……

當然有更多積不出來的函數沒列出來！這才是真正的微積分。

習題 4-5

1. 求 $\int \dfrac{1}{x\sqrt{x-1}}\,dx = ?$

2. 求 $\int \dfrac{1}{x\sqrt{4x^2-9}}\,dx = ?$

3. $\int \dfrac{x^2}{\sqrt{9-x^2}}\,dx = ?$

4. $\int \dfrac{1}{x^2\sqrt{4-x^2}}\,dx = ?$

本章習題

基本題

求下列題目之不定積分：

1. $\int \dfrac{x^2}{x^3+1}\,dx = ?$

2. $\int \dfrac{\ln\sqrt{x}}{x}\,dx = ?$

3. $\int 2^x e^x \, dx = ?$

4. $\int \ln(2x)\,dx = ?$

5. $\int \dfrac{(1+\sqrt{x})^2}{2\sqrt{x}}\,dx = ?$

6. $\int \sec^3 x \tan x \, dx = ?$

7. $\int \dfrac{x}{(x-1)(x-2)}\,dx = ?$

8. $\int e^x(1+3e^x)^6\,dx = ?$

9. $\int \dfrac{1}{2+e^x}\,dx = ?$

10. $\int \dfrac{\sin\theta\cos\theta}{1+\sin^4\theta}\,d\theta = ?$

11. $\int \dfrac{3x}{\sqrt[3]{4-x^2}}\,dx = ?$

12. $\int \sin 3\theta \cos 3\theta \, d\theta = ?$

13. $\int x \sec^2 x \, dx = ?$

14. $\int \sin^5 2x \cos 2x \, dx = ?$

加分題

求下列題目之不定積分：

15. $\int \dfrac{e^{1/x}}{x^2}\,dx = ?$

16. $\int \sqrt{x}\cos(\sqrt{x})\,dx = ?$

17. $\int \dfrac{2x-3}{\sqrt{x-3}}\,dx = ?$

18. $\int \dfrac{3x+1}{(x+2)^3}\,dx = ?$

19. $\int \dfrac{6x-1}{x^3(2x-1)}\,dx = ?$

20. $\int \dfrac{1}{\sqrt{x}+1}\,dx = ?$

21. $\int \ln(2x+1)\,dx = ?$

22. $\int \sqrt{x}\ln x\,dx = ?$

23. $\int \dfrac{1}{4x^2-4x+26}\,dx = ?$

24. $\int x\tan^{-1}(x^2)\,dx = ?$

5

CHAPTER

定積分

本章大綱

1. 瞭解定積分之意義
2. 瞭解微積分基本定理
3. 熟悉積分符號下的微分求法
4. 瞭解特殊函數定積分的計算
5. 瞭解近似積分的計算
6. 瞭解瑕積分的計算

5-0　定積分之意義

至此已學過微分與不定積分，這二者在運算上是互逆的。本章將再說明微分與積分之關聯性，首先談定積分（definite integral）的意義。

定積分之意義

設函數 $f(x)$ 在區間 $[a, b]$ 為連續，現將此區間「等分」成 n 個小段：

$$a = x_0 < x_1 < \cdots < x_n = b$$

令 Δx 表每個小段之間隔，即 $\Delta x = x_i - x_{i-1}$, $i = 1, 2, \cdots, n$，現在於 $[x_{i-1}, x_i]$ 區間上任取一點 ξ_i，則此 ξ_i 所對應之函數值（或稱高度）為 $f(\xi_i)$，如下圖所示：

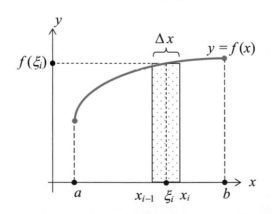

陰影區域面積可表為 $f(\xi_i)\Delta x$，依此步驟，由 $y = f(x)$、x 軸在區間 $[a, b]$ 所圍成面積乃由 n 個長方條形狀之面積疊加而成，即

$$面積 = \sum_{i=1}^{n} f(\xi_i)\Delta x$$

但上式之面積僅是一個近似值，欲得良好的準確值還要令 $n \to \infty$，意即將區間無窮多等分可得

$$\text{面積} = \underbrace{\lim_{n \to \infty}}_{\text{取極限}} \underbrace{\sum_{i=1}^{n}}_{\text{求和}} \underbrace{f(\xi_i)}_{\text{取樣}} \underbrace{\Delta x}_{\text{分割}}$$

如下之定義：

> **定義　定積分**
>
> 若 $\displaystyle\lim_{n \to \infty} \sum_{i=1}^{n} f(\xi_i)\Delta x$ 存在，則 $\boxed{\displaystyle\lim_{n \to \infty} \sum_{i=1}^{n} f(\xi_i)\Delta x \equiv \int_a^b f(x)dx}$ ⋯⋯ (1)
>
> 稱 $f(x)$ 在區間 $[a, b]$ 是可積分（integrable），其中 a 為此積分之下限（lower limit），b 為上限（upper limit）；有上、下限之積分稱為「定積分」。　∎

由此定義可知定積分乃利用「定積分四部曲」：分割、取樣、求和、取極限來完成。而 (1) 式又稱為黎曼積分（Riemann integral），$\displaystyle\sum_{i=1}^{n} f(\xi_i)\Delta x$ 稱為黎曼和（Riemann sum）。

因此定積分 $\displaystyle\int_a^b f(x)dx$ 的幾何意義就是：函數 $y = f(x)$ 的圖形與 x 軸所圍成區域在區間 $[a, b]$ 的面積，如下圖所示：

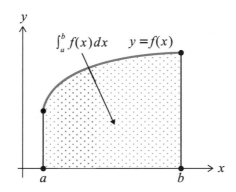

黎曼和之求法

利用定積分四部曲：分割、取樣、求和、取極限，計算由 $y = x^3$、$y = 0$、$x = 0$ 與 $x = 1$ 所圍成區域之面積，依下述四步驟：

■第一步　分割

將 $[0, 1]$ 分成 n 等分，此區域成為 n 個長條，每個長條寬度均為 $\dfrac{1}{n}$。

■第二步　取樣

在每個長條上挑出一樣本點以代表此長條之高，此處以其最小值、最大值為代表。

如下圖所示，當高度為最小值時，其各長條之高度為 0、$(\dfrac{1}{n})^3$、$(\dfrac{2}{n})^3 \cdots (\dfrac{n-1}{n})^3$。

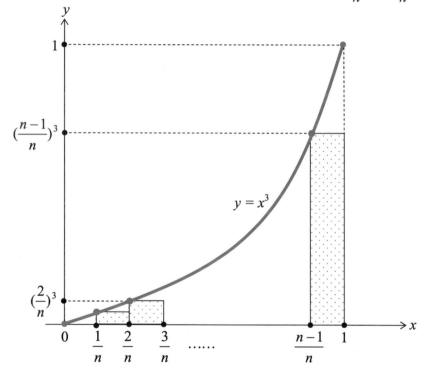

如下圖所示，當高度為最大值時，其各長條之高度為 $(\frac{1}{n})^3$、$(\frac{2}{n})^3$、$(\frac{3}{n})^3 \cdots (\frac{n}{n})^3$。

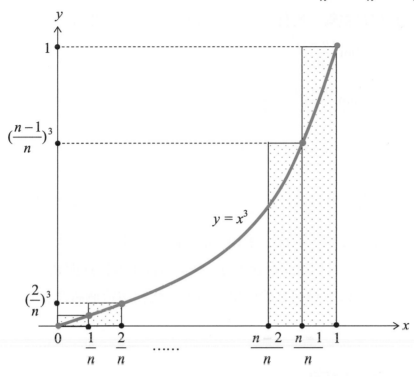

▋ 第三步　求和

當高度取為最小值時，此面積之和稱為下和（lower sum），即

$$下和 = \frac{1}{n}\left[0 + (\frac{1}{n})^3 + (\frac{2}{n})^3 + \cdots + (\frac{n-1}{n})^3\right] = \frac{1}{n^4}\left[1^3 + 2^3 + \cdots + (n-1)^3\right]$$

$$= \frac{1}{n^4}\left[\frac{n(n-1)}{2}\right]^2 = \frac{(n-1)^2}{4n^2} \equiv L_n$$

當高度取為最大值時，此面積之和稱為上和（upper sum），即

$$上和 = \frac{1}{n}\left[(\frac{1}{n})^3 + (\frac{2}{n})^3 + \cdots + (\frac{n}{n})^3\right] = \frac{1}{n^4}\left[1^3 + 2^3 + \cdots + n^3\right]$$

$$= \frac{1}{n^4}\left[\frac{n(n+1)}{2}\right]^2 = \frac{(n+1)^2}{4n^2} \equiv U_n$$

▌第四步　取極限

不論 n 為任何正整數，恆有 $L_n \leq$ 區域真實面積 $\leq U_n$，現在令 $n \to \infty$（即分割愈細），可得 $\lim_{n \to \infty} L_n = \lim_{n \to \infty} \dfrac{(n-1)^2}{4n^2} = \dfrac{1}{4}$

$$\lim_{n \to \infty} U_n = \lim_{n \to \infty} \dfrac{(n+1)^2}{4n^2} = \dfrac{1}{4}$$

故 $\lim_{n \to \infty} U_n = \lim_{n \to \infty} L_n = \dfrac{1}{4}$，由夾擠定理知此區域面積即為 $\dfrac{1}{4}$。

此面積若利用 $\int_0^1 x^3 dx = \left[\dfrac{x^4}{4} \right]_0^1 = \dfrac{1}{4}$ 計算會更快！此式之來龍去脈在下節會說明。

定積分若均以定義（分割、取樣、求和、取極限）去求，顯然太麻煩了！故以上說明僅告訴同學定積分可以利用此觀念求得，後面會提出較快速與系統化的計算法。

因為定積分的結果其幾何意義就是面積，因此利用這個觀念就可以說明如下的幾點事實：

定積分之觀念與規定

1.　顯然地，$\int_a^a f(x)dx = 0$，因為無寬度，故其面積為 0。

2.　$\int_a^b f(x)dx = -\int_b^a f(x)dx$，即上、下限互換，其值變號。
　　理由：$\int_a^b f(x)dx$，此式計算 dx 的方向由小到大（$a \to b$），
　　　　　$\int_b^a f(x)dx$，此式計算 dx 的方向由大到小（$b \to a$），
　　　　　故二者的 dx 相差一個負號！

3.　$\int_a^b f(x)dx$ 之結果就是面積，已經是一個常數（數字！），因此已經與所選用的自變數符號無關，所以 $\int_a^b f(x)dx = \int_a^b f(t)dt = \int_a^b f(\square)d\square$，$\square$ 可任填一個變數符號。因此數學上稱此處之 x 或 t 為啞變數（dummy variable）。

4.　只要 $f(x)$ 為連續，即能與 x 軸與區間 $[a, b]$ 包圍了一個區域，其面積一定存在，故知：若 $f(x)$ 為連續，則 $f(x)$ 可積分，但反之不然：「若 $f(x)$ 為可積分，則 $f(x)$ 為連續」是不對的，因為若函數屬於分段連續（piecewise continuous）時，則需分段積分！如下圖所示：

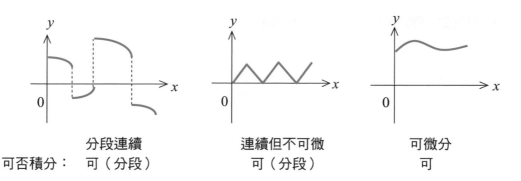

分段連續	連續但不可微	可微分
可否積分: 可（分段）	可（分段）	可

5. 極限是一個工具，可用來定義函數是否連續、是否可微分、是否可定積分，如同一把螺絲起子！

6. 若將積分分為 $\begin{cases} 定積分：亦稱黎曼和 \\ 不定積分：亦稱反微分 \end{cases}$，則「定積分」與「不定積分」之差異只在積分區間！

此處先關心微分與積分這二者的關聯性（如同人生過程）：

(1) 連續函數不一定可微，若可微，則導函數很容易算（且一定成功）。

(2) 連續函數的定積分一定存在，但不定積分卻很難算（即使學了一堆積分技巧，仍大部份積不出，在讀完第 4 章後已有同感）。

這也就是為何會有「微分容易積分難」的口頭禪！以下再談有名的「積分均值定理」，如同微分學中之微分均值定理一樣重要。

定理 **積分均值定理**

設 $f(x)$ 在 $[a, b]$ 上連續，則存在一數 $c \in (a, b)$，使得

$$\int_a^b f(x)dx = f(c)(b-a)$$

積分均值定理之幾何意義如下圖所示：

網點面積 $= \int_a^b f(x)dx$

矩形面積 $= f(c)(b-a)$

$\because \int_a^b f(x)dx = f(c)(b-a)$

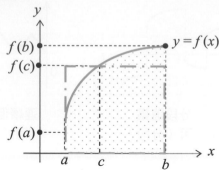

知 $f(c)$ 是 $f(x)$ 在區間 $[a, b]$ 之平均高度。

定義　**平均值 $\bar{f}$**

$f(x)$ 在區間 $[a, b]$ 之平均值 $\bar{f}$ 為 $\bar{f} = \dfrac{1}{b-a} \int_a^b f(x)dx$。　　　■

5-1　微積分基本定理

本節主要說明微積分三大定理（即微分均值定理、微積分基本定理與泰勒級數）中之微積分基本定理，一般將微積分基本定理分為二部份說明較清楚，即微積分第一基本定理與微積分第二基本定理。

定理　**微積分第一基本定理**

設 $f(x)$ 在區間 $[a, b]$ 為連續，若 $F(x) = \int_a^x f(t)dt$，$x \in [a, b]$，則 $F'(x) = f(x)$。

證明：利用微分定義對 $F(x)$ 微分得

$$F'(x) = \lim_{h \to 0} \frac{F(x+h) - F(x)}{h} = \lim_{h \to 0} \frac{\int_a^{x+h} f(t)dt - \int_a^x f(t)dt}{h}$$

$$= \lim_{h \to 0} \frac{\int_x^{x+h} f(t)dt}{h} = \lim_{h \to 0} \frac{f(c)(x+h-x)}{h}$$

$$= \lim_{c \to x} f(c) = f(x)$$

此定理之幾何意義如右圖所示：

$F(x) = \int_a^x f(t)dt$ 是網點部份的面積，

$F(x+h) - F(x) = \int_x^{x+h} f(t)dt$ 是斜線部份

的面積，$\dfrac{F(x+h) - F(x)}{h}$ 即表示此斜線

部份之「平均高度」，當 $h \to 0$ 時，此

高度即為 $f(x)$。

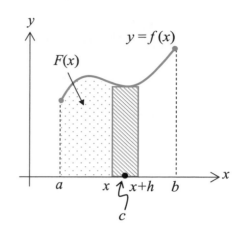

⭐ **注意**　$f(x)$ 在區間 $[a, b]$ 內連續，即表示 $f(x)$ 在 $x = a$、$x = b$ 已經存在！在此式 $F(x) = \int_a^x f(t)dt$ 中，t 為啞變數，且此式之外型不可寫為 $F(x) = \int_a^x f(x)dx$，切記！

定 理　**微積分第二基本定理**

設 $f(x)$ 在 $[a, b]$ 上連續，且 $F'(x) = f(x)$，則

$$\int_a^b f(x)dx = F(b) - F(a) = F(x)\Big|_a^b$$

證明：引用微積分第一基本定理得 $F(b) - F(a) = \int_a^b f(x)dx - \int_a^a f(x)dx$

$$= \int_a^b f(x)dx \text{ 得證！}$$

將微積分第一基本定理推廣，可得如下重要之定理：

定 理　**萊不尼茲微分法則**

已知 $f(x)$ 為一個連續函數，且 $A(x)$、$B(x)$ 亦均可微分，若

$$F(x) = \int_{A(x)}^{B(x)} f(t)dt，則 \ F'(x) = f[B(x)] \cdot B'(x) - f[A(x)] \cdot A'(x)$$

此為萊不尼茲微分法則（Leibnitz differential rule）。

證明：$\because F(x) = \int_{A(x)}^{B(x)} f(t)dt = \int_{A(x)}^{a} f(t)dt + \int_{a}^{B(x)} f(t)dt$

$\qquad = \int_{a}^{B(x)} f(t)dt - \int_{a}^{A(x)} f(t)dt$

$\qquad \therefore$ 由連鎖律知 $F'(x) = f[B(x)] \cdot B'(x) - f[A(x)] \cdot A'(x)$

◆記憶口訣　代入變數，再乘變數之微分。

觀念說明

1. 「微分」與「積分」間之橋樑為：微分 ←→(微積分基本定理) 積分，即欲求 $\int_{a}^{b} f(x)dx$ 之值，則只要找到 $f(x)$ 之反微分 $F(x)$，則其積分值即為 $F(b) - F(a)$。

2. $\int_{a}^{b} kf(x)dx = k\int_{a}^{b} f(x)dx$，$k$ 為常數。

3. $\int_{a}^{b} [f(x) \pm g(x)]dx = \int_{a}^{b} f(x)dx \pm \int_{a}^{b} g(x)dx$。

4. $\int_{a}^{b} f(x)dx = \int_{a}^{c} f(x)dx + \int_{c}^{b} f(x)dx$，$a < c < b$。幾何意義如下：

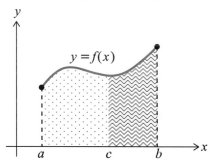

5. 設 $f(x)$ 在區間 $[a, b]$ 內連續，則 $\left|\int_{a}^{b} f(x)dx\right| \le \int_{a}^{b} |f(x)|dx$，此式以 $f(x)$ 之幾何意義思考立得。

例題 1　平均值

求函數 $y = f(x) = x^2$ 在 $[0, 1]$ 間之平均值。

解　$\bar{f} = \dfrac{1}{1-0}\int_{0}^{1} x^2 dx = \dfrac{1}{1}\left[\dfrac{1}{3}x^3\right]_{0}^{1} = \dfrac{1}{3}(1-0) = \dfrac{1}{3}$。∎

類題 求函數 $y = f(x) = x - x^2$ 在 $[0, 6]$ 間之平均值。

答 $\bar{f} = \dfrac{1}{6-0}\displaystyle\int_0^6 (x - x^2)dx = \dfrac{1}{6}\left[\dfrac{1}{2}x^2 - \dfrac{1}{3}x^3\right]_0^6 = \dfrac{1}{6}(-54-0) = -9$。 ■

例題 2 基本題

求 $\displaystyle\int_0^1 \dfrac{1}{x+1}dx = ?$

解 原式 $= \left[\ln|x+1|\right]_0^1 = \ln 2 - 0 = \ln 2$ ■

類題 求 $\displaystyle\int_1^e \left(x + \dfrac{1}{x}\right)dx = ?$

答 原式 $= \left[\dfrac{1}{2}x^2 + \ln|x|\right]_1^e = \left(\dfrac{1}{2}e^2 + 1\right) - \dfrac{1}{2} = \dfrac{e^2}{2} + \dfrac{1}{2}$ ■

例題 3 基本題

求 $\displaystyle\int_3^4 \dfrac{x+1}{x+2}dx - ?$

解 原式 $= \displaystyle\int_3^4 \left(\dfrac{x+2-1}{x+2}\right)dx = \int_3^4 \left(1 - \dfrac{1}{x+2}\right)dx = \left[x - \ln|x+2|\right]_3^4$

$= (4 - \ln 6) - (3 - \ln 5) = 1 + \ln\left(\dfrac{5}{6}\right)$ ■

類題 求 $\displaystyle\int_1^2 \dfrac{3x-1}{3x}dx = ?$

答 原式 $= \displaystyle\int_1^2 \left(1 - \dfrac{1}{3x}\right)dx = \left[x - \dfrac{1}{3}\ln|x|\right]_1^2 = \left(2 - \dfrac{1}{3}\ln 2\right) - 1 = 1 - \dfrac{1}{3}\ln 2$ ■

例題 4 基本題

求 $\displaystyle\int_1^{16} (3\sqrt{x} + \dfrac{1}{\sqrt{x}})dx = ?$

解 原式 $= \left[2x^{3/2} + 2\sqrt{x}\right]_1^{16} = 2(64+4) - 2(1+1) = 132$ ■

類題 求 $\int_1^4 \left(4\sqrt{x} - 3x\sqrt{x}\right)dx = ?$

答 原式 $= \left[\dfrac{8}{3}x^{3/2} - \dfrac{6}{5}x^{5/2}\right]_1^4 = \left(-\dfrac{256}{15}\right) - \dfrac{22}{15} = -\dfrac{278}{15}$ ∎

例題 5 基本題

求 $\int_2^3 \dfrac{1}{x(x-1)}dx = ?$

解 因為 $\dfrac{1}{x(x-1)} = \dfrac{-1}{x} + \dfrac{1}{x-1}$

故原式 $= \left[-\ln|x| + \ln|x-1|\right]_2^3 = \left[\ln\left|\dfrac{x-1}{x}\right|\right]_2^3 = \ln\dfrac{2}{3} - \ln\dfrac{1}{2} = \ln\dfrac{\frac{2}{3}}{\frac{1}{2}} = \ln\dfrac{4}{3}$。 ∎

類題 求 $\int_0^2 \dfrac{x+7}{x^2-x-6}dx = ?$

答 因為 $\dfrac{x+7}{x^2-x-6} = \dfrac{2}{x-3} - \dfrac{1}{x+2}$

故原式 $= \left[2\ln|x-3| - \ln|x+2|\right]_0^2 = -\ln 2 - 2\ln 3 = -\ln 18$。 ∎

例題 6 基本題

求 $\int_2^3 \dfrac{-2x^2-x+7}{(x-1)^2(x^2+x+2)}dx = ?$

解 因為 $\dfrac{-2x^2-x+7}{(x-1)^2(x^2+x+2)} = \dfrac{-2}{x-1} + \dfrac{1}{(x-1)^2} + \dfrac{2x+1}{x^2+x+2}$

故原式 $= \left[-2\ln|x-1| - \dfrac{1}{x-1} + \ln|x^2+x+2|\right]_2^3$

$= \left(-2\ln 2 - \dfrac{1}{2} + \ln 14\right) - \left(-1 + \ln 8\right)$

$= \dfrac{1}{2} + \ln\dfrac{7}{16}$。 ∎

類題　求 $\int_1^2 \dfrac{x^2+1}{x(x^2+3)}dx = ?$

答　因為 $\dfrac{x^2+1}{x(x^2+3)} = \dfrac{\frac{1}{3}}{x} + \dfrac{\frac{2}{3}x}{x^2+3}$

故原式 $= \left[\dfrac{1}{3}\ln|x| + \dfrac{1}{3}\ln|x^2+3|\right]_1^2 = \left(\dfrac{1}{3}\ln 2 + \dfrac{1}{3}\ln 7\right) - \left(0 + \dfrac{1}{3}\ln 4\right) = \dfrac{1}{3}\ln\dfrac{7}{2}$。■

例題 7

求 $\int_{\frac{1}{2}}^{\frac{1}{\sqrt{2}}} \dfrac{1}{\sqrt{1-x^2}}dx = ?$

解　原式 $= \sin^{-1}(x)\Big|_{\frac{1}{2}}^{\frac{1}{\sqrt{2}}} = \dfrac{\pi}{4} - \dfrac{\pi}{6} = \dfrac{\pi}{12}$。■

類題　求 $\int_0^1 \dfrac{1}{1+x^2}dx = ?$

答　原式 $= \left[\tan^{-1}x\right]_0^1 = \dfrac{\pi}{4} - 0 = \dfrac{\pi}{4}$。■

例題 8　基本題

求 $\dfrac{d}{dx}\int_1^{x^3} \sec t\,dt = ?$

解　原式 $= \sec(x^3)\cdot 3x^2$ ■

類題　求 $\dfrac{d}{dx}\int_0^{x^3} \sin(t^2)dt = ?$

答　原式 $= \sin(x^6)\cdot 3x^2$ ■

習題 5-1

求下列 1～8 題之定積分：

1. $\int_0^\pi x\sin x\,dx$

2. $\int_0^2 x^2\sqrt{x^3+1}\,dx$

3. $\int_0^2 x(2+x^5)\,dx$

4. $\int_2^e x^2\ln x\,dx$

5. $\int_1^2 (1+\dfrac{1}{x}+e^x)\,dx$

6. $\int_e^{e^2} \dfrac{1}{x\ln x}\,dx$

7. $\int_0^{\frac{\pi}{2}} \sin^2 x\,dx$

8. $\int_1^4 (\dfrac{3}{2}\sqrt{x}-\dfrac{4}{x^2})\,dx$

9. 求函數 $y-f(x)=\dfrac{1}{(x-4)^2}$ 在 [0, 3] 問之平均值。

10. 求函數 $y=\sqrt{x}$ 在 [0, 4] 間之平均值。

11. 求 $\dfrac{d}{dx}\int_{x^2}^{x^3}\sin(t^2)\,dt=?$

12. 求 $\dfrac{d}{dx}\int_{\sin x}^{\cos x}\sqrt{1+t^2}\,dt=?$

5-2 萊不尼茲微分法則之應用

對萊不尼茲微分法則而言，很多考題或應用皆與其有關，漂亮題一堆！

例題 1　基本題

若 $f(x)=\int_{2x}^{x^2}\sqrt{1+t^2}\,dt$，求 $f'(1)=?$

解 ∵ $f'(x)=2x\sqrt{1+x^4}-2\sqrt{1+4x^2}$

計算得 $f'(1)=2\sqrt{2}-2\sqrt{5}$ ■

類題　設 $F(x)=\int_x^{x^2}\sqrt{1+t^3}\,dt$，求 $F'(1)=?$

答　$F'(x)=2x\sqrt{1+x^6}-\sqrt{1+x^3}$，計算得 $F'(1)=2\sqrt{2}-\sqrt{2}=\sqrt{2}$ ■

例題 2　基本題

求 $\displaystyle\lim_{x\to a}\frac{x\int_a^x f(t)dt}{x-a}=?$

解　原式 $\displaystyle=\lim_{x\to a}\frac{\int_a^x f(t)dt+xf(x)}{1}=0+af(a)=af(a)$ ∎

類題　求 $\displaystyle\lim_{n\to 0}\frac{1}{n}\int_2^{2+n}e^{-x^2}dx=?$

答　原式 $\displaystyle=\lim_{n\to 0}\frac{\int_2^{2+n}e^{-x^2}dx}{n}=\lim_{n\to 0}\frac{e^{-(n+2)^2}\cdot 1}{1}=e^{-4}$ ∎

例題 3　基本題

求 $\displaystyle\lim_{x\to 0}\frac{\int_0^{x^2}\sin(t^2)dt}{x^6}=?$

解　原式 $\displaystyle=\lim_{x\to 0}\frac{(\sin x^4)\cdot 2x}{6x^5}=\frac{1}{3}\lim_{x\to 0}\frac{\sin x^4}{x^4}=\frac{1}{3}$ ∎

類題　求 $\displaystyle\lim_{x\to\infty}\frac{\int_0^x\sqrt{1+t^4}\,dt}{x^3}=?$

答　原式 $\displaystyle=\lim_{x\to\infty}\frac{\sqrt{1+x^4}}{3x^2}\approx\lim_{x\to\infty}\frac{x^2}{3x^2}=\frac{1}{3}$ ∎

習題 5-2

1. 設 $f(x)=\displaystyle\int_0^{2x}\cos t\,dt$，則 $f'(x)=?$

2. 設 $f(x)=\displaystyle\int_{2x}^{x^2+1}\frac{t^2}{\sqrt{t^2+9}}dt$，則 $f'(1)=?$

3. 求 $\displaystyle\lim_{h\to 0}\frac{\int_1^{1+h}\frac{1}{u+\sqrt{u^2+1}}du}{h}=?$

4. 求 $\displaystyle\lim_{x\to 0^+}\frac{\int_0^{x^2}(\sin\sqrt{t}-\sqrt{t})dt}{\int_0^{x^2}(\tan\sqrt{t}-\sqrt{t})dt}=?$

5. 求 $\displaystyle\lim_{x\to 0}\frac{\int_{x^2}^{x^3}\sqrt{t^4+1}dt}{x^2}=?$

5-3 特殊函數之定積分

　　本節將探討一些特殊函數（奇函數、偶函數、條件函數、高斯函數、特定函數 …）之定積分，計算上並非靠積分技巧，都是藉由另類思考而得到，現分類說明如下：

1. 設 $f(x)$ 為奇函數，即 $f(x) = -f(-x)$，則 $\boxed{\displaystyle\int_{-a}^{a} f(x)dx = 0}$ 。

證明：$\because \displaystyle\int_{-a}^{0} f(x)dx$

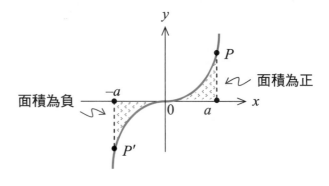

$$\underset{x=-t}{=} -\int_{a}^{0} f(-t)dt$$

$$= \int_{a}^{0} f(t)dt = -\int_{0}^{a} f(t)dt$$

$$\therefore \int_{-a}^{a} f(x)dx = 0$$

此結果圖示如右：

2. 設 $f(x)$ 為偶函數，即 $f(x) = f(-x)$，則 $\boxed{\displaystyle\int_{-a}^{a} f(x)dx = 2\int_{0}^{a} f(x)dx}$ 。

證明：$\because \displaystyle\int_{-a}^{0} f(x)dx = -\int_{a}^{0} f(-t)dt$　　（令 $x=-t$ ）

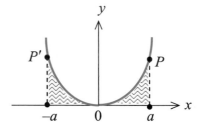

$$= -\int_{a}^{0} f(t)dt = \int_{0}^{a} f(t)dt$$

$$\therefore \int_{-a}^{a} f(x)dx = 2\int_{0}^{a} f(x)dx$$

此結果圖示如右：

3. 遇絕對值、高斯函數、條件函數，皆須找出分段點再分段積分。

4. Wallis 型函數定積分如下：（Wallis 公式）

$$\int_{0}^{\frac{\pi}{2}} \sin^{n}\theta\, d\theta = \int_{0}^{\frac{\pi}{2}} \cos^{n}\theta\, d\theta = \begin{cases} \dfrac{(n-1)(n-3)\cdots 2}{n(n-2)\cdots 1}, & n\ \text{為奇數} \\ \dfrac{(n-1)(n-3)\cdots 1}{n(n-2)\cdots 2}\dfrac{\pi}{2}, & n\ \text{為偶數} \end{cases}$$

證明：令 $I_n = \displaystyle\int_{0}^{\frac{\pi}{2}} \sin^{n}\theta\, d\theta$

又 $u = \sin^{n-1} x$ 　　　　　　　　　, 　$dv = \sin x dx$

　　$du = (n-1)\sin^{n-2} x \cos x dx$, 　$v = -\cos x$

則 $I_n = \int_0^{\frac{\pi}{2}} \sin^n \theta \, d\theta = -\cos\theta \sin^{n-1}\theta \Big|_0^{\frac{\pi}{2}} + (n-1)\int_0^{\frac{\pi}{2}} \sin^{n-2}\theta \cos^2\theta \, d\theta$

$\qquad = (n-1)\int_0^{\frac{\pi}{2}} \sin^{n-2}\theta(1-\sin^2\theta)d\theta = (n-1)I_{n-2} - (n-1)I_n$

$\therefore \quad I_n = \dfrac{n-1}{n} I_{n-2}$ ……漸化式

重複應用上式，總會化成 $I_0 = \int_0^{\frac{\pi}{2}} d\theta = \dfrac{\pi}{2}$ 或 $I_1 = \int_0^{\frac{\pi}{2}} \sin\theta \, d\theta = 1$

(1) 當 n 為偶數：$I_n = \dfrac{n-1}{n} I_{n-2} = \dfrac{n-1}{n} \cdot \dfrac{n-3}{n-2} I_{n-4} = \cdots$

$\qquad\qquad\qquad = \dfrac{(n-1)(n-3)\cdots 3\cdot 1}{n(n-2)\cdots 4\cdot 2} \cdot I_0 = \dfrac{(n-1)(n-3)\cdots 3\cdot 1}{n(n-2)\cdots 4\cdot 2} \cdot \dfrac{\pi}{2}$

(2) 當 n 為奇數：$I_n = \dfrac{n-1}{n} \cdot \dfrac{n-3}{n-2} \cdots \dfrac{4}{5} \cdot \dfrac{2}{3} \cdot I_1 = \dfrac{(n-1)(n-3)\cdots 4\cdot 2}{n(n-2)\cdots 3\cdot 1}$

同理可以證得 $\int_0^{\frac{\pi}{2}} \cos^n \theta \, d\theta$ 之情形。

◆記憶口訣　不論 n 為奇數或偶數，一律「先寫分母，分子插空隙」。

例題 1　基本題

求 $\int_{-1}^{1} x\sqrt{4+x^2}\,dx = ?$

解　因為 $x\sqrt{4+x^2}$ 是奇函數，故原式 $= 0$ ■

類題　求 $\int_{-r}^{r} x^3\sqrt{5x^6+7}\,dx = ?$

答　因為 $x^3\sqrt{5x^6+7}$ 是奇函數，原式 $= 0$ ■

例題 2　基本題

求 $\int_0^3 |x-2|\,dx = ?$

解　由 $x-2=0$ 得 $x=2$ 為分段點

$\qquad$原式 $= \int_0^2 (2-x)dx + \int_2^3 (x-2)dx = \left[2x - \dfrac{x^2}{2}\right]_0^2 + \left[\dfrac{x^2}{2} - 2x\right]_2^3 = (2-0) + (-\dfrac{3}{2}+2) = \dfrac{5}{2}$ ■

類題　求 $\int_{-2}^{3} |x^2 - 3x + 2| dx = ?$

答　由 $x^2 - 3x + 2 = 0$ 得 $x = 1, 2$

原式 $= \int_{-2}^{1}(x^2 - 3x + 2)dx - \int_{1}^{2}(x^2 - 3x + 2)dx + \int_{2}^{3}(x^2 - 3x + 2)dx = \dfrac{85}{6}$ ■

例題 3　基本題

求 $\int_{-1}^{1}[x]dx = ?$（[ ] 為高斯符號）

解　計算原則：積分時，函數要聽區間的話！

原式 $= \int_{-1}^{0}(-1)dx + \int_{0}^{1}0\,dx = -1$ ■

類題　求 $\int_{0}^{1}[2x]dx = ?$（[ ] 為高斯符號）

答　原式 $= \int_{0}^{\frac{1}{2}}[2x]dx + \int_{\frac{1}{2}}^{1}[2x]dx = 0 + \int_{\frac{1}{2}}^{1}1\,dx = \dfrac{1}{2}$ ■

例題 4　基本題

求 $\int_{0}^{2}Max(x, x^2)dx = ?$〔$Max(f, g)$ 意為二者取其大〕

解　原式 $= \int_{0}^{1}x\,dx + \int_{1}^{2}x^2\,dx = \left[\dfrac{x^2}{2}\right]_{0}^{1} + \left[\dfrac{x^3}{3}\right]_{1}^{2} = \dfrac{1}{2} + \dfrac{7}{3} = \dfrac{17}{6}$ ■

類題　求 $\int_{0}^{2}Max(1, x^2)dx = ?$

答　原式 $= \int_{0}^{1}1\,dx + \int_{1}^{2}x^2\,dx = 1 + \dfrac{7}{3} = \dfrac{10}{3}$ ■

例題 5　公式題

求 $\int_{0}^{\frac{\pi}{2}}\cos^6\theta\,d\theta = ?$

解　由 Wallis 公式：$\dfrac{5 \cdot 3 \cdot 1}{6 \cdot 4 \cdot 2} \dfrac{\pi}{2} = \dfrac{5}{32}\pi$ ■

類題　求 $\int_{0}^{\frac{\pi}{2}}\sin^9\theta\,d\theta = ?$

答　由 Wallis 公式得 $\dfrac{8 \cdot 6 \cdot 4 \cdot 2}{9 \cdot 7 \cdot 5 \cdot 3 \cdot 1} = \dfrac{128}{315}$ ■

例題 6 幾何題

求 $\int_0^a \sqrt{a^2 - x^2}\, dx = ?$（其中 $a > 0$）

解 本題不要以積分計算！

因為所求即為圓 $x^2 + y^2 = a^2$ 在第一象限的

面積！

如右圖所示：

故 $\int_0^a \sqrt{a^2 - x^2}\, dx = \dfrac{\pi}{4} a^2$ ∎

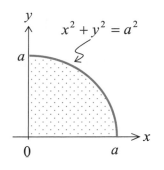

習題 5-3

1. 設 $f(x) = \begin{cases} x, & x < 1 \\ x-1, & x \geq 1 \end{cases}$,

求 $\int_0^2 x^2 f(x)\, dx = ?$

2. 求 $\int_{-2}^4 \left(|x-1| + |x+1| \right) dx = ?$

3. 求 $\int_0^{2\pi} |\cos x|\, dx = ?$

4. 求 $\int_0^4 Min(5x, 4 + x^2)\, dx = ?$

5. 求 $\int_{-1}^1 \dfrac{\sin 2x}{x^2 + 1}\, dx = ?$

5-4 近似積分法

　　雖然連續函數之定積分必定存在，但許多函數之不定積分卻不易求，因此有必要發展「近似積分法」，本節共說明二種方法如下：

▌第一法　梯形法則

　　如下圖所示，欲計算 $\int_a^b f(x)\, dx$ 之值，先將區間 $[a, b]$ 平分為 n 等分：

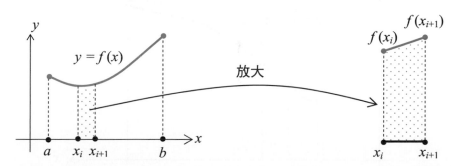

則等分之寬度為 $h = \dfrac{b-a}{n}$，形狀為梯形，因此第 i 個梯形之面積為

$$\int_{x_i}^{x_{i+1}} f(x)dx \approx \frac{f(x_i) + f(x_{i+1})}{2} \cdot \frac{b-a}{n} = \frac{(b-a)\left[f(x_i) + f(x_{i+1})\right]}{2n}$$

令 $a \equiv x_0$，$b \equiv x_n$，則

$$\int_{a}^{b} f(x)dx \approx \frac{b-a}{2n}\left\{\left[f(x_0) + f(x_1)\right] + \left[f(x_1) + f(x_2)\right] + \cdots + \left[f(x_{n-1}) + f(x_n)\right]\right\}$$

$$= \frac{b-a}{2n}\left[f(x_0) + 2f(x_1) + 2f(x_2) + \cdots + 2f(x_{n-2}) + 2f(x_{n-1}) + f(x_n)\right]$$

$$= \frac{h}{2}\left[f(x_0) + 2f(x_1) + 2f(x_2) + \cdots + 2f(x_{n-2}) + 2f(x_{n-1}) + f(x_n)\right]$$

其中 $h = \dfrac{b-a}{n}$ 為等分間距。

▶記法　由上述之推導過程，可推知如下之記法：

$$\frac{h}{2}\left\{\begin{array}{l} f(x_0) + f(x_1) \\ \quad + f(x_1) + f(x_2) \\ \qquad\qquad \ddots \\ \qquad\qquad\quad + f(x_{n-2}) + f(x_{n-1}) \\ \qquad\qquad\qquad + f(x_{n-1}) + f(x_n) \end{array}\right\}$$

$$= \frac{h}{2}\left[f(x_0) + 2f(x_1) + 2f(x_2) + \cdots + 2f(x_{n-2}) + 2f(x_{n-1}) + f(x_n)\right]$$

▌第二法　辛普生法則（以下之推導僅供參考用）

　　辛普生法則（Simpson rule）之原理乃是將每一小段皆利用「二次曲線」來近似！現取區間 $[x_{i-1}, x_{i+1}]$ 為例，設想有一個二次曲線 $y = ax^2 + bx + c$ 正好通過 $(x_{i-1}, f(x_{i-1}))$、$(x_i, f(x_i))$、$(x_{i+1}, f(x_{i+1}))$ 三點，如下圖所示：

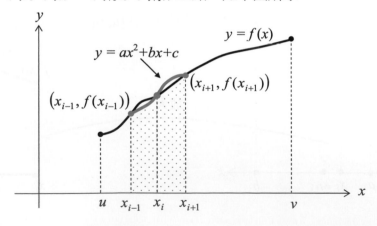

因此有 $ax_{i-1}^2 + bx_{i-1} + c = f(x_{i-1})$ ······ (1)

$ax_i^2 + bx_i + c = f(x_i)$ ······ (2)

$ax_{i+1}^2 + bx_{i+1} + c = f(x_{i+1})$ ······ (3)

則此一區域之面積為

$$\int_{x_{i-1}}^{x_{i+1}} (ax^2 + bx + c)dx = \frac{a}{3}(x_{i+1}^3 - x_{i-1}^3) + \frac{b}{2}(x_{i+1}^2 - x_{i-1}^2) + c(x_{i+1} - x_{i-1})$$

$$= \frac{x_{i+1} - x_{i-1}}{6}\left[2a(x_{i+1}^2 + x_{i+1}x_{i-1} + x_{i-1}^2) + 3b(x_{i+1} + x_{i-1}) + 6c\right]$$

令 $x_{i+1} - x_{i-1} = 2h$，其中 $h = \dfrac{v-u}{n}$ 為等分間距，即 $x_{i+1} = x_i + h$，$x_{i-1} = x_i - h$，將上式全部以 h 與 x_i 取代得

$$\int_{x_{i-1}}^{x_{i+1}} (ax^2 + bx + c)dx = \frac{h}{3}\left[a(6x_i^2 + 2h^2) + 6bx_i + 6c\right]$$ ······ (4)

而 (1) + 4 × (2) + (3) 後，將 $x_{i+1} = x_i + h$，$x_{i-1} = x_i - h$ 代入得

$$f(x_{i-1}) + 4f(x_i) + f(x_{i+1}) = a(6x_i^2 + 2h^2) + 6bx_i + 6c$$ ······ (5)

比較 (4)、(5) 二式則知 $\displaystyle\int_{x_{i-1}}^{x_{i+1}} (ax^2 + bx + c)dx = \frac{h}{3}\left[f(x_{i-1}) + 4f(x_i) + f(x_{i+1})\right]$

令 $u \equiv x_0$，$v \equiv x_n$，則

$$\int_u^v f(x)dx = \frac{h}{3}\{[f(x_0) + 4f(x_1) + f(x_2)] + [f(x_2) + 4f(x_3) + f(x_4)] + \cdots$$

$$+ [f(x_{n-4}) + 4f(x_{n-3}) + f(x_{n-2})] + [f(x_{n-2}) + 4f(x_{n-1}) + f(x_n)]\}$$

$$= \frac{h}{3}[f(x_0) + 4f(x_1) + 2f(x_2) + \cdots + 2f(x_{n-2}) + 4f(x_{n-1}) + f(x_n)]$$

且 n 必須為偶數（因為一次算二個等分區塊的面積）。

▶記法 由上述之推導過程，可推知如下之記法：

$$\frac{h}{3}\left\{\begin{array}{l} f(x_0) + 4f(x_1) + f(x_2) \\ \qquad + f(x_2) + 4f(x_3) + f(x_4) \\ \qquad\qquad \ddots \\ \qquad\qquad\qquad + f(x_{n-4}) + 4f(x_{n-3}) + f(x_{n-2}) \\ \qquad\qquad\qquad\qquad + f(x_{n-2}) + 4f(x_{n-1}) + f(x_n) \end{array}\right\}$$

$$= \frac{h}{3}[f(x_0) + 4f(x_1) + 2f(x_2) + \cdots + 2f(x_{n-2}) + 4f(x_{n-1}) + f(x_n)]$$

觀念說明

1. 梯形法則屬於一次（直線）近似，辛普生法則屬於二次（拋物線）近似，故對一函數而言，取相同的等分，則辛普生法則較梯形法則準確。

2. 無論梯形法則或辛普生法則，都屬於「等間距」積分，即間隔取的愈細所得之面積愈精確！

例題 1　基本題

(1) 以梯形法則，取等分數 $n = 4$、$n = 8$ 時，分別求 $\int_0^1 e^x dx$ 之近似值到小數點以下第四位。

(2) 以辛普生法則取 $n = 4$，求 $\int_0^1 e^x dx$ 之近似值到小數點以下第四位。

解　原式 $= \left[e^x\right]_0^1 = e - 1 \approx 1.718282$，此值可以拿來比較！

(1) 【梯形法則】四等分，則 $x = 0$、$\dfrac{1}{4}$、$\dfrac{2}{4}$、$\dfrac{3}{4}$、1，間距為 $\dfrac{1-0}{4} = \dfrac{1}{4}$

$$原式 \approx \frac{\frac{1}{4}}{2} = \left[1 \cdot e^0 + 2 \cdot e^{1/4} + 2 \cdot e^{2/4} + 2 \cdot e^{3/4} + 1 \cdot e^1\right]$$

$$= 1.72721 \approx 1.7272$$

【梯形法則】八等分，則 $x = 0$、$\dfrac{1}{8}$、$\dfrac{2}{8}$、$\dfrac{3}{8}$、$\dfrac{4}{8}$、$\dfrac{5}{8}$、$\dfrac{6}{8}$、$\dfrac{7}{8}$、1

間距為 $\dfrac{1-0}{8} = \dfrac{1}{8}$

$$原式 \approx \frac{\frac{1}{8}}{2}\left[1 \cdot e^0 + 2 \cdot e^{1/8} + 2 \cdot e^{2/8} + 2 \cdot e^{3/8} + 2 \cdot e^{4/8} + 2 \cdot e^{5/8}\right.$$
$$\left. + 2 \cdot e^{6/8} + 2 \cdot e^{7/8} + 1 \cdot e^1\right] \approx 1.7183$$

(2) 【辛普生法則】四等分，則 $x = 0$、$\dfrac{1}{4}$、$\dfrac{2}{4}$、$\dfrac{3}{4}$、1，間距為 $\dfrac{1-0}{4} = \dfrac{1}{4}$

$$原式 \approx \frac{\frac{1}{4}}{3}\left[1 \cdot e^0 + 4 \cdot e^{1/4} + 2 \cdot e^{2/4} + 4 \cdot e^{3/4} + 1 \cdot e^1\right] \approx 1.7183 \blacksquare$$

類題　利用梯形法則與辛普生法則取等分數 $n=4$，分別求 $\int_0^1 e^{-x^2}dx$ 之近似值到小數以下第四位。

答　【梯形法則】四等分，則 $x=0$、$\frac{1}{4}$、$\frac{2}{4}$、$\frac{3}{4}$、1，間距為 $\frac{1-0}{4}=\frac{1}{4}$

$$\text{原式} \approx \frac{\frac{1}{4}}{2}\left[1\cdot e^{-0^2}+2\cdot e^{-(1/4)^2}+2\cdot e^{-(2/4)^2}+2\cdot e^{-(3/4)^2}+1\cdot e^{-1}\right]$$

$$\approx 0.7430$$

【辛普生法則】四等分，則 $x=0$、$\frac{1}{4}$、$\frac{2}{4}$、$\frac{3}{4}$、1，間距為 $\frac{1-0}{4}=\frac{1}{4}$

$$\text{原式} \approx \frac{\frac{1}{4}}{3}\left[1\cdot e^{-0^2}+4\cdot e^{-(1/4)^2}+2\cdot e^{-(2/4)^2}+4\cdot e^{-(3/4)^2}+1\cdot e^{-1}\right]$$

$$\approx 0.7468 ■$$

習題 5-4

1. 利用梯形法則取四等分，求 $\int_0^{\frac{\pi}{2}}\sqrt{\sin x}\,dx$ 之近似值到小數以下第四位。

2. 將 $[2,6]$ 四等分，以梯形法則求 $\int_2^6 \frac{1}{\sqrt{3+x^2}}\,dx$ 之近似值到小數以下第四位。

3. 利用辛普生法則取四等分，求 $\int_0^1 \sqrt{1+x^2}\,dx$ 之近似值到小數以下第四位。

4. 以辛普生法則求下圖之水池面積是多少？間距為 2 米。

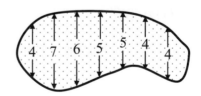

5-5 瑕積分

什麼是瑕積分（improper integral）呢？若只看「improper integral」之英文字義，其實很容易誤解瑕積分之含義，以為是不正確的積分，其實所謂「improper」

之意義為「不滿足黎曼和積分定義步驟（即分割、取樣、求和、取極限）的積分也」，可以分為如下之二種類型：

▌第一型 積分區間之上下限為無限大，如：

1. $\int_a^\infty f(x)dx \equiv \lim_{t\to\infty}\int_a^t f(x)dx \xrightarrow{\text{若存在}}$ 稱 $\int_a^\infty f(x)dx$ 收斂。

2. $\int_{-\infty}^b f(x)dx \equiv \lim_{s\to-\infty}\int_s^b f(x)dx \xrightarrow{\text{若存在}}$ 稱 $\int_{-\infty}^b f(x)dx$ 收斂。

3. $\int_{-\infty}^\infty f(x)dx \equiv \lim_{s\to-\infty}\int_s^a f(x)dx + \lim_{t\to\infty}\int_a^t f(x)dx$，其中 a 為常數，若此二極限式「分別」存在，則稱 $\int_{-\infty}^\infty f(x)dx$ 收斂。

▌第二型 積分函數本身在某些點不連續或無定義，如：

1. $f(x)$ 在 $x = a$（起點）不連續（或無定義），

   $\int_a^b f(x)dx \equiv \lim_{\varepsilon\to 0}\int_{a+\varepsilon}^b f(x)dx \xrightarrow{\text{若存在}}$ 稱 $\int_a^b f(x)dx$ 收斂。

2. $f(x)$ 在 $x = b$（終點）不連續（或無定義），

   $\int_a^b f(x)dx \equiv \lim_{\varepsilon\to 0}\int_a^{b-\varepsilon} f(x)dx \xrightarrow{\text{若存在}}$ 稱 $\int_a^b f(x)dx$ 收斂。

3. $f(x)$ 在 $x = c$（$a < c < b$，即 c 為區間 $[a, b]$ 內之一點）不連續（或無定義），

   $\int_a^b f(x)dx \equiv \lim_{\varepsilon_1\to 0}\int_a^{c-\varepsilon_1} f(x)dx + \lim_{\varepsilon_2\to 0}\int_{c+\varepsilon_2}^b f(x)dx$，若以上二極限式「分別」存在，則稱 $\int_a^b f(x)dx$ 收斂。

   由以上說明知，將瑕積分利用極限來處理，即利用極限來判斷瑕積分是否存在。

例題 1　說明題

判定下列各式之瑕積分存在與否？

(1) $\int_0^\infty e^{-x}dx$　　　　(2) $\int_0^\infty x\,dx$　　　　(3) $\int_{-\infty}^\infty e^{-x}dx$

(4) $\int_{-\infty}^\infty x\,dx$　　　　(5) $\int_0^\infty \dfrac{1}{x^2+1}dx$　　　　(6) $\int_0^\infty \dfrac{1}{x+1}dx$

解　(1) $\int_0^\infty e^{-x}dx = [-e^{-x}]_0^\infty = 1$，存在（如下圖 a）

(2) $\int_0^\infty x\,dx = \left[\dfrac{x^2}{2}\right]_0^\infty = $ 不存在（如下圖 b）

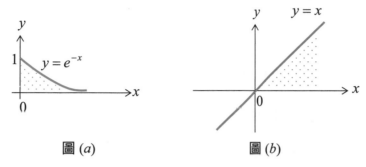

圖 (a)　　　　　　　　　圖 (b)

(3) $\int_{-\infty}^\infty e^{-x}dx = \int_{-\infty}^0 e^{-x}dx + \int_0^\infty e^{-x}dx = $ 不存在（如下圖 c）

(4) $\int_{-\infty}^\infty x\,dx = \int_{-\infty}^0 x\,dx + \int_0^\infty x\,dx = $ 不存在（如下圖 d）

（注意：不要將積分正負抵消！）

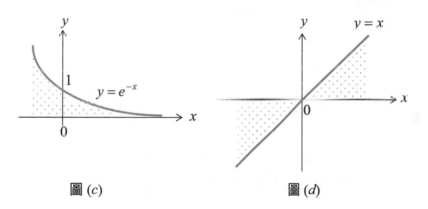

圖 (c)　　　　　　　　　圖 (d)

(5) $\int_0^\infty \dfrac{1}{x^2+1}dx = \left[\tan^{-1}x\right]_0^\infty = \dfrac{\pi}{2}$，存在（如下圖 e）

(6) $\int_0^\infty \dfrac{1}{x+1}dx = \left[\ln|x+1|\right]_0^\infty = $ 不存在（如下圖 f）

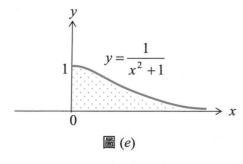
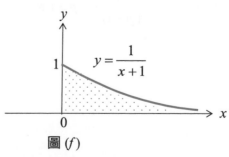

圖 (e)　　　　　　　　　圖 (f)

例題 2　經典題

試證 $\int_1^\infty \dfrac{1}{x^p}\,dx = \begin{cases} 發散, & p \leq 1 \\ \dfrac{1}{p-1}, & p > 1 \end{cases}$。

證　當 $p \neq 1$ 時，$\displaystyle\int_1^\infty \frac{1}{x^p}\,dx = \left.\frac{x^{-p+1}}{-p+1}\right|_1^\infty = \begin{cases} 發散, & p < 1 \\ \dfrac{1}{p-1}, & p > 1 \end{cases}$

當 $p = 1$ 時，$\displaystyle\int_1^\infty \frac{1}{x}\,dx = \left.(\ln x)\right|_1^\infty = 發散$

$\therefore \displaystyle\int_1^\infty \frac{1}{x^p}\,dx = \begin{cases} 發散, & p \leq 1 \\ \dfrac{1}{p-1}, & p > 1 \end{cases}$ ∎

例題 3　經典題

試證 $\int_1^\infty \dfrac{\ln x}{x^p}\,dx = \begin{cases} 發散, & p \leq 1 \\ \dfrac{1}{(p-1)^2}, & p > 1 \end{cases}$。

證　當 $p \neq 1$ 時，$\displaystyle\int_1^\infty \frac{\ln x}{x^p}\,dx$　（令 $u = \ln x,\ dv = x^{-p}dx$）利用分部積分法

$$= \left[\frac{1}{-p+1}\frac{\ln x}{x^{p-1}} - \frac{1}{(-p+1)^2}\frac{1}{x^{p-1}}\right]_1^\infty = \begin{cases} 發散, & p < 1 \\ \dfrac{1}{(p-1)^2}, & p > 1 \end{cases}$$

當 $p = 1$ 時，$\displaystyle\int_1^\infty \frac{\ln x}{x}\,dx = \left.\frac{1}{2}(\ln x)^2\right|_1^\infty = 發散$

故 $\displaystyle\int_1^\infty \frac{\ln x}{x^p}\,dx = \begin{cases} 發散, & p \leq 1 \\ \dfrac{1}{(p-1)^2}, & p > 1 \end{cases}$ ∎

例題 4　經典題

試證 $\displaystyle\int_e^\infty \dfrac{1}{x(\ln x)^p}\,dx = \begin{cases} 發散, & p \le 1 \\ \dfrac{1}{p-1}, & p > 1 \end{cases}$。

證　當 $p \ne 1$ 時，$\displaystyle\int_e^\infty \dfrac{1}{x(\ln x)^p}\,dx = \dfrac{1}{-p+1}(\ln x)^{-p+1}\Big|_e^\infty = \begin{cases} 發散, & p < 1 \\ \dfrac{1}{p-1}, & p > 1 \end{cases}$

　　當 $p = 1$ 時，$\displaystyle\int_e^\infty \dfrac{1}{x(\ln x)}\,dx = \ln(\ln x)\Big|_e^\infty = 發散$

　　$\therefore \displaystyle\int_e^\infty \dfrac{1}{x(\ln x)^p}\,dx = \begin{cases} 發散, & p \le 1 \\ \dfrac{1}{p-1}, & p > 1 \end{cases}$ ∎

✪ 注意　以上三個例題都是常考的經典題！

例題 5　基本題

求 $\displaystyle\int_0^\infty \dfrac{1}{1+x^2}\,dx = ?$

解　原式 $= (\tan^{-1} x)\Big|_0^\infty = \dfrac{\pi}{2}$ ∎

類題　求 $\displaystyle\int_0^\infty x e^{-x^2}\,dx = ?$

　答　原式 $= -\dfrac{1}{2} e^{-x^2}\Big|_0^\infty = 0 - (-\dfrac{1}{2}) = \dfrac{1}{2}$ ∎

例題 6　基本題

求 $\displaystyle\int_{0^+}^1 \ln x\,dx = ?$（左端點不存在）

解　原式 $= \left[x\ln x - x\right]_{0^+}^1 = -1 - \lim_{x\to 0^+} x\ln x$

　　$= -1$。 ∎

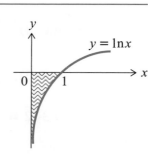

類題 求 $\int_{0^+}^{1} x \ln x \, dx = ?$

答 本題也是瑕積分！（如右圖）

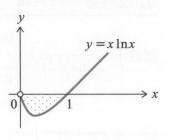

$$原式 = \left[\frac{x^2}{2} \ln x - \frac{x^2}{4} \right]_{0^+}^{1} = -\frac{1}{4} - \lim_{x \to 0^+} \frac{x^2}{2} \ln x$$

$$= -\frac{1}{4} \blacksquare$$

例題 7   基本題

求 $\int_{0}^{1} \frac{1}{x-1} \, dx = ?$ （右端點不存在）

解 原式 $= \left[\ln |x-1| \right]_{0}^{1} = 不存在。$ ∎

類題 求 $\int_{0}^{1} \frac{1}{\sqrt{1-x}} \, dx = ?$

答 原式 $= \left[-2\sqrt{1-x} \right]_{0}^{1} = 0 - (-2) = 2。$ ∎

例題 8   基本題

求 $\int_{0}^{3} \frac{1}{(x-1)^{2/3}} \, dx = ?$ （中間點不存在）

解 由 $y = \dfrac{1}{(x-1)^{2/3}}$ 知 $x = 1$ 為分段點！

如右圖所示：

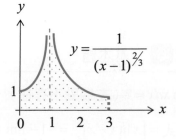

$$原式 = \int_{0}^{1^-} \frac{1}{(x-1)^{2/3}} \, dx + \int_{1^+}^{3} \frac{1}{(x-1)^{2/3}} \, dx$$

$$= \left[3(x-1)^{1/3} \right]_{0}^{1^-} + \left[3(x-1)^{1/3} \right]_{1^+}^{3}$$

$$= [0 - (-3)] + \left[3\sqrt[3]{2} - 0 \right]$$

$$= 3 + 3\sqrt[3]{2} \blacksquare$$

類題　求 $\int_1^3 \dfrac{1}{(x-2)^{1/3}} dx = ?$

答　由 $y = \dfrac{1}{(x-2)^{1/3}}$ 知 $x=2$ 為分段點！

$$原式 = \int_1^{2^-} \dfrac{1}{(x-2)^{1/3}} dx + \int_{2^+}^3 \dfrac{1}{(x-2)^{1/3}} dx$$

$$= \left[\dfrac{3}{2}(x-2)^{2/3}\right]_1^{2^-} + \left[\dfrac{3}{2}(x-2)^{2/3}\right]_{2^+}^3$$

$$= 0 - \dfrac{3}{2} + \dfrac{3}{2} - 0 = 0 \blacksquare$$

習題 5-5

求下列 1～6 題之積分：

1. $\int_0^\infty e^{-3x} dx$

2. $\int_0^\infty \dfrac{1}{x+2} dx$

3. $\int_0^1 \dfrac{1}{\sqrt{1-x^2}} dx$

4. $\int_0^2 \dfrac{1}{(x-1)^2} dx$

5. $\int_0^\infty x e^{-x^2} dx$

6. $\int_{-\infty}^\infty e^{-|x|} dx$

本章習題

基本題

1. 求 $\displaystyle\int_{-1}^{1}(x^2-x+1)dx=?$

2. 求 $\displaystyle\int_{-1}^{1}|x|dx=?$

3. 求 $\displaystyle\int_{0}^{1}\frac{1}{x^2+2x+1}dx=?$

4. 求 $\displaystyle\frac{d}{dx}\int_{1}^{x^3}(2t-1)dt=?$

5. 求 $\displaystyle\int_{0}^{3}|x^2-4|dx=?$

6. 求 $\displaystyle\int_{0}^{4}\frac{x}{\sqrt{x^2+1}}dx=?$

7. 求 $\displaystyle\int_{1}^{2}\frac{3x-1}{3x}dx=?$

8. 求 $\displaystyle\int_{0}^{1}(x+2)^5dx=?$

9. 求 $\displaystyle\lim_{x\to 3}\frac{x\int_{3}^{x}\frac{\sin t}{t}dt}{x-3}=?$

10. 求 $\displaystyle\int_{0}^{2}\frac{1}{\sqrt[3]{x-1}}dx=?$

加分題

11. 求 $\displaystyle\lim_{x\to 0}\frac{1}{x}\int_{\frac{\pi}{4}}^{\frac{\pi}{4}+x}\frac{\sin t}{t}dt=?$

12. 求 $\displaystyle\int_{-1}^{1}\frac{1}{x^2-4}dx=?$

13. 設 $\displaystyle h(x)=\int_{x}^{2x}\frac{t^2-2}{(t^2+1)^2}dt$，則 $h'(1)=?$

14. 求 $\displaystyle\int_{0}^{1}\frac{1}{\sqrt{1+\sqrt{x}}}dx=?$

15. 求 $\displaystyle\int_{\frac{\pi}{3}}^{\frac{\pi}{2}}\tan\frac{\theta}{2}\sec^2\frac{\theta}{2}d\theta=?$

16. 若 $f(x)=x^n$ 與 $g(x)=\sqrt[n]{x}$ 所圍成區域的面積為 $\dfrac{1}{2}$ 平方單位，則 $n=?$

6 CHAPTER

積分之幾何應用

1. 瞭解直角坐標下如何求區域之面積
2. 瞭解極坐標下如何求區域之面積
3. 熟悉圓盤法求旋轉體之體積
4. 熟悉墊圈法求中空旋轉體之體積
5. 瞭解圓殼法求旋轉體之體積
6. 瞭解弧長的計算

　　積分的幾何應用有求區域面積、旋轉體之體積、弧長 … 等三部份，有些在極坐標或參數式下運算，因此公式較多，學習時只要把握其幾何意義，公式即能自然寫出。

6-1 直角坐標下之面積

1. $y = f(x)$ 與 x 軸圍成之面積：

   如右圖所示之區域面積為

   $$A = \int_a^b y\,dx = \int_a^b f(x)\,dx$$

   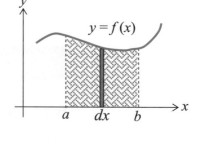

   若 $y = f(x)$ 以參數式表示為 $\begin{cases} x = g(t) \\ y = h(t) \end{cases}$，則仍

   如右圖所示之區域面積為

   $$A = \int_a^b y\,dx = \int_{t_1}^{t_2} h(t)\frac{dg}{dt}\,dt$$

   即換成參數 t 積分，其中 $a = g(t_1)$，$b = g(t_2)$。

2. $y = f(x)$ 與 $y = g(x)$ 圍成之面積：

   如右圖所示之區域，面積為

   $$A = \int_a^b [f(x) - g(x)]\,dx$$

   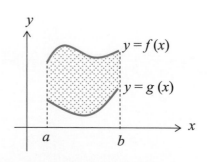

3. 若 $y = f(x)$ 與 $y = g(x)$ 有交點，其二者圍成之面積：
如右圖所示，圖形若有交點，則需「分段積分」，即區域面積為

$$A = \int_a^b [f(x) - g(x)]dx + \int_b^c [g(x) - f(x)]dx$$

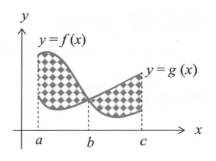

4. 若圖形有對稱 x 軸或 y 軸，宜善加利用使計算較為簡便。

5. $x = f(y)$ 與 y 軸所圍成之區域：
如右圖所示之區域面積為

$$A = \int_c^d f(y)dy$$

（對 y 軸分割）。

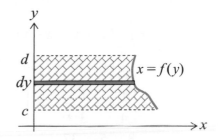

例題 1　基本題

求 $y = x^2 - 1$ 與 x 軸在區間 $[1, 2]$ 所圍區域之面積。

解　面積 $A = \int_1^? (x^2 - 1)dx = \left[\dfrac{x^3}{3} - x \right]_1^2$

$\qquad = \left(\dfrac{8}{3} - 2 \right) - \left(\dfrac{1}{3} - 1 \right)$

$\qquad = \dfrac{4}{3}$ ∎

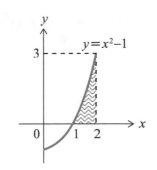

類題　求 $y = x^2 - 2x$ 與 x 軸在區間 $[0, 3]$ 所夾之區域面積為何？

答　$y = x^2 - 2x$ 之圖形如右所示：

$A_1 = \left| \int_0^2 (x^2 - 2x)dx \right| = \left| \left[\dfrac{1}{3}x^3 - x^2 \right]_0^2 \right| = \left| -\dfrac{4}{3} \right| = \dfrac{4}{3}$

$A_2 = \int_2^3 (x^2 - 2x)dx = \left[\dfrac{1}{3}x^3 - x^2 \right]_2^3 = 0 - \left(-\dfrac{4}{3} \right) = \dfrac{4}{3}$

故面積 $A = A_1 + A_2 = \dfrac{4}{3} + \dfrac{4}{3} = \dfrac{8}{3}$。 ∎

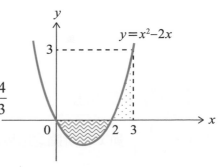

例題 2　基本題

求由曲線 $y = x^3 + x^2 - x$ 和直線 $y = x$ 所圍成的區域面積。

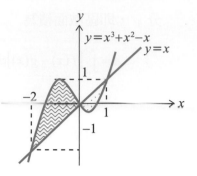

解　先求出 $\begin{cases} y = x^3 + x^2 - x \\ y = x \end{cases}$ 之交點

由 $x^3 + x^2 - x = x$

$\Rightarrow x^3 + x^2 - 2x = 0$

$\Rightarrow x(x + 2)(x - 1) = 0$

得交點為 $(-2, -2)$、$(0, 0)$、$(1, 1)$，圖形如右：

$\therefore A = \int_{-2}^{0} (x^3 + x^2 - x - x)dx + \int_{0}^{1} \left[x - (x^3 + x^2 - x) \right] dx$

$\quad = \int_{-2}^{0} (x^3 + x^2 - 2x)dx + \int_{0}^{1} (-x^3 - x^2 + 2x)dx$

$\quad = \left[\frac{1}{4}x^4 + \frac{1}{3}x^3 - x^2 \right]_{-2}^{0} + \left[-\frac{1}{4}x^4 - \frac{1}{3}x^3 + x^2 \right]_{0}^{1}$

$\quad = \frac{8}{3} + \frac{5}{12} = \frac{37}{12}$。∎

類題　求 $f(x) = 1 - x^2$ 及 $g(x) = x^2$ 所圍區域之面積。

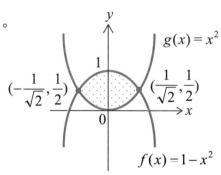

答　先求得 $f(x)$ 與 $g(x)$ 之交點為

$(\frac{1}{\sqrt{2}}, \frac{1}{2})$、$(-\frac{1}{\sqrt{2}}, \frac{1}{2})$

如右圖所示：

則 $A = \int_{-\frac{1}{\sqrt{2}}}^{\frac{1}{\sqrt{2}}} \left[1 - x^2 - x^2 \right] dx$

$\quad = \left[x - \frac{2}{3}x^3 \right]_{\frac{1}{\sqrt{2}}}^{\frac{1}{\sqrt{2}}}$

$\quad = \frac{2\sqrt{2}}{3}$ ∎

例題 3　基本題

求 $y = \frac{1}{x^2 + 1}$ 與 x 軸所圍之區域面積為何？

解 本題之圖形如右：

考慮圖形的對稱性！

故 $A = 2\int_0^\infty \dfrac{1}{x^2+1}dx$

$= 2\tan^{-1}x\Big|_0^\infty$

$= \pi$ ∎

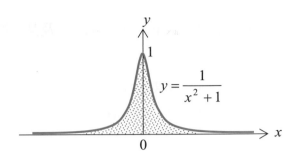

$y = \dfrac{1}{x^2+1}$

類題 求 $y = \cot x$、$x = \dfrac{\pi}{4}$、x 軸在第一象限所圍區域之面積。

答 本題之圖形如右：

$A = \int_{\frac{\pi}{4}}^{\frac{\pi}{2}} \cot x\,dx = \Big[\ln|\sin x|\Big]_{\frac{\pi}{4}}^{\frac{\pi}{2}}$

$= 0 - \ln\dfrac{1}{\sqrt{2}} = \dfrac{1}{2}\ln 2$ ∎

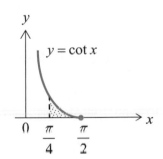

$y = \cot x$

例題 4 基本題

求橢圓 $\dfrac{x^2}{a^2} + \dfrac{y^2}{b^2} = 1$ 所圍區域之面積。

解 本題之圖形如右：

依對稱性得

$A = 4\int_0^a b\sqrt{1 - \dfrac{x^2}{a^2}}\,dx$

$= \dfrac{4b}{a}\int_0^a \sqrt{a^2 - x^2}\,dx$

$= \dfrac{4b}{a} \cdot \dfrac{\pi a^2}{4} = \pi ab$ （本題之結果需記住）∎

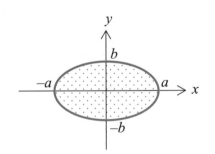

註：不要忘了 $\int_0^a \sqrt{a^2 - x^2}\,dx = \dfrac{\pi a^2}{4}$ 哦！

類題 求拋物線 $y = -x^2 + 4x - 3$ 及其在點 $(0, -3)$、$(4, -3)$ 之二切線所圍成區域之面積。

答 分別計算其切線得

$y = 4x - 3$、$y = -4x + 13$

則

$A = \int_0^2 \left[(4x - 3) - (-x^2 + 4x - 3) \right] dx$

$\quad + \int_2^4 \left[(-4x + 13) - (-x^2 + 4x - 3) \right] dx$

$\quad = \dfrac{8}{3} + \dfrac{8}{3} = \dfrac{16}{3}$。∎

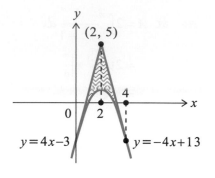

例題 5 基本題

設 K 為拋物線 $y = x^2$ 與直線 $y = 2$ 所圍成之區域。若直線 $y = c$ 將此區域分割成面積相等的二部分,則 $c = ?$

解 先畫圖如右:

此區域左右對稱!

$A = 2 \int_0^{\sqrt{2}} (2 - x^2) dx = \dfrac{8}{3} \sqrt{2}$

依題意知

$\dfrac{1}{2} \times \dfrac{8}{3} \sqrt{2} = 2 \int_0^{\sqrt{c}} (c - x^2) dx$

$\Rightarrow \dfrac{4}{3} \sqrt{2} = \dfrac{4}{3} c \sqrt{c}$

得 $c = \sqrt[3]{2}$ ∎

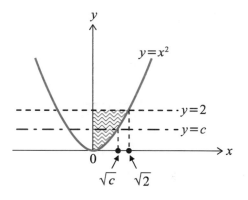

類題 設 K 為拋物線 $y = x^2$ 與直線 $y = 4$ 所圍成之區域。若直線 $y = b$ 將此區域分割成面積相等的二部分,則 $b = ?$

答 先畫圖。

由題意知

$\int_0^2 (4 - x^2) dx = 2 \int_0^{\sqrt{b}} (b - x^2) dx$

$\Rightarrow \dfrac{16}{3} = \dfrac{4}{3} b^{3/2}$

解得 $b = 2^{4/3}$。∎

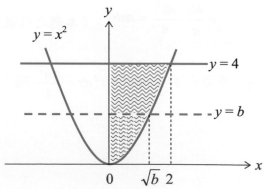

例題 6 基本題

求曲線 $x = 2y - y^2$ 與 $y = x + 2$ 所圍成之區域面積。

解 此題需以 y 為自變數做積分！

先求出 $\begin{cases} y = x + 2 \\ x = 2y - y^2 \end{cases}$ 之交點為

$(-3, -1)$、$(0, 2)$

圖形如右：

$\therefore A = \int_{-1}^{2} \left[(2y - y^2) - (y - 2) \right] dy$

$\quad = \int_{-1}^{2} (-y^2 + y + 2) dy$

$\quad = \dfrac{9}{2}$ ■

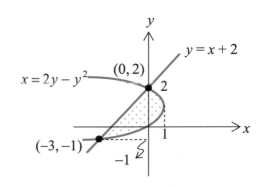

類題 求二曲線 $\begin{cases} x + y = 0 \\ y^2 + 3y = x \end{cases}$ 所包圍區域的面積。

答 求出 $\begin{cases} x + y = 0 \\ y^2 + 3y = x \end{cases}$ 之交點為 $(4, -4)$、$(0, 0)$

圖形如右：

$A = \int_{-4}^{0} \left[-y - (y^2 + 3y) \right] dy$

$\quad = \dfrac{32}{3}$ ■

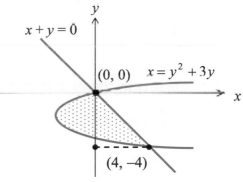

習題 6-1

1. 求由二曲線 $y = \sqrt{x + 2}$、$y = \sqrt{2 - x}$ 及 x 軸所圍成之區域面積。

2. 求拋物線 $y = x^2$ 與直線 $y = x + 6$ 所圍成之區域面積。

3. 求由 $y = \cos x$、$y = \sin x$、$x = -\dfrac{\pi}{6}$ 與 $x = \dfrac{\pi}{6}$ 所圍成之區域面積。

4. 求由 $y = -x^2 + 4x + 3$、$y = 7 - x$ 所圍成之區域面積。

5. 求兩曲線 $y^2 = 4ax$ 與 $x^2 = \dfrac{1}{2}ay$ （$a > 0$）所圍面積。

6. 求曲線 $x = y^2$ 與 $x + y = 2$ 所圍成之區域面積。

7. 求兩曲線 $y = 2x$ 與 $y = x^2$ 所圍成之區域面積。

8. 求兩曲線 $y = f(x) = x^3$、$y = g(x) = x$ 所圍成的區域之面積。

6-2 極坐標下之面積

直角坐標 (x, y) 與極坐標 (r, θ) 之關係如右圖所示，
數學式如下：

$$\begin{cases} x = r\cos\theta \\ y = r\sin\theta \end{cases} \Leftrightarrow \begin{cases} r^2 = x^2 + y^2 \\ \theta = \tan^{-1}\dfrac{y}{x} \end{cases}$$

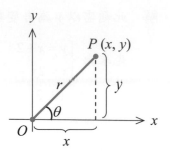

要計算 $r = r(\theta)$ 在極坐標下之面積，其形狀與「扇形」類似，如下圖所示：

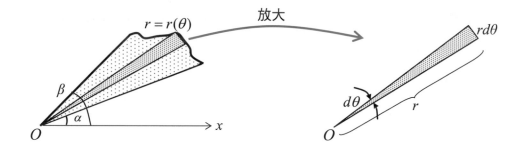

此處依黎曼和之觀念求其面積，即如下之四個步驟：

1. **分割**：在角度區間 $[\alpha, \beta]$ 取 n 等分（輻射狀分割，如切披薩），因此每個小扇形

   （即小三角形）之張角為 $\Delta\theta$，即 $\Delta\theta = \dfrac{\beta - \alpha}{n}$。

2. **取樣**：在每個小扇形上取一個 r 的代表值 r_i，則每個小扇形之面積如同「三角

   形」面積，為 $\dfrac{1}{2}r_i \cdot r_i\Delta\theta = \dfrac{1}{2}r_i^2\Delta\theta, \ i = 1, 2, \cdots, n$。

3. **求和**：將每個小扇形之面積疊加即得總面積 S_n，即

$$S_n = \frac{1}{2}r_1^2\Delta\theta + \frac{1}{2}r_2^2\Delta\theta + \cdots + \frac{1}{2}r_n^2\Delta\theta = \sum_{i=1}^{n}\frac{1}{2}r_i^2\Delta\theta \ 。$$

4. **取極限**：令 $n \to \infty$，得面積 $A = \lim\limits_{n\to\infty} S_n = \lim\limits_{n\to\infty}\sum_{i=1}^{n}\frac{1}{2}r_i^2\Delta\theta = \frac{1}{2}\int_{\alpha}^{\beta}r^2(\theta)d\theta$，即

$$A = \frac{1}{2}\int_{\alpha}^{\beta} r^2 d\theta$$

觀念說明

1. 極坐標 (r, θ) 與直角坐標 (x, y) 最大的差異：極坐標 (r, θ) 不具唯一性！例如 $(1, \frac{2}{3}\pi)$、$(-1, -\frac{1}{3}\pi)$ 表示相同的一點，位置在直角坐標下都是 $(-\frac{1}{2}, \frac{\sqrt{3}}{2})$！因為 r 可正、可負，θ 則是逆時針為正、順時針為負，因此 $(r, \theta) = (-r, \theta + \pi) = (r, \theta + 2\pi)$ 都是同一點。

2. 如右圖所示，在極坐標上的環狀藍色區域面積利用「大面積－小面積」可得

$$A = \frac{1}{2}\int_{\alpha}^{\beta}\left[f^2(\theta) - g^2(\theta)\right]d\theta$$

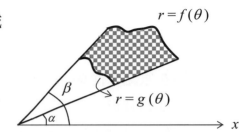

此處將常出現之極坐標方程式圖形，分類說明如下：（繪圖原則為先給 θ，再算出 r）

1. 心臟線（cardioid）：$r = a(1 \pm \cos\theta)$ 或 $r = a(1 \pm \sin\theta)$

   (1) 心臟線：$r = a(1 + \cos\theta)$

θ	0	$\frac{\pi}{4}$	$\frac{\pi}{2}$	$\frac{3}{4}\pi$	π	$\frac{5}{4}\pi$	$\frac{3}{2}\pi$	$\frac{7}{4}\pi$	2π
r	$2a$	$\left(1 + \frac{1}{\sqrt{2}}\right)a$	a	$\left(1 - \frac{1}{\sqrt{2}}\right)a$	0	$\left(1 - \frac{1}{\sqrt{2}}\right)a$	a	$\left(1 + \frac{1}{\sqrt{2}}\right)a$	$2a$

上半部   下半部

圖形如右所示：

尖點（cusp）在原點！從 $\theta = 0$ 到 $\theta = 2\pi$ 就可畫完全部的圖形。若要計算包圍面積，只要從 $\theta = 0$ 算到 $\theta = \pi$，再乘上 2 即可！

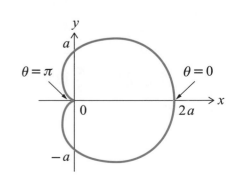

(2) 心臟線：$r = a(1 - \cos\theta)$

θ	0	$\dfrac{\pi}{4}$	$\dfrac{\pi}{2}$	$\dfrac{3}{4}\pi$	π	$\dfrac{5}{4}\pi$	$\dfrac{3}{2}\pi$	$\dfrac{7}{4}\pi$	2π
r	0	$\left(1 - \dfrac{1}{\sqrt{2}}\right)a$	a	$\left(1 + \dfrac{1}{\sqrt{2}}\right)a$	$2a$	$\left(1 + \dfrac{1}{\sqrt{2}}\right)a$	a	$\left(1 - \dfrac{1}{\sqrt{2}}\right)a$	0

$\underbrace{\qquad\qquad\qquad}_{\text{上半部}}$ $\underbrace{\qquad\qquad\qquad}_{\text{下半部}}$

圖形如右所示：

尖點在原點！從 $\theta = 0 \to \theta = 2\pi$ 就可畫完全部的圖形。若要計算包圍面積，只要從 $\theta = 0$ 算到 $\theta = \pi$，再乘上 2 即可！

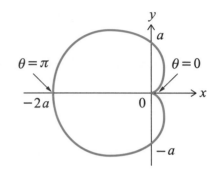

(3) 心臟線：$r = a(1 + \sin\theta)$

θ	0	$\dfrac{\pi}{4}$	$\dfrac{\pi}{2}$	$\dfrac{3}{4}\pi$	π	$\dfrac{5}{4}\pi$	$\dfrac{3}{2}\pi$	$\dfrac{7}{4}\pi$	2π
r	a	$\left(1 + \dfrac{1}{\sqrt{2}}\right)a$	$2a$	$\left(1 + \dfrac{1}{\sqrt{2}}\right)a$	a	$\left(1 - \dfrac{1}{\sqrt{2}}\right)a$	0	$\left(1 - \dfrac{1}{\sqrt{2}}\right)a$	a

$\underbrace{\qquad\qquad\qquad}_{\text{上部}}$ $\underbrace{\qquad\qquad\qquad}_{\text{下部}}$

圖形如右所示：（像「烏魚子」！）

觀察可知：若要計算包圍面積，需從

$\theta = \dfrac{\pi}{2}$ 算到 $\theta = \dfrac{3}{2}\pi$，再乘上 2 即可！

或是從 $\theta = -\dfrac{\pi}{2}$ 算到 $\theta = \dfrac{\pi}{2}$，再乘上 2 亦可！

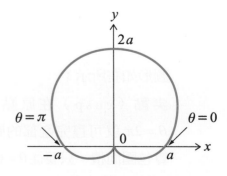

(4) 心臟線：$r = a(1 - \sin\theta)$

θ	0	$\dfrac{\pi}{4}$	$\dfrac{\pi}{2}$	$\dfrac{3}{4}\pi$	π	$\dfrac{5}{4}\pi$	$\dfrac{3}{2}\pi$	$\dfrac{7}{4}\pi$	2π
r	a	$\left(1 - \dfrac{1}{\sqrt{2}}\right)a$	0	$\left(1 - \dfrac{1}{\sqrt{2}}\right)a$	a	$\left(1 + \dfrac{1}{\sqrt{2}}\right)a$	$2a$	$\left(1 + \dfrac{1}{\sqrt{2}}\right)a$	a

$\underbrace{\qquad\qquad\qquad}_{\text{上部}}$ $\underbrace{\qquad\qquad\qquad}_{\text{下部}}$

圖形如右所示：

觀察可知：若要計算包圍面積，需從

$\theta = \dfrac{\pi}{2}$ 算到 $\theta = \dfrac{3}{2}\pi$，再乘上 2 即可！

或是從 $\theta = -\dfrac{\pi}{2}$ 算到 $\theta = \dfrac{\pi}{2}$，再乘上 2

亦可！

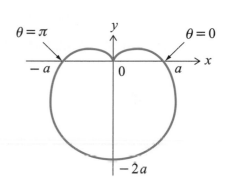

2. 蚶線（limacon）：$r = a \pm b\cos\theta$ 或 $r = a \pm b\sin\theta$

(1) 蚶線：$r = a + b\cos\theta$ 或 $r = a - b\cos\theta$，$0 < b < a$

θ	0	$\dfrac{\pi}{4}$	$\dfrac{\pi}{2}$	$\dfrac{3}{4}\pi$	π	$\dfrac{5}{4}\pi$	$\dfrac{3}{2}\pi$	$\dfrac{7}{4}\pi$	2π
r	$a + b$	$a + \dfrac{b}{\sqrt{2}}$	a	$a - \dfrac{b}{\sqrt{2}}$	$a - b$	$a - \dfrac{b}{\sqrt{2}}$	a	$a + \dfrac{b}{\sqrt{2}}$	$a + b$

$\underbrace{\qquad\qquad\qquad}_{\text{上半部}}$ $\underbrace{\qquad\qquad\qquad}_{\text{下半部}}$

$r = a + b\cos\theta$ 之圖形如右所示：

尖點已經不在原點！觀察可知，若要計

算包圍面積，只要從 $\theta = 0$ 算到 $\theta = \pi$，

再乘上 2 即可！

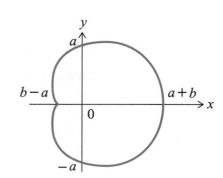

(2) 蚶線：$r = a + b\sin\theta$ 或 $r = a - b\sin\theta$，$0 < b < a$

θ	0	$\dfrac{\pi}{4}$	$\dfrac{\pi}{2}$	$\dfrac{3}{4}\pi$	π	$\dfrac{5}{4}\pi$	$\dfrac{3}{2}\pi$	$\dfrac{7}{4}\pi$	2π
r	a	$a+\dfrac{b}{\sqrt{2}}$	$a+b$	$a+\dfrac{b}{\sqrt{2}}$	a	$a-\dfrac{b}{\sqrt{2}}$	$a-b$	$a-\dfrac{b}{\sqrt{2}}$	a

$\underbrace{\qquad\qquad\qquad}_{\text{上部}}$ $\underbrace{\qquad\qquad\qquad}_{\text{下部}}$

$r = a + b\sin\theta$ 之圖形如右所示：

觀察可知，若要計算包圍面積，只要從

$\theta = -\dfrac{\pi}{2}$ 算到 $\theta = \dfrac{\pi}{2}$，再乘上 2 即可！

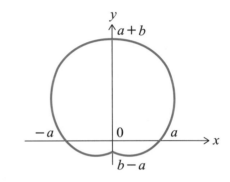

(3) 蚶線：$r = a + b\cos\theta$ 或 $r = a - b\cos\theta$，$0 < a < b$

θ	0	$\dfrac{\pi}{4}$	$\dfrac{\pi}{2}$	$\dfrac{3}{4}\pi$	π	$\dfrac{5}{4}\pi$	$\dfrac{3}{2}\pi$	$\dfrac{7}{4}\pi$	2π
r	$a+b$	$a+\dfrac{b}{\sqrt{2}}$	a	$a-\dfrac{b}{\sqrt{2}}$	$a-b$	$a-\dfrac{b}{\sqrt{2}}$	a	$a+\dfrac{b}{\sqrt{2}}$	$a+b$

$\underbrace{\qquad\qquad\qquad}_{\text{上半部}}$ $\underbrace{\qquad\qquad\qquad}_{\text{下半部}}$

$r = a + b\cos\theta$ 之圖形如右所示：

會產生內迴圈（inner loop），若要

計算此內迴圈之面積，需先算出會使

$a + b\cos\theta = 0$ 之 θ 值，然後由此 θ 值算

到 $\theta = \pi$，再乘上 2 即可！

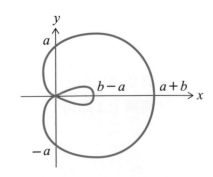

(4) 蚶線：$r = a + b\sin\theta$ 或 $r = a - b\sin\theta$，$0 < a < b$

θ	0	$\dfrac{\pi}{4}$	$\dfrac{\pi}{2}$	$\dfrac{3}{4}\pi$	π	$\dfrac{5}{4}\pi$	$\dfrac{3}{2}\pi$	$\dfrac{7}{4}\pi$	2π
r	a	$a+\dfrac{b}{\sqrt{2}}$	$a+b$	$a+\dfrac{b}{\sqrt{2}}$	a	$a-\dfrac{b}{\sqrt{2}}$	$a-b$	$a-\dfrac{b}{\sqrt{2}}$	a

上部（涵蓋 0 到 π 段）　下部（涵蓋 π 到 2π 段）

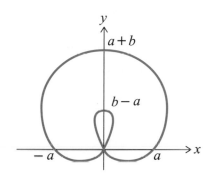

$r = a + b\sin\theta$ 之圖形如右所示：

觀察可知：若要計算內迴圈之面積，需先算出會使 $a + b\sin\theta = 0$ 之 θ 值，然後由此 θ 值算到 $\theta = \dfrac{3}{2}\pi$，再乘上 2 即可！

3. 玫瑰線（rose）：$\boxed{r = a\cos n\theta}$ 或 $\boxed{r = a\sin n\theta}$

若 n 為奇數時，圖形會有 n 葉；n 為偶數時，圖形會有 $2n$ 葉。

(1) 四葉玫瑰線（four-leaved rose）：$r = a\cos 2\theta$

θ	0	$\dfrac{\pi}{8}$	$\dfrac{\pi}{4}$	$\dfrac{3}{8}\pi$	$\dfrac{\pi}{2}$	$\dfrac{5}{8}\pi$	$\dfrac{3}{4}\pi$	$\dfrac{7}{8}\pi$	π	$\dfrac{9}{8}\pi$	$\dfrac{5}{4}\pi$	$\dfrac{11}{8}\pi$	$\dfrac{3}{2}\pi$	$\dfrac{13}{8}\pi$	$\dfrac{14}{8}\pi$	$\dfrac{15}{8}\pi$	2π
r	a	$\dfrac{a}{\sqrt{2}}$	0	$-\dfrac{a}{\sqrt{2}}$	$-a$	$-\dfrac{a}{\sqrt{2}}$	0	$\dfrac{a}{\sqrt{2}}$	a	$\dfrac{a}{\sqrt{2}}$	0	$-\dfrac{a}{\sqrt{2}}$	$-a$	$-\dfrac{a}{\sqrt{2}}$	0	$\dfrac{a}{\sqrt{2}}$	a

半葉（0 到 $\dfrac{\pi}{4}$ 段）

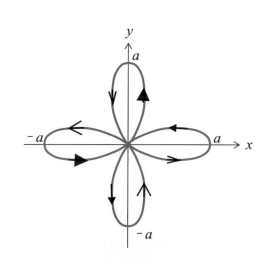

圖形如右所示：（注意其走向！）

從 $\theta = 0$ 畫到 $\theta = 2\pi$ 就可畫完全部的圖形。若要計算所圍之面積，只要從 $\theta = 0$ 算到 $\theta = \dfrac{\pi}{4}$，再乘上 8 即可！

(2) 四葉玫瑰線：$r = a\sin 2\theta$

θ	0	$\dfrac{\pi}{8}$	$\dfrac{2}{8}\pi$	$\dfrac{3}{8}\pi$	$\dfrac{4}{8}\pi$	$\cdots$
r	0	$\dfrac{a}{\sqrt{2}}$	a	$\dfrac{a}{\sqrt{2}}$	0	$\cdots$

半葉

圖形如右所示：（注意其走向！）

若要計算所圍之面積，只要從 $\theta = 0$

算到 $\theta = \dfrac{\pi}{4}$，再乘上 8 即可！

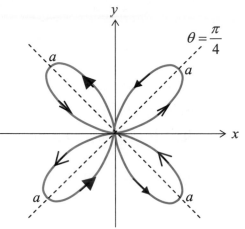

(3) 三葉玫瑰線：$r = a\cos 3\theta$

θ	0	$\dfrac{\pi}{18}$	$\dfrac{2\pi}{18}$	$\dfrac{3}{18}\pi$	$\dfrac{4}{18}\pi$	$\cdots$
r	a	$\dfrac{\sqrt{3}a}{2}$	$\dfrac{a}{2}$	0	$-\dfrac{a}{2}$	$\cdots$

半葉

圖形如右所示：

從 $\theta = 0$ 畫到 $\theta = \pi$ 就可畫完全部的

圖形。若要計算所圍之面積，只要從

$\theta = 0$ 算到 $\theta = \dfrac{\pi}{6}$，再乘上 6 即可！

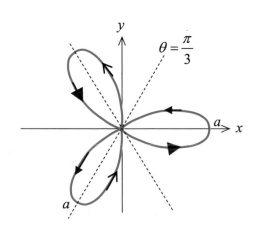

(4) 三葉玫瑰線：$r = a \sin 3\theta$

θ	0	$\dfrac{\pi}{18}$	$\dfrac{2\pi}{18}$	$\dfrac{3}{18}\pi$	$\dfrac{4}{18}\pi$	$\cdots$
r	0	$\dfrac{a}{2}$	$\dfrac{\sqrt{3}a}{2}$	a	$\dfrac{\sqrt{3}a}{2}$	$\cdots$

半葉

圖形如右所示：

若要計算所圍之面積，只要從 $\theta = 0$

算到 $\theta = \dfrac{\pi}{6}$，再乘上 6 即可！

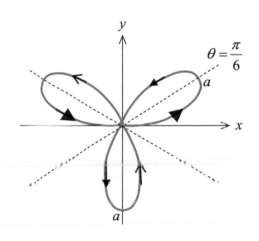

4. 雙紐線（lemniscate）： $r^2 = a^2 \cos 2\theta$ 或 $r^2 = a^2 \sin 2\theta$

(1) 雙紐線：$r^2 = a^2 \cos 2\theta$（一對二函數）

θ	0	$\dfrac{\pi}{8}$	$\dfrac{\pi}{4}$	$\dfrac{3}{8}\pi$	$\dfrac{\pi}{2}$	$\dfrac{5}{8}\pi$	$\dfrac{3}{4}\pi$	$\dfrac{7}{8}\pi$	π
r	$\pm a$	$\pm\dfrac{a}{\sqrt[4]{2}}$	0	無	無	無	0	$\pm\dfrac{a}{\sqrt[4]{2}}$	$\pm a$

半葉

圖形如右所示：（像「∞」）

只要 θ 從 $0 \to \pi$ 即可畫完。若要計算面

積，只要從 $\theta = 0$ 算到 $\theta = \dfrac{\pi}{4}$，再乘上 4

即可！

雙紐線在直角坐標之方程式「恰好」可

以表示為：

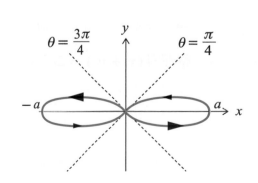

$$r^2 = a^2 \cos 2\theta \rightarrow r^4 = a^2 r^2 (2\cos^2\theta - 1)$$

$$\rightarrow (x^2 + y^2)^2 = a^2 (2x^2 - x^2 - y^2)$$

整理得 $(x^2 + y^2)^2 = a^2(x^2 - y^2)$ 。

註：心臟線與玫瑰線的方程式很難以直角坐標表示之！

(2) 雙紐線：$r^2 = a^2 \sin 2\theta$ （一對二函數），再畫細瘦型如下：

θ	0	$\dfrac{\pi}{8}$	$\dfrac{\pi}{4}$	$\dfrac{3}{8}\pi$	$\dfrac{1}{2}\pi$	$\dfrac{5}{8}\pi$	$\dfrac{3}{4}\pi$	$\dfrac{7}{8}\pi$	π
r	0	$\pm\dfrac{a}{\sqrt[4]{2}}$	$\pm a$	$\pm\dfrac{a}{\sqrt[4]{2}}$	0	無	無	無	0

半葉

圖形如右所示：

只要 θ 從 $0 \rightarrow \dfrac{\pi}{2}$ 即可畫完。若要計算

面積，只要從 $\theta = 0$ 算到 $\theta = \dfrac{\pi}{4}$ ，再

乘上 4 即可！此雙紐線在直角坐標下之

方程式也「恰好」可以表示為：

$$r^2 = a^2 \sin 2\theta$$

$$\rightarrow r^4 = a^2 r^2 \cdot 2\sin\theta\cos\theta$$

整理得 $(x^2 + y^2)^2 = 2a^2 xy$ 。

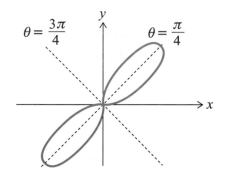

5. 圓： $r = 2a\sin\theta$ 、 $r = 2a\cos\theta$ 或 $r = a$

(1) 圓： $r = 2a\cos\theta$

θ	$-\dfrac{\pi}{2}$	$-\dfrac{\pi}{4}$	0	$\dfrac{\pi}{4}$	$\dfrac{\pi}{2}$
r	0	$\sqrt{2}a$	$2a$	$\sqrt{2}a$	0

一圈

圖形如右所示：

以 $(a, 0)$ 為圓心，半徑為 a 之圓，其直角
坐標的方程式為 $(x-a)^2 + y^2 = a^2$。

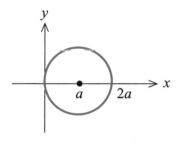

(2) 圓： $r = 2a\sin\theta$

θ	0	$\dfrac{\pi}{4}$	$\dfrac{\pi}{2}$	$\dfrac{3}{4}\pi$	π
r	0	$\sqrt{2}a$	$2a$	$\sqrt{2}a$	0

一圈

圖形如右所示：

以 $(0, a)$ 為圓心，半徑為 a 之圓，其直角
坐標的方程式為 $x^2 + (y-a)^2 = a^2$。

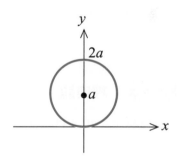

(3) 圓： $r = a$

圖形如右所示：

以原點為圓心，半徑為 a 之圓，其直角
坐標的方程式為 $x^2 + y^2 = a^2$。

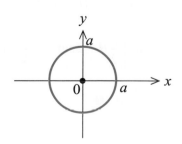

6. 阿基米德螺線（Spiral of Archimedes）：

$r = a\theta,\ a > 0$

θ	0	$\dfrac{\pi}{2}$	π	$\dfrac{3}{2}\pi$	2π	$\cdots$
r	0	$\dfrac{a\pi}{2}$	$a\pi$	$\dfrac{3a\pi}{2}$	$2a\pi$	$\cdots$

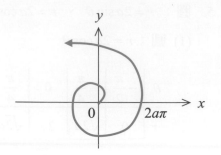

7. 對數螺線（Logarithmic spiral）：

$r = Ae^{a\theta},\ A, a > 0$

虛線為 $\theta < 0$ 之情況。

θ	0	$\dfrac{\pi}{2}$	π	$\dfrac{3}{2}\pi$	2π	$\cdots$
r	A	$Ae^{\frac{a\pi}{2}}$	$Ae^{a\pi}$	$Ae^{\frac{3a\pi}{2}}$	$Ae^{2a\pi}$	$\cdots$

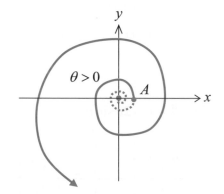

在計算心臟線、玫瑰線、雙紐線所包圍之面積時，應盡量取其對稱性以節省時間。

例題 1　經典題

求由心臟線 $r = a(1 + \cos\theta)$ 所圍成之區域面積。

解

$$A = 2\int_0^\pi \frac{1}{2}a^2(1 + \cos\theta)^2\, d\theta$$

$$= a^2\left[\frac{3}{2}\theta + 2\sin\theta + \frac{1}{4}\sin 2\theta\right]_0^\pi$$

$$= \frac{3}{2}\pi a^2\ \blacksquare$$

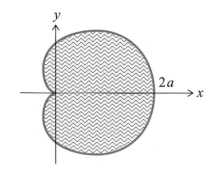

類題　求蚶線 $r = 4 + 2\cos\theta$ 所圍成之區域面積。

答　$A = 2\displaystyle\int_0^\pi \frac{1}{2}(4 + 2\cos\theta)^2\,d\theta$

$\quad = \displaystyle\int_0^\pi (16 + 16\cos\theta + 4\cos^2\theta)\,d\theta$

$\quad = \left[18\theta + 16\sin\theta + \sin 2\theta\right]_0^\pi = 18\pi$ ∎

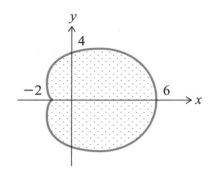

例題 2　經典題

求方程式 $r = a\cos 3\theta$（$a > 0$）所圍成之區域面積。

解　$n = 3$，圖形為三葉玫瑰線，善用對稱性，

只要從 $\theta = 0$ 算到 $\theta = \dfrac{\pi}{6}$（即 $r = 0 \sim$ 原點）即可！

$A = 6\displaystyle\int_0^{\frac{\pi}{6}} \frac{1}{2}(a\cos 3\theta)^2\,d\theta$

$\quad = 3a^2\displaystyle\int_0^{\frac{\pi}{6}} \frac{1}{2}(1 + \cos 6\theta)\,d\theta$

$\quad = \dfrac{\pi}{4}a^2$ ∎

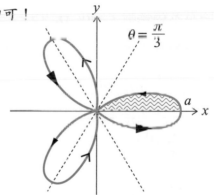

類題　求四葉玫瑰線 $r = a\sin 2\theta$ 所圍區域面積？

答　先畫圖，找到 $r|_{\max}$ 之 θ 值為 $\theta = \dfrac{\pi}{4}$！

$\therefore A = 8 \cdot \displaystyle\int_0^{\frac{\pi}{4}} \frac{1}{2}(a\sin 2\theta)^2\,d\theta$

$\quad = 4a^2\displaystyle\int_0^{\frac{\pi}{4}} \frac{1 - \cos 4\theta}{2}\,d\theta = \dfrac{\pi a^2}{2}$。 ∎

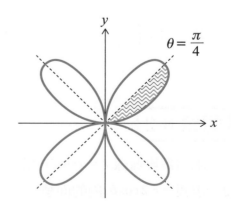

例題 3　經典題

求雙紐線 $r^2 = a^2 \cos 2\theta$ 所圍成之區域面積。

解　本圖形為雙紐線如右所示：

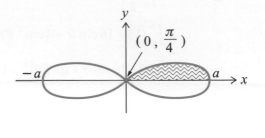

$(0, \dfrac{\pi}{4})$

找到 $r = 0$ 之 $\theta = \dfrac{\pi}{4}$

故　$A = 4\displaystyle\int_0^{\frac{\pi}{4}} \dfrac{1}{2} a^2 \cos 2\theta \, d\theta$，

$= 2a^2 \left[\dfrac{1}{2} \sin 2\theta \right]_0^{\frac{\pi}{4}}$

$= a^2$ ■

例題 4　基本題

求由阿基米德螺線 $r = a\theta$ 在 $0 \le \theta \le 2\pi$ 與 x 軸所圍成之區域面積。

解　圖形如右所示：

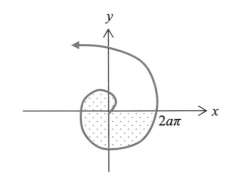

$2a\pi$

$A = \displaystyle\int_0^{2\pi} \dfrac{1}{2} (a\theta)^2 \, d\theta$

$= \left[\dfrac{a^2}{6} \theta^3 \right]_0^{2\pi}$

$= \dfrac{4a^2}{3} \pi^3$ ■

類題　求由螺線 $r = e^\theta$ 在 $0 \le \theta \le \pi$ 與 x 軸所圍成之區域面積。

答　$A = \displaystyle\int_0^{\pi} \dfrac{1}{2} (e^\theta)^2 \, d\theta = \dfrac{1}{4} \left[e^{2\theta} \right]_0^{\pi} = \dfrac{1}{4} (e^{2\pi} - 1)$ ■

習題 6-2

1.　求四葉玫瑰線 $r = a \sin 2\theta$ 所圍成區域面積。

2.　求圓 $r = 2\cos\theta$ 內的面積。

6-3　旋轉體之體積

配合例題 1、2

欲求由曲線 $y=f(x)$ 與 x 軸在區間 $[a,b]$ 內所包圍區域，繞 x 軸旋轉所得之旋轉體體積，如下圖所示：

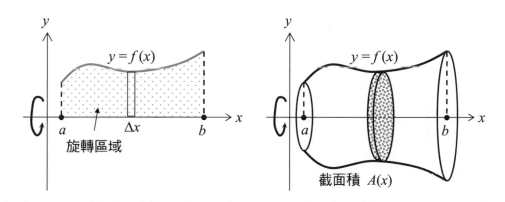

若每個垂直 x 軸之圓盤截面積為 $A(x)$，厚度為 dx（在 x 軸上切割），則薄圓盤之體積即為 $A(x)dx$，總體積即為 $V=\int_a^b A(x)dx$。因為 $A(x)=\pi y^2=\pi f^2(x)$，此處 y 為半徑，故

$$V=\pi\int_a^b\left[f(x)\right]^2 dx$$

此方法稱為圓盤法（disk method）。

觀念說明

1. 如右圖所示，由曲線 $y=f(x)$ 與 $y=d$ 在區間 $[a,b]$ 內所包圍區域，繞 $y=d$ 旋轉所得之旋轉體體積為

$$V=\pi\int_a^b\left[f(x)-d\right]^2 dx$$

（計算此類題目要知道是哪一個區域在旋轉！）

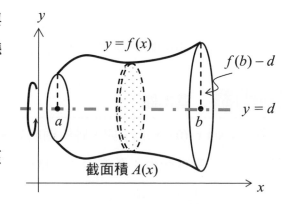

2. 設區域 R 為由二函數 $y = f(x)$ 與 $y = g(x)$ 在區間 $[a, b]$ 內所包圍區域，如下圖所示。則此區域繞 x 軸旋轉所得之體積為

$$V = \pi \int_a^b \left[f^2(x) - g^2(x) \right] dx$$

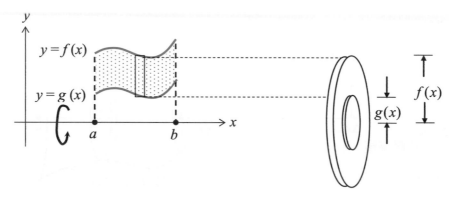

即「大體積－小體積」！此區域為「中空」，形狀就如同墊圈（washer）疊加之體積，又稱墊圈法，即只要是中空區域，體積的算法都是「大體積－小體積」。

3. 如右圖所示，區域 R 為由二函數 $y = f(x)$ 與 $y = g(x)$ 在區間 $[a, b]$ 內所包圍區域，則 R 繞 $y = d$ 旋轉一圈所形成的體積為

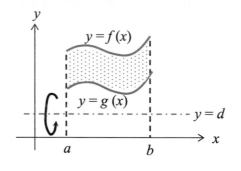

$$V = \pi \int_a^b \left\{ [f(x) - d]^2 - [g(x) - d]^2 \right\} dx$$

此區域亦為「中空」！

◆計算要訣　畫圖確認旋轉區域 $\begin{cases} 實心：看出半徑即可計算（圓盤法）。 \\ 中空：體積＝大體積－小體積（墊圈法）。 \end{cases}$

例題 1 基本題

曲線 $y = \sin x \ (0 \le x \le \pi)$ 與 x 軸所圍成之區域繞 x 軸旋轉之體積。

解 本題之圖形如右：屬實心（像橄欖仔!）

故 $V = \pi \int_0^\pi \sin^2 x \, dx$

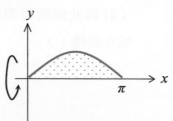

$$= \pi \int_0^\pi \frac{1 - \cos 2x}{2} dx$$

$$= \pi \left[\frac{x}{2} - \frac{\sin 2x}{4} \right]_0^\pi = \frac{\pi^2}{2} \blacksquare$$

類題　求 $y = \dfrac{1}{x}$，$1 \le x < \infty$ 與 x 軸所圍成之區域繞 x 軸之旋轉體體積。此旋轉體稱為加百列號角（Gabriel's horn）。

答　　如右圖所示：

$$V = \pi \int_1^\infty y^2 dx$$

$$= \pi \int_1^\infty \frac{1}{x^2} dx$$

$$= \pi \left[-\frac{1}{x} \right]_1^\infty = \pi \blacksquare$$

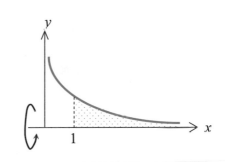

例題 2　基本題

求 $y = x$ 與 $y = x^2$ 在 $x = 0$ 到 $x = 1$ 之交集區域，繞 x 軸旋轉之體積。

解　　本題之圖形如右：屬空心

利用「大體積 − 小體積」得

$$V = \pi \int_0^1 \left[x^2 - (x^2)^2 \right] dx$$

$$= \pi \left[\frac{1}{3} x^3 - \frac{1}{5} x^5 \right]_0^1$$

$$= \frac{2\pi}{15} \blacksquare$$

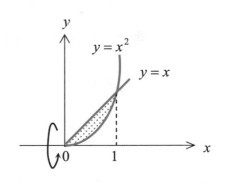

類題　求區域 $R = \left\{ (x, y) \middle| x^2 \le y \le 4, \ -2 \le x \le 2 \right\}$ 繞 x 軸旋轉，所得旋轉體之體積。

答　　圖形如右所示：

此區域為空心，故

$$V = 2 \cdot \pi \int_0^2 \left[4^2 - (x^2)^2 \right] dx$$

$$= 2\pi \int_0^2 (16 - x^4) dx$$

$$= \frac{256}{5} \pi \blacksquare$$

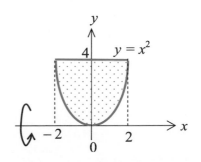

例題 3 基本題

求曲線 $y = \sin x$（$0 \le x \le \dfrac{\pi}{2}$）與 $y = 1$ 所圍成之區域，繞 $y = 1$ 旋轉之體積。

解　本題之圖形如右，此區域是實心

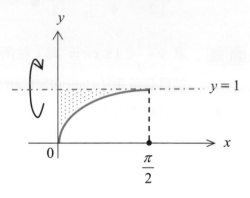

$$故 V = \pi \int_0^{\frac{\pi}{2}} (1 - \sin x)^2\, dx$$

$$= \pi \int_0^{\frac{\pi}{2}} (1 - 2\sin x + \sin^2 x)\, dx$$

$$= \pi(\frac{3}{4}\pi - 2)$$

$$= \frac{3}{4}\pi^2 - 2\pi \ \blacksquare$$

類題　求區域 $R = \left\{(x, y)\,\middle|\, x^2 \le y \le 4,\ -2 \le x \le 2\right\}$ 繞 $y = 4$ 旋轉，所得旋轉體之體積。

答　圖形如右所示：

此區域為實心，故

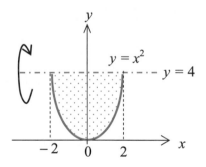

$$V = 2 \cdot \pi \int_0^2 (4 - x^2)^2\, dx$$

$$= 2\pi \int_0^2 (16 - 8x^2 + x^4)\, dx$$

$$= \frac{512}{15}\pi \ \blacksquare$$

已知截面積的立體體積計算：切片法（Slice method）

已知截面積為 $A(x)$ 之立體，在區間 $[a, b]$ 內的體積為 $V = \int_a^b A(x)\, dx$。

例題 4　基本題

已知一立體的底部為圓 $x^2 + y^2 = 9$ 所圍成之區域，其與 y 軸平行的截面形狀為正方形，求此立體體積。

解

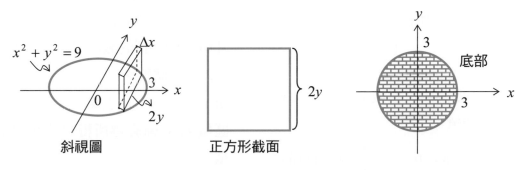

斜視圖　　　　　正方形截面　　　　　底部

依題意得 $V = 2 \cdot \int_0^3 (2y)^2 \, dx = 2\int_0^3 4(9 - x^2) \, dx = 8\left[9x - \frac{x^3}{3} \right]_0^3 = 144$ ■

類題　已知一立體的底部為曲線 $\dfrac{x^2}{4} + \dfrac{y^2}{9} = 1$ 所圍成之區域，其與 y 軸平行的截面形狀為等腰直角三角形且斜邊位於底部，求此立體體積。

答

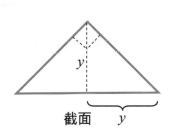

截面　　y

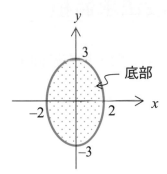

底部

截面之面積為 $A = \dfrac{1}{2} \cdot 2y \cdot y = y^2$

依題意得 $V = \int_{-2}^{2} y^2 \, dx = \int_{-2}^{2} 9(1 - \dfrac{x^2}{4}) \, dx = 24$ ■

習題 6-3

1. 求拋物線 $y = x^2 - 4x + 5$ 與直線 $y = 2x$ 所圍之區域，繞 x 軸旋轉之體積。

2. 求橢圓 $16x^2 + 9y^2 = 144$ 之內部繞 x 軸旋轉所形成之體積。

3. 若 R 是由 $y = \dfrac{1}{\sqrt{1+x^2}}$、$y = 0$、$x = 0$ 與 $x = 1$ 所圍成之區域，求 R 繞 x 軸旋轉之體積。

4. 求由 $y = \tan x$, $0 \le x \le \dfrac{\pi}{4}$ 與 x 軸所包圍部份，繞 x 軸旋轉之體積。

5. 若 R 是由 $y^2 = x^3$、$y = 8$ 與 y 軸所圍成之區域，求 R 繞直線 $y = 8$ 旋轉之體積。

6. 已知一立體的底部是由 $y = e^{-x}$、$y = 0$、$x = 0$ 與 $x = 1$ 所圍成之區域，其與 y 軸平行的截面形狀為正方形，求此立體體積。

7. 求 $y = x^3$、$x = y^3$ 在第一象限所圍成之區域繞 x 軸旋轉所得之旋轉體之體積。

8. 求 $y = x$、$y = x^2$ 在第一象限所圍成之區域繞 x 軸旋轉所得之旋轉體之體積。

6-4 以圓殼法求體積

配合例題 1

若一曲線 $y = f(x)$ 與 y 軸在區間 $y \in [c, d]$ 所圍成之區域，將此區域繞 y 軸旋轉，如下圖所示：

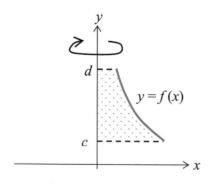
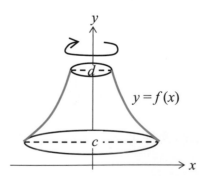

則此旋轉體之體積為 $V = \pi \displaystyle\int_c^d x^2 dy$，此法以 y 為自變數，但若給定的函數是 $y = f(x)$，則需換成 $x = f^{-1}(y) = g(y)$ 才能積分；尤其當 $x = g(y)$ 很難表示時，此法即不能求解，解決之道就是使用如下之圓殼法（shell method）。

圓殼法

若一曲線 $y = f(x)$ 與 x 軸在 $x \in [a, b]$ 所圍成之區域繞 y 軸旋轉，如下圖所示：

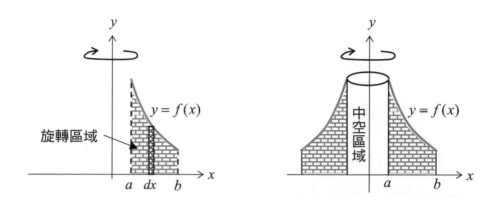

現以圓殼法（shell method）計算此一旋轉體之體積。顧名思義，圓殼法乃以一厚度為 dx、高度為 $f(x)$ 之長條繞 y 軸旋轉得到一「圓柱殼」，將此圓柱殼一層一層疊加後即成為總體積（如同剝筍子或滾筒式衛生紙之原理），此法的優點是以 x 為自變數，即對 x 做積分，符合慣用的計算方式。現以下圖所示之二圓柱來說明此圓柱殼之體積：

外圓柱之半徑為 $x + \Delta x$，高度為 h

內圓柱之半徑為 x，高度為 h

此二圓柱體積之差為

$$\Delta V = V_{外} - V_{內} = \pi(x + \Delta x)^2 h - \pi x^2 h$$

$$= \pi h \left[2x\Delta x + \overset{\text{忽略}}{(\Delta x)^2} \right]$$

$$\therefore \Delta V = 2\pi x h \Delta x \quad \sim \text{圓柱殼之體積}$$

故 $V = 2\pi \int_a^b x h \, dx$

其中 x：半徑；h：高度，

$\because h = y(x)$

故 $\boxed{V = 2\pi \int_a^b xy \, dx}$

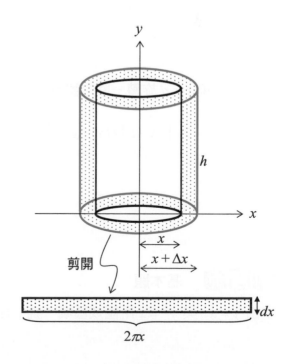

▶記法 $V = \int \Delta V = 2\pi \int \underset{半徑}{x} \cdot \underset{高}{y} \cdot \underset{厚度}{dx}$

觀念說明

1. 區域 $R = \{(x, y) | a \le x \le b, 0 \le y \le f(x)\}$

   繞 $x = d$ 旋轉一圈所成之體積為

   $V = 2\pi \int_a^b \underset{半徑}{|x-d|} \underset{高度}{f(x)} dx$

   註：不論空心或實心皆用圓殼法計算！

   （即圓殼法無實心或空心之差異）

   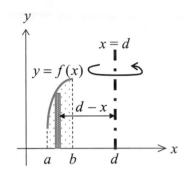

2. 區域 $R = \{(x, y) | a \le x \le b, g(x) \le y \le f(x)\}$

   (1) 繞 y 軸旋轉一圈之體積為

   $V = 2\pi \int_a^b \underset{半徑}{x} \underset{高度差}{[f(x) - g(x)]} dx$

   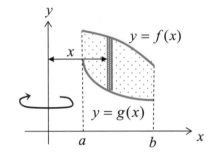

   (2) 繞 $x = d$ 旋轉一圈之體積為

   $V = 2\pi \int_a^b \underset{半徑}{|x-d|} \underset{高度差}{[f(x) - g(x)]} dx$

   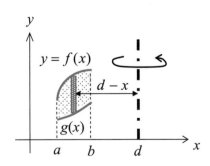

例題 1 基本題

求由 $y = x^2$ 與 $y^2 = x$ 所圍成區域，繞 y 軸旋轉所形成之立體體積。

解 本題之圖形如右：

$y^2 = x \Rightarrow y = \sqrt{x}$

$y = x^2$ 與 $y^2 = x$ 的交點為 $(0, 0)$ 與 $(1, 1)$

$V = 2\pi \int_0^1 \underset{\text{半徑}}{x} \cdot \underbrace{(\sqrt{x} - x^2)}_{\text{高度差}} dx$

$= 2\pi \left[\dfrac{2}{5} x^{5/2} - \dfrac{1}{4} x^4 \right]_0^1 = \dfrac{3}{10}\pi \blacksquare$

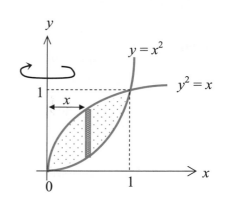

▶心得 $\begin{cases} \text{繞 } x \text{ 軸旋轉之體積：用圓盤法較方便！} \\ \text{繞 } y \text{ 軸旋轉之體積：用圓殼法較方便！} \end{cases}$

類題 求 $y = \dfrac{1}{4}x^3 + 1$、$y = 1 - x$ 與 $x = 1$ 所圍成區域，繞 y 軸旋轉的體積。

答 本題之圖形如右：

$V = 2\pi \int_0^1 \underset{\text{半徑}}{x} \cdot \underbrace{\left[\dfrac{1}{4}x^3 + 1 - (1-x) \right]}_{\text{高度差}} dx$

$= \dfrac{23}{30}\pi \blacksquare$

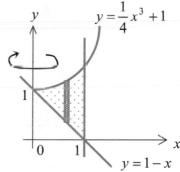

例題 2 基本題

求 $y = x + \dfrac{4}{x}$、x 軸、$x = 1$ 與 $x = 2$ 所圍成區域，繞 y 軸旋轉之體積。

解 如右圖所示：

$V = 2\pi \int_1^2 \underset{\text{半徑}}{x} \underbrace{(x + \dfrac{4}{x})}_{\text{高度差}} dx = 2\pi \int_1^2 (x^2 + 4) dx$

$= 2\pi \left[\dfrac{x^3}{3} + 4x \right]_1^2$

$= \dfrac{38}{3}\pi \blacksquare$

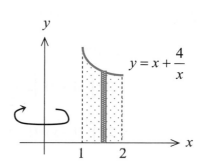

類題　求 $y = \dfrac{1}{x^2\sqrt{x^2-9}}$、$x$ 軸、$x = 2\sqrt{3}$ 與 $x = 6$ 所圍成區域，繞 y 軸旋轉之體積。

答　如右圖所示：

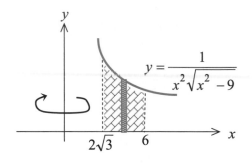

$$V = 2\pi \int_{2\sqrt{3}}^{6} x \frac{1}{x^2\sqrt{x^2-9}}\,dx$$

$$= 2\pi \int_{2\sqrt{3}}^{6} \frac{1}{x\sqrt{x^2-9}}\,dx$$

$$= \frac{2\pi}{3}\left[\sec^{-1}\frac{x}{3}\right]_{2\sqrt{3}}^{6}$$

$$= \frac{2\pi}{3}\left(\frac{\pi}{3} - \frac{\pi}{6}\right) = \frac{\pi^2}{9} \blacksquare$$

例題 3　**基本題**

若區域 R 是由 $y = \sqrt{x}$, $x = 9$ 與 x 軸所圍成之區域，求區域 R 繞 $x = -1$ 旋轉之體積。

解　本題之圖形如右：

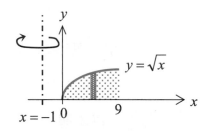

$$V = 2\pi \int_{0}^{9} \underbrace{(x+1)}_{\text{半徑}} \cdot \underbrace{(\sqrt{x})}_{\text{高度}}\,dx$$

$$= 2\pi \left[\frac{2}{5}x^{5/2} + \frac{2}{3}x^{3/2}\right]_{0}^{9}$$

$$= \frac{1152}{5}\pi \blacksquare$$

類題　求由 $y = 1 + x^2$、$y = 2$ 與 $x = 0$ 所圍成區域，繞 $x = 1$ 旋轉所得之體積。

答　如右圖所示：

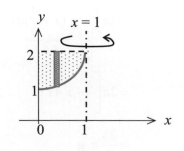

$$V = 2\pi \int_{0}^{1} (1-x) \cdot \underbrace{\left[2 - (1+x^2)\right]}_{\text{高度差}}\,dx$$

$$= 2\pi \int_{0}^{1} (1-x) \cdot (1-x^2)\,dx$$

$$= \frac{5}{6}\pi \blacksquare$$

習題 6-4

1. 求函數 $f(x)=e^{-x^2}$ 之圖形與 x 軸所圍區域，繞 y 軸旋轉之體積。

2. 求 $y=\sqrt{x}+x$、$y=0$、$x=1$ 與 $x=4$ 所圍成之區域，繞 y 軸旋轉之體積。

3. 求拋物線 $y=1-x^2$ 與 x、y 軸所圍成區域，對 y 軸旋轉所形成之體積。

4. 求拋物線 $y=9-x^2$ 與直線 $y=9-3x$ 所圍成區域，在 $0\le x\le 2$ 內對 y 軸旋轉所形成之體積。

5. 求 $x^2=2-y$ 自 $y=0$ 至 $y=2$ 所圍成區域，繞 y 軸旋轉之體積。

6. 若 R 是由 $y^2=x^3$、$y=8$ 與 y 軸所圍成之區域，求 R 繞 $x=4$ 直線旋轉之體積。

6-5 弧長

　　如下圖所示，欲求曲線 $y=f(x)$ 從點 (x_1,y_1) 到 (x_2,y_2) 之弧長，此處以簡易之幾何觀念來推導弧長之公式。

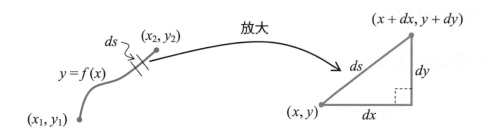

　　首先將此弧長分割為 n 小段，此時每一小段之弧長 ds ，可依上圖之直角三角形關係而表示如下：（以直線代替曲線！）

$$ds=\sqrt{(dx)^2+(dy)^2}=\sqrt{1+(\frac{dy}{dx})^2}\,dx$$

因此全部之弧長即為 $s=\int ds=\int\sqrt{1+(\frac{dy}{dx})^2}\,dx=\int\sqrt{1+(y')^2}\,dx$ ，則

1. 若 $y = f(x)$，故得

$$s = \int \sqrt{1 + \left[f'(x)\right]^2}\, dx \quad \cdots\cdots (1)$$

(1) 式請同學要記住！

2. 若曲線以參數式表示，如 $\begin{cases} x = f(t) \\ y = g(t) \end{cases}$，得 $s = \int \sqrt{(dx)^2 + (dy)^2} = \int \sqrt{(\dfrac{df}{dt})^2 + (\dfrac{dy}{dt})^2}\, dt$。

例題 1 基本題

求曲線 $y = \ln(\cos x)$ 在 $x \in \left[0, \dfrac{\pi}{4}\right]$ 之長度。

解　圖示如右：

$$
\begin{aligned}
s &= \int_0^{\frac{\pi}{4}} \sqrt{1 + (y')^2}\, dx \\
&= \int_0^{\frac{\pi}{4}} \sqrt{1 + (-\tan x)^2}\, dx \\
&= \int_0^{\frac{\pi}{4}} \sec x\, dx = \Big[\ln|\sec x + \tan x|\Big]_0^{\frac{\pi}{4}} \\
&= \ln(\sqrt{2} + 1) \quad \blacksquare
\end{aligned}
$$

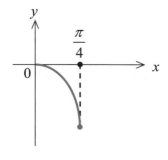

類題　求曲線方程式 $y = \dfrac{2}{3} x^{3/2}$，$x \in [0, 1]$ 之弧長。

答　$y' = \sqrt{x}$，圖示如右：

$$
\begin{aligned}
s &= \int_0^1 \sqrt{1 + (y')^2}\, dx = \int_0^1 \sqrt{1 + x}\, dx \\
&= \left[\frac{2}{3}(1 + x)^{3/2}\right]_0^1 \\
&= \frac{2}{3}(2^{3/2} - 1) \quad \blacksquare
\end{aligned}
$$

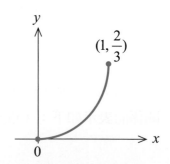

例題 2　基本題

求 $y = \ln(\sec x)$，在 $0 \le x \le \dfrac{\pi}{3}$ 之弧長。

解　圖示如右：

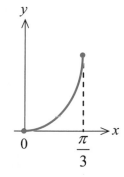

$y = \ln(\sec x)$

$\therefore\ y' = \dfrac{\sec x \tan x}{\sec x} = \tan x$

故　$s = \displaystyle\int_0^{\frac{\pi}{3}} \sqrt{1 + (y')^2}\, dx = \int_0^{\frac{\pi}{3}} \sqrt{1 + \tan^2 x}\, dx = \int_0^{\frac{\pi}{3}} \sec x$

$\quad = \left[\ln |\sec x + \tan x| \right]_0^{\frac{\pi}{3}}$

$\quad = \ln(2 + \sqrt{3})$ ∎

例題 3　基本題

求 $y = \dfrac{1}{18} x^3 + \dfrac{3}{2x}$ 在 $2 \le x \le 3$ 之弧長？

解　算得 $y' = \dfrac{x^2}{6} - \dfrac{3}{2x^2}$

故　$s = \displaystyle\int_2^3 \sqrt{1 + (y')^2}\, dx = \int_2^3 \sqrt{1 + \left(\dfrac{x^2}{6} - \dfrac{3}{2x^2} \right)^2}\, dx$

$\quad = \displaystyle\int_2^3 \sqrt{1 + \left(\dfrac{x^4}{36} - \dfrac{1}{2} + \dfrac{9}{4x^4} \right)}\, dx = \int_2^3 \sqrt{\left(\dfrac{x^2}{6} + \dfrac{3}{2x^2} \right)^2}\, dx$

$\quad = \displaystyle\int_2^3 \left(\dfrac{x^2}{6} + \dfrac{3}{2x^2} \right) dx$

$\quad = \left[\dfrac{x^3}{18} - \dfrac{3}{2x} \right]_2^3$

$\quad = \dfrac{47}{36}$ ∎

類題 求 $y = \dfrac{1}{4}x^4 + \dfrac{1}{8x^2}$ 在 $1 \le x \le 2$ 之弧長？

答 算得 $y' = x^3 - \dfrac{1}{4x^3}$

故 $s = \displaystyle\int_1^2 \sqrt{1+(y')^2}\,dx = \int_1^2 \sqrt{1+\left(x^3 - \dfrac{1}{4x^3}\right)^2}\,dx$

$\displaystyle = \int_1^2 \sqrt{1+\left(x^6 - \dfrac{1}{2} + \dfrac{1}{16x^6}\right)}\,dx = \int_1^2 \sqrt{\left(x^3 + \dfrac{1}{4x^3}\right)^2}\,dx$

$\displaystyle = \int_1^2 \left(x^3 + \dfrac{1}{4x^3}\right)dx = \left[\dfrac{x^4}{4} - \dfrac{1}{8x^2}\right]_1^2$

$= \dfrac{123}{32}$ ∎

習題 6-5

1. 求曲線 $y(x) = \displaystyle\int_0^x \sqrt{\cos t}\,dt$，由 $x=0$ 到 $x=1$ 之弧長。

2. 求曲線 $y(x) = \dfrac{x^2}{2}$，由 $x=0$ 到 $x=1$ 之弧長。

3. 求曲線 $y = \dfrac{1}{3}x^{3/2} - \sqrt{x},\ 1 \le x \le 9$ 之弧長。

4. 求曲線 $y = \dfrac{2}{3}x^{3/2} + 1$ 在 $x=0$ 與 $x=3$ 間之弧長。

5. 求 $f(x) = \dfrac{x^3}{6} + \dfrac{1}{2x},\ x \in \left[\dfrac{1}{2}, 4\right]$ 之弧長。

6. 求曲線 $y = (\dfrac{4}{9}x^2 + 1)^{3/2}$，自 $(0,1)$ 至 $(2, \dfrac{125}{27})$ 之弧長。

7. 求曲線 $y = x^{3/2}$，由 $x=0$ 到 $x=4$ 之弧長。

8. 求懸鏈線 $2(x+4)^{3/2}$ 從 $x=0$ 到 $x=2$ 之弧長。

本章習題

基本題

1. 求 $y = \cos x$ 與 $y = \sin x$ 在區間 $[0, 2\pi]$ 內，所圍成的區域面積。

2. 求函數 $y(x) = \sin^{-1}(e^{-x})$ 在 $[0, 1]$ 間之弧長。

3. 拋物線 $y = 3x - x^2$ 及直線 $y = 0$ 所圍區域，繞 y 軸旋轉一圈所形成旋轉的體積為何？

4. R 為由曲線 $y = \sqrt{x}$、直線 $y = 2$ 及 $x = 0$ 所圍成之區域，求 R 繞直線 $x = 4$ 旋轉所得之體積。

5. 求 $y(x) = \frac{1}{3}(x^2 + 2)^{3/2}$ 從 $x = 0$ 到 $x = 3$ 之弧長。

6. 求 $f(x) = \sqrt{2x}$ 與 x 軸，在 $1 \leq x \leq 2$ 所圍成區域，繞 x 軸之旋轉體積。

7. 求兩曲線 $y = x^3$、$y = x$ 所圍成的區域之面積為何？

8. 求 $y = \sqrt{x}$、$x = 0$ 與 $y = 1$ 所圍成區域，繞 x 軸之旋轉體體積。

9. 拋物線 $y = 4x - x^2$ 及直線 $x = 0$、$y = 4$ 所圍區域，繞 y 軸旋轉一圈所形成旋轉的體積為何？

加分題

10. 若 R 是由 $y = x^2 + 1$、$y = 0$、$x = 1$ 與 $x = 2$ 所圍成之區域，求 R 繞直線 $x = -1$ 旋轉之體積。

11. 已知一立體的底部為 $x^2 + y^2 = 4$ 之圓所圍成之區域，其與底部垂直的截面形狀為正三角形，求此立體體積。

12. 已知一球體的半徑為 a，被距球心 h $(0 < h < a)$ 的平面截斷後，所餘較小塊之體積。

數列與級數

學習目標

1. 瞭解數列之斂散性
2. 瞭解單調數列與有界數列之意義
3. 熟悉特定級數和之求法
4. 熟悉正項級數斂散性之判斷
5. 熟悉交錯級數斂散性之判斷
6. 瞭解泰勒級數的計算
7. 瞭解泰勒級數的應用

　　學習數列（sequence）與級數（series），一定要瞭解此二者在本質上的差異，以及因為這種差異導致在收斂與發散定義上之不同。

　　數列：$a_1, a_2, \cdots, a_n, \cdots$，即「一群數之排列」，可視為「離散型」的函數，即

$$a_n \equiv a(n)，n \in \mathbf{N}，通常以 \{a_n\} 或 \{a_n\}_{n=1}^{\infty} 表之。$$

　　級數：即「一群數加起來」，以 $\sum_{k=1}^{n} a_k$ 或 $\sum_{k=1}^{\infty} a_k$ 表之，有二種分類法。

1. $\begin{cases} 正項級數：a_1 + a_2 + a_3 + \cdots + a_n，\forall n, \ a_n \geq 0。\\ 交錯級數：a_1 - a_2 + a_3 - \cdots + (-1)^n a_n，\forall n, \ a_n \geq 0。 \end{cases}$

2. $\begin{cases} 常數級數：a_1 + a_2 + \cdots + a_n，即一群數加起來。\\ 函數級數：a_1(x) + a_2(x) + \cdots + a_n(x)，即一群函數加起來。 \end{cases}$

　　故知數列僅僅是將「數」排「列」而已，重點在第 n 項 a_n 之值是否確定；而級數則是將這些數通通加起來，故級數嚴格來講只是「一個」數而已，其重點在 n 項和 $S_n = a_1 + a_2 + \cdots + a_n$ 是否確定。

7-1　無窮數列

1. 數列之分類：$\begin{cases} (1) \ 增數列：a_1 \leq a_2 \leq \cdots \leq a_n \leq \cdots。\\ (2) \ 嚴格增數列：a_1 < a_2 < \cdots < a_n < \cdots。\\ (3) \ 減數列：a_1 \geq a_2 \geq \cdots \geq a_n \geq \cdots。\\ (4) \ 嚴格減數列：a_1 > a_2 > \cdots > a_n > \cdots。 \end{cases}$

其中增數列與減數列合稱單調數列（monotone sequence）。

2. 數列之表示：
$$\begin{cases} \text{(1) 通式（一般式）：以 } n \text{ 表示 } a_n \text{，如 } a_n = \dfrac{n+1}{2n} \text{。} \\ \text{(2) 遞迴關係式：寫出前後項之關係，如 } a_{n+1} = \sqrt{3a_n} \text{。} \end{cases}$$

定義　**數列之斂散性**

對於 $\lim\limits_{n \to \infty} a_n = L$，$\forall \varepsilon > 0$，$\exists N$，使得當 $n > N$，必有 $|a_n - L| < \varepsilon$，稱數列 $\{a_n\}_{n=1}^{\infty}$ 收斂；若 $\lim\limits_{n \to \infty} a_n$ 不存在，稱數列 $\{a_n\}_{n=1}^{\infty}$ 發散。 ■

下面舉出三種數列「收斂」之實例：

1. 數列 $\left\{ a_n = \dfrac{n+1}{2n} \right\}$ 為 $1, \dfrac{3}{4}, \dfrac{4}{6}, \dfrac{5}{8}, \cdots$，是減數列

$\lim\limits_{n \to \infty} a_n = \lim\limits_{n \to \infty} \dfrac{n+1}{2n} = \dfrac{1}{2}$，收斂

如右圖所示：

2. 數列 $\left\{ b_n - \dfrac{n-1}{2n} \right\}$ 為 $0, \dfrac{1}{4}, \dfrac{2}{6}, \dfrac{3}{8}, \cdots$，是增數列

$\lim\limits_{n \to \infty} b_n = \lim\limits_{n \to \infty} \dfrac{n-1}{2n} = \dfrac{1}{2}$，收斂

如右圖所示：

3. 數列 $\left\{ c_n = \dfrac{n+(-1)^n}{2n} \right\}$ 為 $0, \dfrac{3}{4}, \dfrac{2}{6}, \dfrac{5}{8}, \cdots$

$\lim\limits_{n \to \infty} c_n = \lim\limits_{n \to \infty} \dfrac{n+(-1)^n}{2n} = \dfrac{1}{2}$，收斂

如右圖所示：（$\{c_n\}$ 的圖形呈現振盪減衰）

下面舉出三種數列「發散」之實例：

1. 數列 $\{a_n = 2n-1\}$ 為 $1, 3, 5, 7, \cdots$，是增數列

$\lim\limits_{n \to \infty} a_n = \lim\limits_{n \to \infty} (2n-1) = \infty$，發散

如右圖所示：

2. 數列 $\left\{b_n = \dfrac{(-1)^n(n+1)}{n}\right\}$ 為 $-2, \dfrac{3}{2}, -\dfrac{4}{3}, \dfrac{5}{4}, \cdots$

數列振盪不減衰

$\displaystyle\lim_{n\to\infty} b_n = \lim_{n\to\infty}\dfrac{(-1)^n(n+1)}{n} = 1$ 或 -1，發散

如右圖所示：

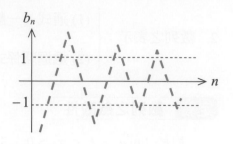

3. 費伯那希數列（Fibonacci sequence）：數列為 $1, 1, 2, 3, 5, 8, 13, \cdots$，其遞迴關係式（recursion formula）如下：

$a_1 = a_2 = 1, \quad a_n = a_{n-1} + a_{n-2}, \quad n \geq 3$

明顯一看就知 $\displaystyle\lim_{n\to\infty} a_n = \infty$，發散。

例題 1　基本題

判定下列數列是發散或收斂？

(1) $\left\{a_n = \sin^2 n + \cos^2 n\right\}$　　(2) $\left\{a_n = \dfrac{1}{n}\right\}$

(3) $\left\{a_n = 1 + \dfrac{(-1)^n}{n^2}\right\}$　　(4) $\left\{a_n = \dfrac{n^2+2}{n}\right\}$

解　(1) $\because a_n = 1$，$\forall n$，故 $\{a_n\}$ 收斂。

(2) $\displaystyle\lim_{n\to\infty} a_n = \lim_{n\to\infty}\dfrac{1}{n} = 0$，故 $\{a_n\}$ 收斂。

(3) $\displaystyle\lim_{n\to\infty} a_n = \lim_{n\to\infty}\left[1 + \dfrac{(-1)^n}{n^2}\right] = 1$，故 $\{a_n\}$ 收斂。

(4) $\displaystyle\lim_{n\to\infty} a_n = \lim_{n\to\infty}\dfrac{n^2+2}{n} = \infty$，故 $\{a_n\}$ 發散。∎

類題　判定下列數列是發散或收斂？

(1) $\left\{a_n = \sin n\right\}$　　(2) $\left\{a_n = n\sin(\dfrac{1}{n})\right\}$

(3) $\left\{a_n = \dfrac{e^n}{n^2}\right\}$　　(4) $\left\{a_n = (-1)^n\right\}$

答　(1) $\lim\limits_{n\to\infty} a_n = \lim\limits_{n\to\infty} \sin n =$ 不存在，故 $\{a_n\}$ 發散。

　　(2) $\lim\limits_{n\to\infty} a_n = \lim\limits_{n\to\infty} n\sin(\dfrac{1}{n}) = 1$，故 $\{a_n\}$ 收斂。

　　(3) $\lim\limits_{n\to\infty} a_n = \lim\limits_{n\to\infty} \dfrac{e^n}{n^2} = \infty$，故 $\{a_n\}$ 發散。

　　(4) $\lim\limits_{n\to\infty} a_n = \lim\limits_{n\to\infty} (-1)^n =$ 不存在，故 $\{a_n\}$ 發散。■

例題 2　基本題

判定數列 $\left\{\sin\pi,\ \sin\dfrac{\pi}{2},\ \sin\dfrac{\pi}{3},\cdots,\ \sin\dfrac{\pi}{n},\cdots\right\}$ 之斂散性。

解　$\lim\limits_{n\to\infty}\sin\dfrac{\pi}{n} = 0$，故此數列收斂。■

類題　判定數列 $\left\{\cos\pi,\cos\dfrac{\pi}{2},\cos\dfrac{\pi}{3},\cdots,\cos\dfrac{\pi}{n},\cdots\right\}$ 之斂散性。

答　$\lim\limits_{n\to\infty}\cos\dfrac{\pi}{n} - 1$，故此數列收斂。■

例題 3　基本題

一收斂數列 $\{a_n\}_{n=1}^{\infty}$ 定義為 $a_{n+1} = \sqrt{3a_n}$，$a_1 = 1$，則 $\lim\limits_{n\to\infty} a_n = ?$

解　令 $\lim\limits_{n\to\infty} a_n = \alpha$，則 $\lim\limits_{n\to\infty} a_{n+1} = \alpha$

　　$\therefore \alpha = \sqrt{3\alpha}$，$\alpha^2 = 3\alpha \Rightarrow \alpha = 3$ 或 0（不合），$\therefore \lim\limits_{n\to\infty} a_n = 3$ ■

類題　一收斂數列 $\{a_n\}_{n=1}^{\infty}$ 定義為 $a_{n+1} = \sqrt{a_n + 1}$，$a_1 = 1$，則 $\lim\limits_{n\to\infty} a_n = ?$

答　令 $\lim\limits_{n\to\infty} a_n = \alpha$，則 $\alpha = \sqrt{\alpha + 1} \to \alpha^2 - \alpha - 1 = 0$

　　$\therefore \alpha = \dfrac{1+\sqrt{5}}{2}$ 或 $\alpha = \dfrac{1-\sqrt{5}}{2}$（負不合），$\lim\limits_{n\to\infty} a_n = \dfrac{1+\sqrt{5}}{2}$ ■

例題 4　基本題

試求 $\dfrac{1}{\sqrt{12 + \sqrt{12 + \sqrt{12 + \sqrt{\cdots}}}}} = ?$

解 令 $x = \dfrac{1}{\sqrt{12+\sqrt{12+\sqrt{12+\sqrt{\cdots}}}}} \Rightarrow x^2 = \dfrac{1}{12+\dfrac{1}{x}}$

$\therefore 12x^2 + x - 1 = 0$ 解得 $x = \dfrac{1}{4}$ 或 $-\dfrac{1}{3}$（不合）

故 $\dfrac{1}{\sqrt{12+\sqrt{12+\sqrt{12+\sqrt{\cdots}}}}} = \dfrac{1}{4}$ ∎

類題 求 $\sqrt{6+\sqrt{6+\sqrt{6+\cdots}}} = ?$

答 令 $x = \sqrt{6+\sqrt{6+\sqrt{6+\cdots}}}$，則 $x = \sqrt{6+x}$，整理得

$x^2 - x - 6 = 0 \rightarrow x = 3, -2$（負數不合），$\therefore \sqrt{6+\sqrt{6+\sqrt{6+\cdots}}} = 3$ ∎

習題 7-1

1. 設一收斂數列 $\{a_n\}_{n=1}^{\infty}$ 定義為
$a_{n+1} = 2 + \dfrac{1}{a_n}$，$\forall n \geq 1$，$a_1 = 1$，
求 $\lim\limits_{n\to\infty} a_n = ?$

2. 已知一個數列定義為 $a_n = \dfrac{2n^2+3}{n^2+n}$，
$n \geq 1$，求此數列之斂散性。

3. 已知一個數列定義為 $a_n = (1+\dfrac{1}{n})^n$，

$n \geq 1$，求此數列之斂散性。

4. 已知一個數列定義為 $a_n = \dfrac{e^n}{n^3}$，$n \geq 1$
求此數列之斂散性。

5. 試求 $\dfrac{1}{4+\dfrac{1}{4+\dfrac{1}{4+\cdots}}} = ?$

7-2 無窮級數

定義 無窮級數

若 $\{a_n\}$ 為一個數列，則稱 $\sum\limits_{n=1}^{\infty} a_n = a_1 + a_2 + a_3 + \cdots + a_n + \cdots$ 為一個無窮級數（infinite series）。 ∎

　　無窮級數可分為如下二類：

$$無窮級數\begin{cases} 正項級數：a_1 + a_2 + a_3 + \cdots + a_n + \cdots, \forall a_n > 0。 \\ 交錯級數：a_1 - a_2 + a_3 - \cdots + (-1)^n a_n + \cdots, \forall a_n > 0。 \end{cases}$$

定義　無窮級數之斂散性

　　對無窮級數 $\displaystyle\sum_{k=1}^{\infty} a_k$，令 $S_n = \displaystyle\sum_{k=1}^{n} a_k$，若 $\displaystyle\lim_{n\to\infty} S_n = L$，稱 $\displaystyle\sum_{k=1}^{\infty} a_k$ 為收斂；若 $\displaystyle\lim_{n\to\infty} S_n$ 不存在，稱 $\displaystyle\sum_{k=1}^{\infty} a_k$ 為發散。　　■

　　因此對無窮級數而言，若能求出 $\displaystyle\lim_{n\to\infty} S_n = L$ 之值，即可得知其收斂。本節先舉一些靠「直覺」或「整理」即可得出級數和之例題，至於需要藉由定理才能判斷斂散性之正項級數與交錯級數，則在下二節再說明。

觀念說明

1. 最簡單的無窮級數就是等比級數，若首項為 a，公比為 r，則：

   (1) 前 n 項和為 $a + ar + ar^2 + \cdots + ar^{n-1} = \dfrac{a(1-r^n)}{1-r}$。

   (2) 當 $|r| < 1$ 時，則無窮正項級數為 $a + ar + ar^2 + \cdots + ar^n + \cdots = \dfrac{a}{1-r}$，收斂。

   (3) 當 $|r| < 1$ 時，則無窮交錯級數為 $a - ar + ar^2 - \cdots + ar^n - \cdots = \dfrac{a}{1+r}$，收斂。

2. $\displaystyle\sum_{k=1}^{n} \dfrac{1}{\sqrt{k+1} + \sqrt{k}} = \sum_{k=1}^{n} \dfrac{\sqrt{k+1} - \sqrt{k}}{\left(\sqrt{k+1} + \sqrt{k}\right)\left(\sqrt{k+1} - \sqrt{k}\right)} = \sum_{k=1}^{n} \left(\sqrt{k+1} - \sqrt{k}\right)$

   $\qquad = \left(\sqrt{2} - \sqrt{1}\right) + \left(\sqrt{3} - \sqrt{2}\right) + \cdots + \left(\sqrt{n+1} - \sqrt{n}\right)$

   $\qquad = \sqrt{n+1} - 1$

   $\qquad = S_n$

   因為 $\displaystyle\lim_{n\to\infty} S_n = \lim_{n\to\infty}\left(\sqrt{n+1} - 1\right) = \infty$，故此無窮級數發散。

3. $\displaystyle\sum_{k=1}^{n}\frac{\sqrt{k+1}-\sqrt{k}}{\sqrt{k^2+k}} = \sum_{k=1}^{n}\frac{\sqrt{k+1}-\sqrt{k}}{\sqrt{k}\sqrt{k+1}} = \sum_{k=1}^{n}\left(\frac{1}{\sqrt{k}}-\frac{1}{\sqrt{k+1}}\right)$

$\displaystyle = \left(\frac{1}{\sqrt{1}}-\frac{1}{\sqrt{2}}\right) + \left(\frac{1}{\sqrt{2}}-\frac{1}{\sqrt{3}}\right) + \cdots + \left(\frac{1}{\sqrt{n}}-\frac{1}{\sqrt{n+1}}\right)$

$\displaystyle = 1 - \frac{1}{\sqrt{n+1}}$

$= S_n$

因為 $\displaystyle\lim_{n\to\infty} S_n = \lim_{n\to\infty}\left(1 - \frac{1}{\sqrt{n+1}}\right) = 1$，故此級數收斂。

4. 由 $\displaystyle\sum_{k=1}^{n}\frac{k}{(k+1)!} = \sum_{k=1}^{n}\frac{(k+1)-1}{(k+1)!} = \sum_{k=1}^{n}\left[\frac{1}{k!}-\frac{1}{(k+1)!}\right]$

$\displaystyle = \left(\frac{1}{1!}-\frac{1}{2!}\right) + \left(\frac{1}{2!}-\frac{1}{3!}\right) + \cdots + \left[\frac{1}{n!}-\frac{1}{(n+1)!}\right]$

$\displaystyle = 1 - \frac{1}{(n+1)!} = S_n$

得知 $\displaystyle\lim_{n\to\infty} S_n = \lim_{n\to\infty}\left[1 - \frac{1}{(n+1)!}\right] = 1$，故無窮級數 $\displaystyle\sum_{k=1}^{\infty}\frac{k}{(k+1)!}$ 收斂。

5. 由 $\displaystyle\sum_{k=1}^{n}\frac{1}{k(k+1)} = \sum_{k=1}^{n}\left(\frac{1}{k}-\frac{1}{k+1}\right) = \left(\frac{1}{1}-\frac{1}{2}\right) + \left(\frac{1}{2}-\frac{1}{3}\right) + \cdots + \left(\frac{1}{n}-\frac{1}{n+1}\right)$

$\displaystyle = 1 - \frac{1}{n+1} = S_n$

得知 $\displaystyle\lim_{n\to\infty} S_n = \lim_{n\to\infty}\left(1 - \frac{1}{n+1}\right) = 1$，故無窮級數 $\displaystyle\sum_{k=1}^{\infty}\frac{1}{(k+1)!}$ 收斂。

6. 由 $\displaystyle\sum_{k=1}^{n}\ln\left(\frac{k+1}{k}\right) = \sum_{k=1}^{n}\left[\ln(k+1)-\ln k\right] = (\ln 2 - \ln 1) + (\ln 3 - \ln 2) + \cdots + \left(\ln(n+1)-\ln n\right)$

$= \ln(n+1) - \ln 1 = \ln(n+1) = S_n$

因為 $\displaystyle\lim_{n\to\infty} S_n = \lim_{n\to\infty}\left[\ln(n+1)-\ln 1\right] = \infty$，故無窮級數 $\displaystyle\sum_{k=1}^{\infty}\ln\left(\frac{k+1}{k}\right)$ 發散。

例題 1　基本題

試求 $\displaystyle\sum_{n=1}^{\infty}\frac{2^n + 3^n}{6^n} = ?$

解　原式 $=\sum_{n=1}^{\infty}\left[\left(\frac{2}{6}\right)^n+\left(\frac{3}{6}\right)^n\right]=\frac{\frac{2}{6}}{1-\frac{2}{6}}+\frac{\frac{3}{6}}{1-\frac{3}{6}}=\frac{1}{2}+1=\frac{3}{2}$ ■

類題　試求 $\sum_{n=0}^{\infty}\frac{3^n+4^n}{5^n}=?$

答　原式 $=\sum_{n=0}^{\infty}\left[\left(\frac{3}{5}\right)^n+\left(\frac{4}{5}\right)^n\right]=\frac{1}{1-\frac{3}{5}}+\frac{1}{1-\frac{4}{5}}=\frac{5}{2}+5=\frac{15}{2}$ ■

例題 2　基本題

試求 $\frac{1}{1\times3}+\frac{1}{2\times4}+\frac{1}{3\times5}+\frac{1}{4\times6}+\cdots=?$

解　原式 $=\sum_{n=1}^{\infty}\frac{1}{n(n+2)}=\frac{1}{2}\sum_{n=1}^{\infty}(\frac{1}{n}-\frac{1}{n+2})=\frac{1}{2}\left[(1-\frac{1}{3})+(\frac{1}{2}-\frac{1}{4})+(\frac{1}{3}-\frac{1}{5})+\cdots\right]$

$=\frac{1}{2}(1+\frac{1}{2})=\frac{3}{4}$ ■

類題　試求 $\sum_{n=1}^{\infty}\frac{1}{n(n+3)}=?$

答　原式 $=\sum_{n=1}^{\infty}\frac{1}{3}\left[\frac{1}{n}-\frac{1}{n+3}\right]$

$=\frac{1}{3}\left[(1-\frac{1}{4})+(\frac{1}{2}-\frac{1}{5})+(\frac{1}{3}-\frac{1}{6})+(\frac{1}{4}-\frac{1}{7})+\cdots\right]$

$=\frac{1}{3}\left[1+\frac{1}{2}+\frac{1}{3}\right]=\frac{11}{18}$ ■

習題 7-2

1.　求 $1+\frac{1}{3}+\frac{1}{9}+\cdots+\frac{1}{3^n}+\cdots=?$

2.　求 $\sum_{n=2}^{\infty}\frac{2}{n^2-1}=?$

3.　求 $a^{2009}+2a^{2008}+\cdots+2008a^2+2009a=?$

7-3 正項級數之斂散性判斷

配合例題 1、7

因為大多數的級數並不易求 $\lim\limits_{n\to\infty} S_n$ 之值，因此有必要利用一些定理來判斷正項級數之斂散性。總共有五個可用來判斷斂散性的定理，現說明如下：

定理一 頭陣定理

若 $\sum\limits_{n=1}^{\infty} a_n$ 收斂，則 $\lim\limits_{n\to\infty} a_n = 0$ 。

證明：$\because \sum\limits_{n=1}^{\infty} a_n$ 收斂 $\Rightarrow \lim\limits_{n\to\infty} S_n = \alpha$ 且 $\lim\limits_{n\to\infty} S_{n-1} = \alpha$

$\therefore \lim\limits_{n\to\infty} a_n = \lim\limits_{n\to\infty}(S_n - S_{n-1}) = \lim\limits_{n\to\infty} S_n - \lim\limits_{n\to\infty} S_{n-1} = \alpha - \alpha = 0$ ，得證。

觀念說明

1. 此定理其逆不真，即當 $\lim\limits_{n\to\infty} a_n = 0$ 時，$\sum\limits_{n=1}^{\infty} a_n$ 不一定收斂；如調和級數（harmonic series）$1 + \dfrac{1}{2} + \dfrac{1}{3} + \cdots$ 即屬於發散（後面會說明其發散理由）。

2. 此定理之同義敘述為「若 $\lim\limits_{n\to\infty} a_n \neq 0$ ，則 $\sum\limits_{n=1}^{\infty} a_n$ 發散」，稱為「第 n 項審斂法」。

3. 此處將定理一稱為「頭」陣定理，以利於記憶。

例題 1 說明題

(1) 級數 $\sum\limits_{n=1}^{\infty} \dfrac{1}{n}$ ，有 $\lim\limits_{n\to\infty} a_n = 0$ ，因此目前無法判斷其斂散性。

(2) 級數 $\sum\limits_{n=1}^{\infty} \dfrac{1}{n^2}$ ，有 $\lim\limits_{n\to\infty} a_n = 0$ ，因此目前無法判斷其斂散性。

例題 2　基本題

試判斷 $\displaystyle\sum_{n=1}^{\infty}\frac{n}{2n+3}$ 之斂散性。

解　∵ $\displaystyle\lim_{n\to\infty}\frac{n}{2n+3}=\frac{1}{2}\neq 0$

故 $\displaystyle\sum_{n=1}^{\infty}\frac{n}{2n+3}$ 發散。■

類題　試判斷 $\displaystyle\sum_{n=1}^{\infty}\frac{n}{3n+1}$ 之斂散性。

答　∵ $\displaystyle\lim_{n\to\infty}\frac{n}{3n+1}=\frac{1}{3}\neq 0$，故 $\displaystyle\sum_{n=1}^{\infty}\frac{n}{3n+1}$ 發散。■

定理二　積分審斂法

已知 $f(x)$ 在區間 $x\geq 1$ 內為正值、連續且遞減之函數，則：

1. 若 $\displaystyle\int_1^{\infty}f(x)dx$ 收斂，則 $\displaystyle\sum_{n=1}^{\infty}f(n)$ 為收斂。

2. 若 $\displaystyle\int_1^{\infty}f(x)dx$ 發散，則 $\displaystyle\sum_{n=1}^{\infty}f(n)$ 發散。

此稱為積分審斂法（integral test）。

例題 3　經典題

試判斷 $\displaystyle\sum_{n=1}^{\infty}\frac{1}{n^p}$ 之斂散性，其中 $p>0$。

解　當 $p=1$ 時，$\displaystyle\int_1^{\infty}\frac{1}{x}dx=\ln x\Big|_1^{\infty}=\infty$，發散

當 $p\neq 1$ 時，$\displaystyle\int_1^{\infty}\frac{1}{x^p}dx=\left[\frac{x^{1-p}}{1-p}\right]_1^{\infty}=\begin{cases}\dfrac{1}{p-1}\ ,\ \ p>1\\[2mm]\infty,\qquad 0<p<1\end{cases}$

故知 $\begin{cases}p>1\ ,\qquad \displaystyle\sum_{n=1}^{\infty}\frac{1}{n^p}\ \text{收斂}\\[4mm]0<p\leq 1\ ,\ \displaystyle\sum_{n=1}^{\infty}\frac{1}{n^p}\ \text{發散}\ \blacksquare\end{cases}$

註：例題 3 的結果為有名的「p 級數定理」，最好記住，有名的調和級數

$1+\dfrac{1}{2}+\dfrac{1}{3}+\dfrac{1}{4}+\cdots$ 即為發散。

例 題 4   經典題

試判斷 $\sum\limits_{n=1}^{\infty}\dfrac{\ln n}{n^p}$ 之斂散性，其中 $p>0$。

解   當 $p=1$ 時，$\displaystyle\int_1^\infty \dfrac{\ln x}{x}\,dx = \dfrac{1}{2}(\ln x)^2\Big|_1^\infty = \infty$，發散

當 $p\neq 1$ 時，$\displaystyle\int_1^\infty \dfrac{\ln x}{x^p}\,dx = \left[\dfrac{\ln x}{(1-p)x^{p-1}}-\dfrac{1}{(1-p)^2 x^{p-1}}\right]_1^\infty = \begin{cases}\infty, & p<1 \\ \dfrac{1}{(p-1)^2}, & p>1\end{cases}$

故 $\begin{cases} p>1, & \sum\limits_{n=1}^{\infty}\dfrac{\ln n}{n^p} \text{ 收斂} \\ 0<p\leq 1, & \sum\limits_{n=1}^{\infty}\dfrac{\ln n}{n^p} \text{ 發散} \blacksquare \end{cases}$

例 題 5   經典題

試判斷 $\sum\limits_{n=2}^{\infty}\dfrac{1}{n(\ln n)^p}$ 之斂散性，其中 $p>0$。

解   (1) 當 $p=1$ 時，$\displaystyle\int_2^\infty \dfrac{1}{x\ln x}\,dx = \ln(\ln x)\Big|_2^\infty = \infty$，發散

(2) 當 $p\neq 1$ 時，$\displaystyle\int_2^\infty \dfrac{1}{x(\ln x)^p}\,dx = \left[\dfrac{(\ln x)^{1-p}}{1-p}\right]_2^\infty = \begin{cases}\dfrac{-1}{1-p}(\ln 2)^{1-p}, & p>1 \\ \infty, & 0<p<1\end{cases}$

(3) 故知 $\begin{cases} p>1, & \sum\limits_{n=2}^{\infty}\dfrac{1}{n(\ln n)^p} \text{ 收斂} \\ 0<p\leq 1, & \sum\limits_{n=2}^{\infty}\dfrac{1}{n(\ln n)^p} \text{ 發散} \blacksquare \end{cases}$

註：由例題 5 知 $\sum\limits_{n=2}^{\infty}\dfrac{1}{n\ln n}$ 發散。

▶心得   以上三個級數 $\sum\limits_{n=1}^{\infty}\dfrac{1}{n^p}$、$\sum\limits_{n=1}^{\infty}\dfrac{\ln n}{n^p}$、$\sum\limits_{n=2}^{\infty}\dfrac{1}{n(\ln n)^p}$ 的斂散結論經常當成比較的基準，以下會用到！

定 理 三 比較法

$$\text{已知 } a_n \leq b_n, \ \forall n \ \text{，則} \begin{cases} \text{若 } \displaystyle\sum_{n=1}^{\infty} b_n \text{ 收斂} \Rightarrow \displaystyle\sum_{n=1}^{\infty} a_n \text{ 收斂} \\[3mm] \text{若 } \displaystyle\sum_{n=1}^{\infty} a_n \text{ 發散} \Rightarrow \displaystyle\sum_{n=1}^{\infty} b_n \text{ 發散} \end{cases} \quad\text{。}$$

比較法（comparison method）之實用型式稱為「極限比較法」，敘述如下：

已知 $\displaystyle\sum_{n=1}^{\infty} a_n$、$\displaystyle\sum_{n=1}^{\infty} b_n$ 均為正項級數，且 $\displaystyle\lim_{n\to\infty} \frac{a_n}{b_n} = L$

(1) 當 $0 < L < \infty$ 時，$\displaystyle\sum_{n=1}^{\infty} a_n$、$\displaystyle\sum_{n=1}^{\infty} b_n$ 之斂散性相同。

(2) 當 $\displaystyle\lim_{n\to\infty} \frac{a_n}{b_n} = 0$ 時，若 $\displaystyle\sum_{n=1}^{\infty} b_n$ 收斂，則 $\displaystyle\sum_{n=1}^{\infty} a_n$ 亦收斂。

(3) 當 $\displaystyle\lim_{n\to\infty} \frac{a_n}{b_n} = \infty$ 時，若 $\displaystyle\sum_{n=1}^{\infty} b_n$ 發散，則 $\displaystyle\sum_{n=1}^{\infty} a_n$ 亦發散。

例 題 6　基本題

試判斷 $\displaystyle\sum_{n=1}^{\infty} \frac{1}{n^2+2}$ 之斂散性。

解　$\because \ \dfrac{1}{n^2+2} \leq \dfrac{1}{n^2}$

已知 $\displaystyle\sum_{n=1}^{\infty} \frac{1}{n^2}$ 收斂，故 $\displaystyle\sum_{n=1}^{\infty} \frac{1}{n^2+2}$ 收斂。∎

類 題　試判斷 $\displaystyle\sum_{n=1}^{\infty} \frac{1}{n^3+2}$ 之斂散性。

答　$\dfrac{1}{n^3+2} < \dfrac{1}{n^3}$

$\because \ \displaystyle\sum_{n=1}^{\infty} \frac{1}{n^3}$ 收斂，$\therefore \ \displaystyle\sum_{n=1}^{\infty} \frac{1}{n^3+2}$ 收斂。∎

例題 7　基本題

試判斷 $\displaystyle\sum_{n=1}^{\infty}\frac{1}{n^2-3}$ 之斂散性。

解　∵ $\displaystyle\lim_{n\to\infty}\frac{\dfrac{1}{n^2-3}}{\dfrac{1}{n^2}}=1$

已知 $\displaystyle\sum_{n=1}^{\infty}\frac{1}{n^2}$ 收斂，故 $\displaystyle\sum_{n=1}^{\infty}\frac{1}{n^2-3}$ 收斂。∎

類題　試判斷 $\displaystyle\sum_{n=1}^{\infty}\frac{1}{n^3-2}$ 之斂散性。

答　∵ $\displaystyle\lim_{n\to\infty}\frac{\dfrac{1}{n^3-2}}{\dfrac{1}{n^3}}=1$

∵ $\displaystyle\sum_{n=1}^{\infty}\frac{1}{n^3}$ 收斂，∴ $\displaystyle\sum_{n=1}^{\infty}\frac{1}{n^3-2}$ 收斂。∎

例題 8　基本題

試判斷 $\displaystyle\sum_{n=1}^{\infty}\ln(1+\frac{1}{n^2})$ 之斂散性。

解　∵ $\displaystyle\lim_{n\to\infty}\frac{\ln(1+\dfrac{1}{n^2})}{\dfrac{1}{n^2}}\underset{n=\frac{1}{x}}{=}\lim_{x\to0}\frac{\ln(1+x^2)}{x^2}=\lim_{x\to0}\frac{\dfrac{2x}{1+x^2}}{2x}=1$

已知 $\displaystyle\sum_{n=1}^{\infty}\frac{1}{n^2}$ 收斂，故 $\displaystyle\sum_{n=1}^{\infty}\ln(1+\frac{1}{n^2})$ 收斂。∎

類題　試判斷 $\displaystyle\sum_{n=1}^{\infty}\ln(1+\frac{1}{n})$ 之斂散性。

答 $\because \lim\limits_{n\to\infty}\dfrac{\ln(1+\dfrac{1}{n})}{\dfrac{1}{n}} \underset{n=\frac{1}{x}}{=} \lim\limits_{x\to 0}\dfrac{\ln(1+x)}{x}=\lim\limits_{x\to 0}\dfrac{\dfrac{1}{1+x}}{1}=1$

已知 $\sum\limits_{n=1}^{\infty}\dfrac{1}{n}$ 發散，$\therefore \sum\limits_{n=1}^{\infty}\ln(1+\dfrac{1}{n})$ 發散。∎

▶心得 比較法就是：

1. 使用比較法時，需備（背）一些已知斂散性的參考用級數，常用的參考級數為 $\sum\limits_{n=1}^{\infty}\dfrac{1}{n^p}$ 、 $\sum\limits_{n=1}^{\infty}\dfrac{\ln n}{n^p}$ 、 $\sum\limits_{n=2}^{\infty}\dfrac{1}{n(\ln n)^p}$ 。

2. 比發散級數大，就發散；比收斂級數小，就收斂。

3. 發散級數的常數倍，就發散；收斂級數的常數倍，就收斂。

定理 四 比值法

已知級數 $\sum\limits_{n=1}^{\infty}a_n$ ，若 $\lim\limits_{n\to\infty}\dfrac{a_{n+1}}{a_n}=r$ ，則 $\begin{cases} 0\le r<1：收斂 \\ r=1：不確定 \\ r>1：發散 \end{cases}$ 。

說明：利用無窮等比級數和之觀點即可證得，此處證明從略。

★注意 比值法（ratio test）是利用同一個級數之後項比前項所得之結果，來判定級數之斂散性。

例 題 9 基本題

試判斷 $\sum\limits_{n=1}^{\infty}\dfrac{1}{n!}$ 之斂散性。

解 $\because \lim\limits_{n\to\infty}\dfrac{a_{n+1}}{a_n}=\lim\limits_{n\to\infty}\dfrac{\dfrac{1}{(n+1)!}}{\dfrac{1}{n!}}=\lim\limits_{n\to\infty}\dfrac{1}{n+1}=0<1$

故 $\sum\limits_{n=1}^{\infty}\dfrac{1}{n!}$ 收斂。∎

類題 試判斷 $\sum_{n=1}^{\infty} \frac{1}{\sqrt{n!}}$ 之斂散性。

答 $\because \lim_{n\to\infty} \frac{a_{n+1}}{a_n} = \lim_{n\to\infty} \frac{\sqrt{n!}}{\sqrt{(n+1)!}} = \lim_{n\to\infty} \frac{1}{\sqrt{n+1}} = 0 < 1$，故 $\sum_{n=1}^{\infty} \frac{1}{\sqrt{n!}}$ 收斂。∎

例題 10 基本題

試判斷 $\sum_{n=1}^{\infty} \frac{n}{2^n}$ 之斂散性？

解 $\because \lim_{n\to\infty} \frac{a_{n+1}}{a_n} = \lim_{n\to\infty} \frac{\frac{n+1}{2^{n+1}}}{\frac{n}{2^n}} = \lim_{n\to\infty} \frac{n+1}{2n} = \frac{1}{2} < 1$，故收斂。∎

類題 試判斷 $\sum_{n=1}^{\infty} \frac{4^n}{n(n+1)}$ 之斂散性？

答 $\because \lim_{n\to\infty} \frac{a_{n+1}}{a_n} = \lim_{n\to\infty} \frac{\frac{4^{n+1}}{(n+1)(n+2)}}{\frac{4^n}{n(n+1)}} = \lim_{n\to\infty} \frac{4n}{n+2} = 4 > 1$，故發散。∎

定理五 根值法

已知級數 $\sum_{n=1}^{\infty} a_n$，若 $\lim_{n\to\infty} \sqrt[n]{a_n} = r$，則 $\begin{cases} 0 \le r < 1：收斂 \\ r = 1：不確定 \\ r > 1：發散 \end{cases}$ ；此稱為根值法（root test）。

說明：利用無窮等比級數和之觀點即可證得，此處證明從略。

例題 11 基本題

試判斷 $\sum_{n=1}^{\infty} (\frac{n}{4n+1})^n$ 之斂散性。

解　∵ $\lim_{n\to\infty}\sqrt[n]{a_n}=\lim_{n\to\infty}\sqrt[n]{(\dfrac{n}{4n+1})^n}=\lim_{n\to\infty}\dfrac{n}{4n+1}=\dfrac{1}{4}<1$

　　故 $\displaystyle\sum_{n=1}^{\infty}(\dfrac{n}{4n+1})^n$ 收斂。∎

類題　試判斷 $\displaystyle\sum_{n=1}^{\infty}(\dfrac{n}{2n+1})^n$ 之斂散性。

答　∵ $\lim_{n\to\infty}\sqrt[n]{a_n}=\lim_{n\to\infty}\sqrt[n]{(\dfrac{n}{2n+1})^n}=\lim_{n\to\infty}\dfrac{n}{2n+1}=\dfrac{1}{2}<1$，故 $\displaystyle\sum_{n=1}^{\infty}(\dfrac{n}{2n+1})^n$ 收斂。∎

觀念說明

1. 比值法與根值法乃是同一級數之比較結果，其理論皆起源於與等比級數公比 $|r|<1$ 之收斂結論，故二者之結論也相同。

2. 比較法是本身與其他級數之比較，故其結論異於比值法與根值法。

　　至此已將五個判斷斂散的定理說明完，我給同學一個有效的「解題程序」：

◆記憶口訣　頭積較值根（諧音為「偷雞叫值更」），每一個字代表一種判斷法（從定理一到定理五），看到判斷斂散性的題目依次以五種方法判斷之，必有一種方法可解題。

例題12　基本題

試判斷 $\displaystyle\sum_{n=1}^{\infty}\sin\dfrac{1}{n}$ 之斂散性。

解　∵ $\lim_{n\to\infty}\dfrac{\sin\dfrac{1}{n}}{\dfrac{1}{n}}=1$，已知 $\displaystyle\sum_{n=1}^{\infty}\dfrac{1}{n}$ 發散，故 $\displaystyle\sum_{n=1}^{\infty}\sin\dfrac{1}{n}$ 發散。∎

類題　試判斷 $\displaystyle\sum_{n=1}^{\infty}\sin\dfrac{1}{n^2}$ 之斂散性。

答　∵ $\lim_{n\to\infty}\dfrac{\sin\dfrac{1}{n^2}}{\dfrac{1}{n^2}}=\lim_{x\to 0}\dfrac{\sin x^2}{x^2}=1$（$x=\dfrac{1}{n}$），已知 $\displaystyle\sum_{n=1}^{\infty}\dfrac{1}{n^2}$ 收斂，故 $\displaystyle\sum_{n=1}^{\infty}\sin\dfrac{1}{n^2}$ 收斂。∎

例題 13　基本題

試判斷 $\displaystyle\sum_{n=2}^{\infty}\frac{1}{\ln n}$ 之斂散性。

解　$\because \dfrac{1}{\ln n} > \dfrac{1}{n}$，已知 $\displaystyle\sum_{n=2}^{\infty}\frac{1}{n}$ 發散，故 $\displaystyle\sum_{n=2}^{\infty}\frac{1}{\ln n}$ 發散。∎

類題　試判斷 $\displaystyle\sum_{n=2}^{\infty}\frac{1}{2\ln n - 1}$ 之斂散性。

答　$\dfrac{1}{2\ln n - 1} > \dfrac{1}{2\ln n}$，已知 $\displaystyle\sum_{n=2}^{\infty}\frac{1}{2\ln n}$ 發散，故 $\displaystyle\sum_{n=2}^{\infty}\frac{1}{2\ln n - 1}$ 發散。∎

例題 14　基本題

試判斷 $\displaystyle\sum_{n=1}^{\infty}\frac{1}{n^2(n+1)}$ 之斂散性。

解　由 p 級數定理知分母次數只要大於 1 以上為收斂，故 $\displaystyle\sum_{n=1}^{\infty}\frac{1}{n^2(n+1)}$ 收斂。∎

類題　試判斷 $\displaystyle\sum_{n=1}^{\infty}\frac{1}{n\sqrt{n}}$ 之斂散性。

答　$\because \dfrac{1}{n\sqrt{n}}$ 之分母次數大於 1，故 $\displaystyle\sum_{n=1}^{\infty}\frac{1}{n\sqrt{n}}$ 收斂。∎

例題 15　基本題

試判斷 $\displaystyle\sum_{n=1}^{\infty}\frac{1}{\sqrt[n]{n}}$ 之斂散性。

解　$\because \displaystyle\lim_{n\to\infty}\frac{1}{\sqrt[n]{n}} = 1 \neq 0$，故 $\displaystyle\sum_{n=1}^{\infty}\frac{1}{\sqrt[n]{n}}$ 發散。∎

類題　判斷 $\displaystyle\sum_{n=1}^{\infty}(1+\frac{a}{n})^n$ 之斂散性，其中 $a > 0$。

答　$\because \displaystyle\lim_{n\to\infty}(1+\frac{a}{n})^n = e^a > 1$，故 $\displaystyle\sum_{n=1}^{\infty}(1+\frac{a}{n})^n$ 發散。∎

習題 7-3

判斷下列各題級數之斂散性。

1. $\displaystyle\sum_{n=1}^{\infty}\frac{n}{3^n}$

2. $1+\dfrac{2}{2^2}+\cdots+\dfrac{n}{2^{2n-2}}+\cdots$

3. $\displaystyle\sum_{n=2}^{\infty}\frac{1}{n(\ln n)^{3/2}}$

4. $\displaystyle\sum_{n=2}^{\infty}\frac{1}{2(\ln n)^2}$

5. $\displaystyle\sum_{n=1}^{\infty}\frac{1}{\sqrt{n}\,(n+1)}$

6. $\displaystyle\sum_{n=1}^{\infty}\frac{1}{3^n-n}$

7. $\displaystyle\sum_{n=1}^{\infty}\frac{\sqrt{n}+1}{n^2-3n+1}$

8. $\displaystyle\sum_{n=2}^{\infty}\frac{2^n}{n(n+1)}$

9. $\displaystyle\sum_{n=1}^{\infty}\left(\frac{4n}{5n-2}\right)^n$

7-4 交錯級數之斂散性判斷

所謂交錯級數（alternating series），顧名思義即正負交錯之級數，型式如下：

$$\sum_{n=1}^{\infty}(-1)^{n+1}a_n = a_1 - a_2 + a_3 - a_4 + \cdots \;,\; \forall a_n \geq 0$$

與上一節的正項級數不同，此處僅一種方法判斷交錯級數之斂散性，稱為交錯級數審斂法（又稱 Leibnitz 審斂法），因此相當好讀！內容如下：

定理　交錯級數審斂法

已知 $\displaystyle\sum_{n=1}^{\infty}(-1)^{n+1}a_n = a_1 - a_2 + a_3 - a_4 + \cdots$，$\forall n,\, a_n \geq 0$，若滿足：

1. $a_{n+1} < a_n$（即後項比前項小）。

2. $\displaystyle\lim_{n\to\infty}a_n = 0$。

則原級數收斂；若「不同時」滿足此二條件，則原級數發散。

另外，對交錯級數而言，又衍生了條件收斂與絕對收斂之定義：

定義　條件收斂

若 $\sum\limits_{n=1}^{\infty}(-1)^{n+1}a_n$ 為收斂，但 $\sum\limits_{n=1}^{\infty}a_n$ 發散，稱 $\sum\limits_{n=1}^{\infty}(-1)^{n+1}a_n$ 為條件收斂（conditionally convergence）。　■

定義　絕對收斂

若 $\sum\limits_{n=1}^{\infty}(-1)^{n+1}a_n$ 為收斂，且 $\sum\limits_{n=1}^{\infty}a_n$ 亦收斂，稱 $\sum\limits_{n=1}^{\infty}(-1)^{n+1}a_n$ 為絕對收斂（absolutely convergence）。　■

因此，若已判定一個交錯級數為收斂時，可依題意之要求再判定其為條件收斂或絕對收斂。

觀念說明

1. 欲利用交錯級數審斂法時，需知 a_n 是否為遞減，若不易馬上看出此事實，可藉由以下的二個方法判斷：

   方法 1：由 $(a_n)' < 0$ $\xrightarrow{\text{判斷}}$ a_n 為遞減。

   方法 2：由 $a_{n+1} - a_n < 0$ $\xrightarrow{\text{判斷}}$ a_n 為遞減。

2. 現以圖解方式顯現三種交錯級數之斂散結果：

   (1) $S_n = 1 - \dfrac{1}{2} + \dfrac{1}{3} - \dfrac{1}{4} + \cdots = \ln 2$，故收斂

      如右圖所示：

      此級數和為 $\ln 2$ 之理由本章後面會再說明。

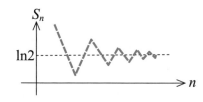

   (2) $S_n = 1 - 2 + 3 - 4 + \cdots = \pm\infty$，故發散

      如右圖所示：

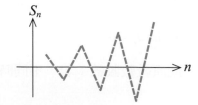

(3) $S_n = 1-1+1-1+\cdots = 1$ 或 0，故發散

如右圖所示：

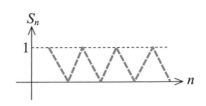

例題 1 　基本題

試判斷 $\displaystyle\sum_{n=1}^{\infty} \frac{(-1)^{n+1} n}{n+2}$ 之斂散性。

解　∵ $\displaystyle\lim_{n\to\infty} a_n = \lim_{n\to\infty} \frac{n}{n+2} = 1 \neq 0$

故由交錯級數審斂法知原級數為發散。■

類題　試判斷 $\displaystyle\sum_{n=1}^{\infty} \frac{(-1)^{n+1} n^2}{n^2+8}$ 之斂散性。

答　∵ $\displaystyle\lim_{n\to\infty} a_n = \lim_{n\to\infty} \frac{n^2}{n^2+8} = 1 \neq 0$

故由交錯級數審斂法知原級數為發散。■

例題 2 　基本題

試判斷 $\displaystyle\sum_{n=1}^{\infty} \frac{3(-1)^{n+1}}{\ln(n+1)}$ 是否收斂？是條件收斂嗎？

解　(1) ∵ $\begin{cases} \dfrac{3}{\ln(n+1)} < \dfrac{3}{\ln(n)} \\ \displaystyle\lim_{n\to\infty} \dfrac{3}{\ln(n+1)} = 0 \end{cases}$，故由交錯級數審斂法知原級數為收斂。

(2) 又 $\displaystyle\sum_{n=1}^{\infty} \frac{3}{\ln(n+1)}$ 發散，故 $\displaystyle\sum_{n=1}^{\infty} \frac{3(-1)^{n+1}}{\ln(n+1)}$ 為條件收斂。■

類題　試判斷 $\displaystyle\sum_{n=2}^{\infty} \frac{(-1)^{n+1}}{n \ln n}$ 是否收斂？是條件收斂嗎？

答　由 $\begin{cases} \displaystyle\lim_{n\to\infty}\frac{1}{n\ln n}=0 \\ \displaystyle\frac{1}{(n+1)\ln(n+1)}<\frac{1}{n\ln n} \end{cases}$ ，故原級數為收斂。

又 $\displaystyle\sum_{n=2}^{\infty}\frac{1}{n\ln n}$ 發散，故 $\displaystyle\sum_{n=2}^{\infty}\frac{(-1)^{n+1}}{n\ln n}$ 為條件收斂。∎

例題 3　基本題

試判斷 $\displaystyle\sum_{n=1}^{\infty}(-1)^{n+1}\frac{2n^2}{n^3+3}$ 之斂散性。

解　先算 $\left(\dfrac{2n^2}{n^3+3}\right)'=\dfrac{-2n^4+12n}{(n^3+3)^2}<0$

或由 $\dfrac{2(n+1)^2}{(n+1)^3+3}-\dfrac{2n^2}{n^3+3}=\dfrac{-2n^4-4n^3-2n^2+12n-6}{\left[(n+1)^3+3\right]\left(n^3+3\right)}<0$

$\therefore \left.\begin{array}{l} \dfrac{2(n+1)^2}{(n+1)^3+3}<\dfrac{2n^2}{n^3+3} \\[2mm] \displaystyle\lim_{n\to\infty}\frac{2n^2}{n^3+3}=0 \end{array}\right\}$ ，故由交錯級數審斂法知原級數為收斂。∎

[類]題　試判斷 $\displaystyle\sum_{n=1}^{\infty}(-1)^{n+1}\frac{2n}{3n^2-1}$ 之斂散性。

答　先算 $\left(\dfrac{2n}{3n^2-1}\right)'=\dfrac{-6n^2-2}{(3n^2-1)^2}<0$

由 $\begin{cases} \displaystyle\lim_{n\to\infty}\frac{2n}{3n^2-1}=0 \\[2mm] \displaystyle\frac{2(n+1)}{3(n+1)^2-1}<\frac{2n}{3n^2-1} \end{cases}$ ，故原級數為收斂。∎

例題 4　注意題

試判斷 $\displaystyle\sum_{n=1}^{\infty}(-1)^{n+1}(n)^{1/n}$ 之斂散性。

解　∵ $\displaystyle\lim_{n\to\infty}(n)^{1/n}=e^0=1\neq 0$，故 $\displaystyle\sum_{n=1}^{\infty}(-1)^{n+1}(n)^{1/n}$ 發散。■

類題　試判斷 $\displaystyle\sum_{n=1}^{\infty}(-1)^{n}\frac{3n}{4n-1}$ 之斂散性。

答　∵ $\displaystyle\lim_{n\to\infty}(\frac{3n}{4n-1})=\frac{3}{4}\neq 0$，故 $\displaystyle\sum_{n=1}^{\infty}(-1)^{n}\frac{3n}{4n-1}$ 發散。■

習題 7-4

判斷下列交錯級數之斂散性，並區分絕對收斂或條件收斂。

1. $\displaystyle\sum_{n=1}^{\infty}(-1)^{n+1}\frac{\ln n}{n^2}$

2. $\displaystyle\sum_{n=2}^{\infty}\frac{n(-1)^n}{n+1}$

3. $\displaystyle\sum_{n=1}^{\infty}\frac{n^2(-1)^n}{n^3+1}$

4. $\displaystyle\sum_{n=1}^{\infty}\frac{(-1)^n}{n!}$

5. $\displaystyle\sum_{n=1}^{\infty}(-1)^{n+1}\frac{5^n}{n^2\cdot 2^n}$

6. $\displaystyle\sum_{n=1}^{\infty}\frac{(-1)^n}{n\sqrt{n+1}}$

7-5 冪級數與泰勒級數

　　這是重要的一節，觀念以後都會用到。冪級數（power series）的構想乃希望「任意函數」皆可以用多項式來逼近！因為多項式的構造最簡單，是大家最了解的函數（即可以化繁為簡），先看看如下之定義：

定義　冪級數

1. $\displaystyle\sum_{n=0}^{\infty} a_n x^n = a_0 + a_1 x + a_2 x^2 + a_3 x^3 + \cdots$

稱為以 $x = 0$ 為中心點 [（center），亦稱展開點] 展開之冪級數。

2. $\displaystyle\sum_{n=0}^{\infty} a_n (x-x_0)^n = a_0 + a_1 (x-x_0) + a_2 (x-x_0)^2 + a_3 (x-x_0)^3 + \cdots$

稱為以 $x = x_0$ 為中心點展開之冪級數。 ∎

由冪級數之外型可以看出 x 愈大（即離中心點愈遠），則此級數會愈大，造成級數愈容易發散，因此有所謂的收斂半徑（Radius Of Convergence，簡稱 ROC）問題。現定義如下：

定義　收斂半徑與收斂區間

若 $f(x) = \displaystyle\sum_{n=0}^{\infty} a_n (x-x_0)^n$ 在 $|x-x_0| < R$ 均收斂，稱 R 為級數之收斂半徑，$|x-x_0| < R$ 為收斂區間（interval of convergence），如右圖所示。 ∎

因此多項式函數就是有限項的冪級數！如 $f(x) = x^2 + 2x + 2$，此式可視為以 $x = 0$ 為中心點展開之冪級數，即「函數 $f(x)$」被冪級數 $x^2 + 2x + 2$ 所決定！因此可以聯想到在某一冪級數的收斂區間內，冪級數可以用來「表示」一個任意函數，使此函數的定義域與冪級數的收斂區間相同，如下所示：

$$\underbrace{f(x)}_{\text{任意函數}} = \underbrace{\sum_{n=0}^{\infty} a_n (x-x_0)^n}_{\text{冪級數}} \, , \, |x-x_0| < R$$

例如有名的無窮等比級數（國中就學過）就是！如下所示：

$$f(x) = \frac{1}{1-x} = 1 + x + x^2 + x^3 + \cdots = \sum_{n=0}^{\infty} x^n \, , \, |x| < 1$$

　　欲決定冪級數之收斂半徑，可利用比值法或根值法（因為冪級數之外型近似等比級數！）與觀察法。說明如下：

1. **比值法**：設 $f(x) = a_0 + a_1(x - x_0) + a_2(x - x_0) + \cdots + a_n(x - x_0)^n + \cdots$

   由 $\lim\limits_{n \to \infty} \left| \dfrac{a_{n+1}(x - x_0)^{n+1}}{a_n(x - x_0)^n} \right| = |x - x_0| \lim\limits_{n \to \infty} \left| \dfrac{a_{n+1}}{a_n} \right| < 1$ ， $f(x)$ 收斂

   令 $\lim\limits_{n \to \infty} \left| \dfrac{a_{n+1}}{a_n} \right| = L$ ，則 $L|x - x_0| < 1 \Rightarrow |x - x_0| < \dfrac{1}{L}$ ，故收斂半徑為 $\dfrac{1}{L}$

2. **根值法**：設 $\displaystyle\sum_{n=0}^{\infty} a_n(x - x_0)^n = a_0 + a_1(x - x_0) + a_2(x - x_0)^2 + \cdots$

   由 $\lim\limits_{n \to \infty} \sqrt[n]{a_n(x - x_0)^n} = |x - x_0| \lim\limits_{n \to \infty} \sqrt[n]{a_n} < 1$ 收斂

   令 $\lim\limits_{n \to \infty} \sqrt[n]{a_n} = L$ ，則 $L|x - x_0| < 1 \Rightarrow |x - x_0| < \dfrac{1}{L}$ ，故 $R = \dfrac{1}{L}$ 。

3. **觀察法**：設 $f(x) = \displaystyle\sum_{n=0}^{\infty} a_n(x - x_0)^n$ ，若 $f(x)$ 已決定，則觀察 $f(x)$ 是否有使 $f(x)$ 為無意義之異點（singular point），則 R 即為中心點到此異點之距離。如

   $$\frac{1}{1 - x} = 1 + x + x^2 + x^3 + \cdots$$

   觀察知 $\dfrac{1}{1 - x}$ 之異點為 $x = 1$ ，中心點為 $x = 0$ ，故 $R = 1$ ，

   如右圖所示：

　　至於「端點」之收斂情況，需視為常數級數個別討論。

定 理

　　冪級數 $\displaystyle\sum_{n=0}^{\infty} a_n(x - x_0)^n$ 的收斂區域，以下三種情況僅擇一成立：

1. 僅在點 $x = x_0$ 收斂（此時 a_n 很大）。

2. 在 $-\infty < x < \infty$ 收斂（此時 a_n 很小）。

3. 在 $|x - x_0| < R$ 收斂（此時 a_n 適中），在 $|x - x_0| > R$ 發散。

例題 1　基本題

求 $\displaystyle\sum_{n=1}^{\infty} n^n x^n$ 之收斂半徑？

解　$\displaystyle\lim_{n\to\infty}\left|\frac{a_{n+1}}{a_n}\right| = \lim_{n\to\infty}\left|\frac{(n+1)^{n+1}x^{n+1}}{n^n x^n}\right| = |x|\lim_{n\to\infty}(n+1)\left(1+\frac{1}{n}\right)^n = |x|\cdot\infty < 1 \Rightarrow |x| < \frac{1}{\infty}$

故收斂半徑為 $\dfrac{1}{\infty} = 0$，即僅在 $x = 0$ 收斂。■

類題　求 $\displaystyle\sum_{n=1}^{\infty} \frac{n!(x+1)^n}{3^n}$ 之收斂半徑？

答　$\displaystyle\lim_{n\to\infty}\left|\frac{a_{n+1}}{a_n}\right| = \lim_{n\to\infty}\left|\frac{\dfrac{(n+1)!}{3^{n+1}}(x+1)^{n+1}}{\dfrac{n!}{3^n}(x+1)^n}\right| = |x+1|\lim_{n\to\infty}\frac{n+1}{3} = |x+1|\cdot\infty < 1$

故收斂半徑為 0。■

例題 2　基本題

求 $\displaystyle\sum_{n=1}^{\infty} \frac{x^n}{n!}$ 之收斂半徑？

解　$\displaystyle\lim_{n\to\infty}\left|\frac{a_{n+1}}{a_n}\right| = \lim_{n\to\infty}\left|\frac{\dfrac{x^{n+1}}{(n+1)!}}{\dfrac{x^n}{n!}}\right| = |x|\lim_{n\to\infty}\frac{1}{n+1} = |x|\cdot 0 < 1 \Rightarrow |x| < \infty$，收斂半徑 ∞。■

類題　求 $\displaystyle\sum_{n=0}^{\infty} (-1)^n \frac{x^{2n}}{(2n)!}$ 之收斂半徑？

答　$\displaystyle\lim_{n\to\infty}\left|\frac{a_{n+1}}{a_n}\right| = \lim_{n\to\infty}\left|\frac{\dfrac{x^{2n+2}}{(2n+2)!}}{\dfrac{x^{2n}}{(2n)!}}\right| = |x^2|\lim_{n\to\infty}\frac{1}{(2n+2)(2n+1)} = |x^2|\cdot 0 < 1$

$\therefore |x^2| < \infty \Rightarrow -\infty < x < \infty$，得收斂半徑為 ∞。■

例題 3　基本題

求 $\displaystyle\sum_{n=1}^{\infty}\frac{(3x)^n}{n}$ 之收斂半徑。

解　$\displaystyle\lim_{n\to\infty}\left|\frac{a_{n+1}}{a_n}\right|=\lim_{n\to\infty}\left|\frac{\dfrac{3^{n+1}x^{n+1}}{n+1}}{\dfrac{3^n x^n}{n}}\right|=|x|\lim_{n\to\infty}\frac{3n}{n+1}=3|x|<1\Rightarrow 3|x|<1$，$|x|<\dfrac{1}{3}$

故收斂半徑為 $\dfrac{1}{3}$。■

類題　求 $\displaystyle\sum_{n=1}^{\infty}\frac{x^{n-1}}{n+1}$ 之收斂半徑。

答　$\displaystyle\lim_{n\to\infty}\left|\frac{a_{n+1}}{a_n}\right|=\lim_{n\to\infty}\left|\frac{\dfrac{x^n}{n+2}}{\dfrac{x^{n-1}}{n+1}}\right|=|x|\lim_{n\to\infty}\frac{n+1}{n+2}=|x|\to|x|<1$

故收斂半徑為 1。■

例題 4　基本題

求 $\displaystyle\sum_{n=1}^{\infty}(-1)^n\frac{(x-2)^n}{3^n\sqrt{n}}$ 之收斂區間。

解　$\displaystyle\lim_{n\to\infty}\left|\frac{a_{n+1}}{a_n}\right|=\lim_{n\to\infty}\left|\frac{\dfrac{(x-2)^{n+1}}{3^{n+1}\sqrt{n+1}}}{\dfrac{(x-2)^n}{3^n\sqrt{n}}}\right|=\frac{|x-2|}{3}\lim_{n\to\infty}\sqrt{\frac{n}{n+1}}=\frac{|x-2|}{3}\Rightarrow\frac{|x-2|}{3}<1$

$\therefore |x-2|<3 \to -1<x<5$，現在討論端點如下：

(1) $x=5$ 時，$\displaystyle\sum_{n=1}^{\infty}(-1)^n\frac{(5-2)^n}{3^n\sqrt{n}}=\sum_{n=1}^{\infty}(-1)^n\frac{1}{\sqrt{n}}$ 為收斂。

(2) $x=-1$ 時，$\displaystyle\sum_{n=1}^{\infty}(-1)^n\frac{(-1-2)^n}{3^n\sqrt{n}}=\sum_{n=1}^{\infty}\frac{1}{\sqrt{n}}$ 為發散。

故得收斂區間為 $-1<x\le 5$。■

類題　求 $\displaystyle\sum_{n=1}^{\infty}\frac{(-1)^n(x-3)^n}{(n+1)2^n}$ 之收斂區間。

答　$\displaystyle\lim_{n\to\infty}\left|\frac{a_{n+1}}{a_n}\right|=\lim_{n\to\infty}\left|\frac{\dfrac{(x-3)^{n+1}}{2^{n+1}(n+2)}}{\dfrac{(x-3)^n}{2^n(n+1)}}\right|=\frac{|x-3|}{2}\lim_{n\to\infty}\frac{n+1}{n+2}=\frac{|x-3|}{2}\Rightarrow\frac{|x-3|}{2}<1$

∴ $|x-3|<2 \to 1<x<5$，現在討論端點如下：

(1) $x=5$ 時，$\displaystyle\sum_{n=1}^{\infty}\frac{(-1)^n}{n+1}$ 為收斂。

(2) $x=1$ 時，$\displaystyle\sum_{n=1}^{\infty}\frac{1}{n+1}$ 為發散。

故得收斂區間為 $1<x\le5$。∎

例題 5　基本題

求 $\displaystyle\sum_{n=1}^{\infty}\frac{(-1)^n}{10^n}(x-5)^n$ 之收斂區間。

解　$\displaystyle\lim_{n\to\infty}\left|\frac{a_{n+1}}{a_n}\right|=\lim_{n\to\infty}\left|\frac{\dfrac{(x-5)^{n+1}}{10^{n+1}}}{\dfrac{(x-5)^n}{10^n}}\right|=\left|x-5\right|\cdot\frac{1}{10}<1\to\left|x-5\right|<10\to-5<x<15$

現在討論端點如下：

(1) $x=-5$ 時，$\displaystyle\sum_{n=1}^{\infty}1$ 為發散。

(2) $x=15$ 時，$\displaystyle\sum_{n=1}^{\infty}(-1)^n$ 為發散。

故得收斂區間為 $-5<x<15$。∎

類題　求 $\displaystyle\sum_{n=1}^{\infty}(-1)^{n+1}\frac{2^n x^n}{n3^n}$ 之收斂區間。

答　$\displaystyle\lim_{n\to\infty}\left|\frac{a_{n+1}}{a_n}\right|=\lim_{n\to\infty}\left|\frac{\dfrac{2^{n+1}x^{n+1}}{(n+1)3^{n+1}}}{\dfrac{2^n x^n}{n3^n}}\right|=|x|\lim_{n\to\infty}\left|\frac{2n}{3(n+1)}\right|=\frac{2}{3}|x|<1$

$\therefore |x| < \dfrac{3}{2}$，現在討論端點如下：

(1) $x = \dfrac{3}{2}$ 時，$\displaystyle\sum_{n=1}^{\infty} \dfrac{(-1)^{n+1}}{n}$ 為收斂。

(2) $x = -\dfrac{3}{2}$ 時，$\displaystyle\sum_{n=1}^{\infty} \dfrac{-1}{n}$ 為發散。

故得收斂區間為 $-\dfrac{3}{2} < x \le \dfrac{3}{2}$。■

冪級數之運算理論

已知 $f(x)$、$g(x)$ 在 $x = x_0$ 展開之冪級數分別如下：

$$f(x) = a_0 + a_1(x - x_0) + \cdots + a_n(x - x_0)^n + \cdots，\ |x - x_0| < R_1$$
$$g(x) = b_0 + b_1(x - x_0) + \cdots + b_n(x - x_0)^n + \cdots，\ |x - x_0| < R_2$$

對 $f(x)$、$g(x)$ 之冪級數進行加、減、乘、除、微分、積分之運算時，需注意的觀念如下：

1. 二個冪級數進行加減乘除時，所得新級數之收斂區間為原級數收斂區間之「交集」。其中作除法時還要額外注意一點：分母為 0 的異點要當成分段點！

2. 直接對原級數進行微分與積分運算，具有如下特性：

   微分運算：新級數較易發散，故新級數之收斂區間需較原級數「減小」，通常都減小收斂區間之端點。（因為收斂半徑是不變的！）

   積分運算：新級數較易收斂，故新級數之收斂區間需較原級數「擴大」，通常都擴大收斂區間之端點。（因為收斂半徑是不變的！）

   此特性可由 $\begin{cases} f'(x) = \displaystyle\sum_{n=0}^{\infty} na_n(x - x_0)^{n-1} \\ \displaystyle\int f(x)dx = \sum_{n=0}^{\infty} \dfrac{a_n}{n+1}(x - x_0)^{n+1} \end{cases}$ 之外型而得知，因為可看出微分相當於係數乘 n，而積分相當於係數除 $(n + 1)$。

3. 冪級數可以進行「長除法」之運算，例題會有說明。

   說明完冪級數之理論後，剩下的問題是：要如何求出一函數在某一中心點展開

的冪級數呢？這就要說明泰勒級數（Taylor series）這個定理了！藉由此定理敘述的泰勒公式，就可將任意函數在中心點展開成冪級數，即以泰勒公式所求出的泰勒級數就是冪級數，有了冪級數就可讓每個函數都在冪級數之型式下進行分析、比較、取極限、…等數學運算，以增進問題解析的能力，因此稱泰勒級數是微積分的一個超級武器絕不為過，它將會跟隨你（妳）一輩子！

定 理 **泰勒級數定理**

若 $f(x)$、$f'(x)\cdots f^{(n)}(x)$ 在區間 $[a, b]$ 內連續，且 $f^{(n+1)}(x)$ 存在，則 $f(x)$ 可在 $x = x_0$ 為中心點（展開點）展開如下之級數：

$$f(x) = f(x_0) + f'(x_0)(x - x_0) + \frac{f''(x_0)}{2!}(x - x_0)^2 + \cdots + \frac{f^{(n)}(x_0)}{n!}(x - x_0)^n$$

$$+ \frac{f^{(n+1)}(c)}{(n+1)!}(x - x_0)^{n+1} \cdots\cdots (1)$$

(1)式稱為泰勒公式（Taylor formula）。

其中 $T_n(x) \equiv \sum_{k=0}^{n} \frac{f^{(k)}(x_0)}{k!}(x - x_0)^k$

稱 n 階（n-th degree）泰勒多項式（Taylor polynomial）

而在最後一項中，$f^{(n+1)}(x)$ 不是對 x_0 取值，而是對 c 取值，其

中 $x_0 - R < c < x_0 + R$，如右圖。

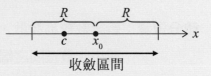

且此處稱 $R_n(x) \equiv \frac{f^{(n+1)}(c)}{(n+1)!}(x - x_0)^{n+1} \cdots(2)$

為 Lagrange 餘項（remainder），也就是原函數 $f(x)$ 與泰勒多項式

$T_n(x) \equiv \sum_{k=0}^{n} \frac{f^{(k)}(x_0)}{k!}(x - x_0)^k$ 二者間之誤差界限（error bound）。

說明：令 $f(x) = a_0 + a_1(x - x_0) + a_2(x - x_0)^2 + a_3(x - x_0)^3 + \cdots$ $\cdots\cdots (a)$

以 $x = x_0$ 代入得 $a_0 = f(x_0)$

對 (a) 式微分得 $f'(x) = a_1 + 2a_2(x - x_0) + 3a_3(x - x_0)^2 + \cdots$

以 $x = x_0$ 代入得 $a_1 = f'(x_0)$

持續微分之，並令 $x = x_0$ 代入得 $a_2 = \frac{1}{2!}f''(x_0)$，$a_3 = \frac{1}{3!}f'''(x_0)\cdots$

(1) 式會經常使用，最好記住！

觀念說明

1. 泰勒級數具有「中心點」，但不是每一個級數都有中心點的，如在工程數學中所學到的傅立葉級數（Fourier series）即無中心點。

2. 中心點為 $x_0 = 0$ 之泰勒級數特稱為馬克洛林級數（Maclaurin series）。

3. 總結來說，泰勒級數 $\sum_{n=0}^{\infty} \dfrac{f^{(n)}(x_0)}{n!}(x - x_0)^n$ 僅在區間 $|x - x_0| \leq r$ 有效，意即「定」住 x 的使用範圍，超出此範圍級數就不能用。

4. 對泰勒級數而言，當 x 離中心點 x_0 愈近，即使項數取得不多，亦可達到要求之精度，即收斂速度愈快！若是要用到離中心點較遠處，為避免收斂速度慢，則可使用「平移」的手段！下面將有例題說明之。

5. 實際求 $f(x)$ 在 $x = x_0$ 之泰勒級數時，對具有「微分規律性」之函數使用定義法求泰勒級數就很快，但不具有「微分規律性」之函數求泰勒級數，則需靠其他的算法才會較快，下面將有例題說明之。

6. 具「微分規律性」的函數為 e^{ax}、$\cos x$、$\sin x$、$\dfrac{1}{1-x}$、$\dfrac{1}{1+x}$。

例題 6　基本題

求出 $f(x) = e^x$ 在 $x = 0$ 之泰勒級數。

解　e^x 具微分規律性，直接使用公式計算泰勒級數！

$$f(x) = f(0) + f'(0)x + \frac{1}{2!}f''(0)x^2 + \frac{1}{3!}f'''(0)x^3 + \cdots$$

$$= e^x\big|_{x=0} + e^x\big|_{x=0} \cdot x + \frac{1}{2!} \cdot e^x\big|_{x=0} \cdot x^2 + \frac{1}{3!}e^x\big|_{x=0} \cdot x^3 + \cdots$$

$$= 1 + x + \frac{1}{2!}x^2 + \frac{1}{3!}x^3 + \cdots$$

又 $\lim_{n\to\infty}\left|\dfrac{a_{n+1}x^{n+1}}{a_n x^n}\right| = \lim_{n\to\infty}\left|\dfrac{\dfrac{x^{n+1}}{(n+1)!}}{\dfrac{x^n}{n!}}\right| = |x|\lim_{n\to\infty}\left|\dfrac{1}{n+1}\right| = |x| \cdot 0 < 1 \to |x| < \infty$

故得知其收斂半徑為 ∞。

現將函數 $f(x) = e^x$ 與其泰勒級數 $1 + x + \frac{1}{2!}x^2 + \frac{1}{3!}x^3 + \cdots$ 就圖形來比較，若取到前四項，繪圖可知二者的密合程度，如下圖所示：

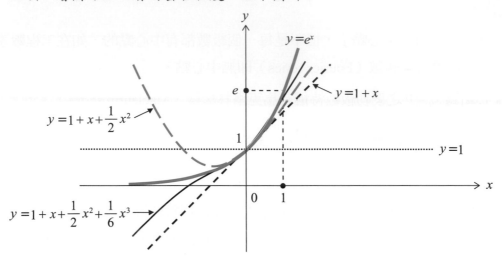

類題　求 $f(x) = \sin x$ 在 $x = \frac{\pi}{4}$ 之三階泰勒級數。

答　$f(x) = f(\frac{\pi}{4}) + f'(\frac{\pi}{4})(x - \frac{\pi}{4}) + \frac{1}{2!}f''(\frac{\pi}{4})(x - \frac{\pi}{4})^2 + \frac{1}{3!}f'''(\frac{\pi}{4})(x - \frac{\pi}{4})^3$

$\quad = \sin x\big|_{x=\frac{\pi}{4}} + \cos x\big|_{x=\frac{\pi}{4}}(x - \frac{\pi}{4}) + \frac{1}{2!} \cdot (-\sin x)\big|_{x=\frac{\pi}{4}}(x - \frac{\pi}{4})^2$

$\qquad + \frac{1}{3!}(-\cos x)\big|_{x=\frac{\pi}{4}}(x - \frac{\pi}{4})^3$

$\quad = \frac{1}{\sqrt{2}} + \frac{1}{\sqrt{2}}(x - \frac{\pi}{4}) + \frac{1}{2!} \cdot (-\frac{1}{\sqrt{2}})(x - \frac{\pi}{4})^2 + \frac{1}{3!}(-\frac{1}{\sqrt{2}})(x - \frac{\pi}{4})^3$

$\quad = \frac{1}{\sqrt{2}} + \frac{1}{\sqrt{2}}(x - \frac{\pi}{4}) - \frac{1}{2\sqrt{2}}(x - \frac{\pi}{4})^2 - \frac{1}{6\sqrt{2}}(x - \frac{\pi}{4})^3$ ∎

▶心得　直接以泰勒級數定理可計算出以下四式！請記住當工具使用。

1. e^x 在 $x = 0$ 之泰勒級數：$e^x = 1 + x + \frac{1}{2!}x^2 + \frac{1}{3!}x^3 + \cdots$ ，$-\infty < x < \infty$ 。

2. e^{-x} 在 $x = 0$ 之泰勒級數：$e^{-x} = 1 - x + \frac{1}{2!}x^2 - \frac{1}{3!}x^3 + \cdots$ ，$-\infty < x < \infty$ 。

3. $\sin x$ 在 $x = 0$ 之泰勒級數：$\sin x = x - \frac{1}{3!}x^3 + \frac{1}{5!}x^5 - \cdots$ ，$-\infty < x < \infty$ 。

4. $\cos x$ 在 $x = 0$ 之泰勒級數：$\cos x = 1 - \frac{1}{2!}x^2 + \frac{1}{4!}x^4 - \cdots$ ，$-\infty < x < \infty$ 。

■ **通式** 〜四個常用工具（記！）

1. $e^{\square} = 1 + \square + \dfrac{1}{2!}\square^2 + \dfrac{1}{3!}\square^3 + \cdots$

2. $e^{-\square} = 1 - \square + \dfrac{1}{2!}\square^2 - \dfrac{1}{3!}\square^3 + \cdots$

3. $\sin\square = \square - \dfrac{1}{3!}\square^3 + \dfrac{1}{5!}\square^5 - \cdots$

4. $\cos\square = 1 - \dfrac{1}{2!}\square^2 + \dfrac{1}{4!}\square^4 - \cdots$

▮第一型 定義法

本型的例題介紹具「微分規律性」函數之泰勒級數求法。

例題 7 公式題

請推導著名的 Euler 恆等式：$e^{ix} = \cos x + i\sin x$，$x \in \mathbb{R}$。

解 $e^{ix} = 1 + ix + \dfrac{1}{2!}(ix)^2 + \dfrac{1}{3!}(ix)^3 + \dfrac{1}{4!}(ix)^4 + \cdots$

$\qquad = (1 - \dfrac{1}{2!}x^2 + \dfrac{1}{4!}x^4 - \cdots) + i(x - \dfrac{1}{3!}x^3 + \cdots)$

$\qquad = \cos x + i\sin x$ （得證）∎

同學需把 Euler 恆等式記住（當成工具），又令 $x = \pi$ 代入 Eular 恆等式得 $e^{i\pi} = -1$，即「$e^{i\pi} + 1 = 0$」，此式特稱為尤拉魔術公式（Euler magic formula）！同理可知，$e^{-ix} = \cos x - i\sin x$。

例題 8 基本題

求 e^{-x} 在 $x = 1$ 之泰勒級數。

解 <法一> 具微分規律性的函數直接以定義計算即可！

$\qquad$ 令 $f(x) = e^{-x}$

$\qquad$ 則 $e^{-x} = f(1) + f'(1)(x-1) + \dfrac{f''(1)}{2!}(x-1)^2 + \cdots$

$\qquad\qquad = e^{-1} + (-e^{-1})(x-1) + \dfrac{e^{-1}}{2!}(x-1)^2 + \cdots$

<法二> 亦可先平移！令 $t = x-1$，則 $x = t+1$

$$\therefore e^{-x} = e^{-(t+1)} = e^{-1}\left[1 - t + \frac{t^2}{2!} - \cdots\right] = e^{-1}\left[1 - (x-1) + \frac{(x-1)^2}{2!} - \cdots\right]\blacksquare$$

類題　求 $\cos(x-1)$ 在 $x=0$ 之泰勒級數。

答　<法一>具微分規律性的函數直接以公式計算即可！

$$則\ \cos(x-1) = \cos(-1) + \left[-\sin(x-1)\right]\Big|_{x=0} x + \frac{1}{2!}\left[-\cos(x-1)\right]\Big|_{x=0} x^2 + \cdots$$
$$= \cos 1 + (\sin 1)x - \frac{1}{2!}(\cos 1)x^2 - \frac{1}{3!}(\sin 1)x^3 + \cdots。$$

<法二>利用和角公式！

$$則\ \cos(x-1) = \cos x \cos 1 + \sin 1 \sin x$$
$$= (\cos 1)(1 - \frac{1}{2!}x^2 + \frac{1}{4!}x^4 - \cdots) + (\sin 1)(x - \frac{1}{3!}x^3 + \frac{1}{5!}x^5 - \cdots)$$
$$= \cos 1 + (\sin 1)x - \frac{1}{2!}(\cos 1)x^2 - \frac{1}{3!}(\sin 1)x^3 + \cdots。\blacksquare$$

例題 9　經典題

求 $\dfrac{1}{1+x}$ 、 $\dfrac{1}{1-x}$ 之馬克洛林級數。

解　<法一> $\dfrac{1}{1+x}$ 恰好具微分規律性！令 $f(x) = \dfrac{1}{1+x}$

$$(\frac{1}{1+x})' = -\frac{1}{(1+x)^2}\ ,\ (\frac{1}{1+x})'' = \frac{2}{(1+x)^3}\ ,\ (\frac{1}{1+x})^{(3)} = -\frac{3!}{(1+x)^4}\ \cdots$$
$$\therefore \frac{1}{1+x} = f(0) + f'(0)x + \frac{1}{2!}f''(0)x^2 + \frac{1}{3!}f'''(0)x^3 + \cdots$$
$$= 1 - x + x^2 - x^3 + \cdots$$

同理算得 $\dfrac{1}{1-x} = 1 + x + x^2 + x^3 + \cdots。$

<法二>善用無窮等比級數公式得

$$\underbrace{\frac{1}{1+x}}_{函數} = \underbrace{1 - x + x^2 - x^3 + \cdots}_{泰勒級數}\ ,\ -1 < x < 1（記！）$$

$$\underbrace{\frac{1}{1-x}}_{函數} = \underbrace{1 + x + x^2 + x^3 + \cdots}_{泰勒級數}\ ,\ -1 < x < 1（記！）$$

<法三> 長除法（次冪由小到大！）此法僅能計算在 $x = 0$ 之泰勒級數

$$
\begin{array}{r}
1 - x + x^2 - x^3 + \cdots \\
1+x\overline{\smash{\big)}\,1 + 0x + 0x^2 + 0x^3 + 0x^4 + 0x^5 + \cdots} \\
\underline{1 + x} \\
-x + 0x^2 \\
\underline{-x - x^2} \\
x^2 + 0x^3 \\
\underline{x^2 + x^3} \\
-x^3 + 0x^4 \\
\vdots
\end{array}
$$

即 $\dfrac{1}{1+x} = 1 - x + x^2 - x^3 + \cdots$

同理算得 $\dfrac{1}{1-x} = 1 + x + x^2 + x^3 + \cdots$。 ■

類題 求 $f(x) = \dfrac{1}{(1-x)^3}$ 之馬克洛林級數。

答 $f'(x) = 3(1-x)^{-4}$，$f''(x) = 12(1-x)^{-5}$、$f'''(x) = 60(1-x)^{-6}$，$\cdots$

∴ $\dfrac{1}{(1-x)^3} = 1 + f'(0)x + \dfrac{1}{2!}f''(0)x^2 + \dfrac{1}{3!}f'''(0)x^3 + \cdots$

$= 1 + 3x + 6x^2 + 10x^3 + \cdots$ ■

■ 第二型　等比級數法

利用無窮等比級數之通式：

1. $\dfrac{1}{1+\square} = 1 - \square + \square^2 - \square^3 + \cdots,\quad |\square| < 1$

2. $\dfrac{1}{1-\square} = 1 + \square + \square^2 + \square^3 + \cdots,\quad |\square| < 1$

例題 10　基本題

(1) 求 $\dfrac{1}{4+3x}$ 之馬克洛林級數。

(2) 求 $\dfrac{1}{13-2x}$ 在 $x = 3$ 之泰勒級數。

解 本題亦可使用公式法或長除法，此處使用等比級數法最快！

(1) $\dfrac{1}{4+3x} = \dfrac{1}{4\left(1+\dfrac{3}{4}x\right)} = \dfrac{1}{4}\left[1-\dfrac{3}{4}x+(\dfrac{3}{4}x)^2-\cdots\right]$, $\left|\dfrac{3}{4}x\right|<1$

(2) 中心點不是 0 要先平移！令 $t=x-3$ 即讓新變數 t 在中心點為 0 展開

$\dfrac{1}{13-2x} = \dfrac{1}{13-2(t+3)} = \dfrac{1}{7-2t} - \dfrac{1}{7\left(1-\dfrac{2}{7}t\right)}$

$= \dfrac{1}{7}\left[1+\dfrac{2}{7}t+(\dfrac{2}{7})^2t^2+\cdots\right]$, $\left|\dfrac{2}{7}t\right|<1$

$= \dfrac{1}{7}\left[1+\dfrac{2}{7}(x-3)+(\dfrac{2}{7})^2(x-3)^2+\cdots\right]$, $\left|\dfrac{2}{7}(x-3)\right|<1$ ∎

類題　求 $\dfrac{1}{2-5x}$ 在 $x=2$ 之泰勒級數。

答　令 $t=x-2$ ，則 $\dfrac{1}{2-5x} = \dfrac{1}{2-5(t+2)} = \dfrac{1}{-8-5t} = \dfrac{1}{-8\left(1+\dfrac{5}{8}t\right)}$

$= -\dfrac{1}{8}\left[1-\dfrac{5}{8}t+(\dfrac{5}{8})^2t^2-\cdots\right]$, $\left|\dfrac{5}{8}t\right|<1$

$= -\dfrac{1}{8}\left[1-\dfrac{5}{8}(x-2)+(\dfrac{5}{8})^2(x-2)^2-\cdots\right]$, $\left|\dfrac{5}{8}(x-2)\right|<1$ ∎

▌第三型　加減法

藉由幾個已知的泰勒級數加減運算，即得所要求的泰勒級數。

例題 11　基本題

求 $\dfrac{5x}{x^2-3x-4}$ 之馬克洛林級數。

解　先化為部份分式！$\dfrac{5x}{x^2-3x-4} = \dfrac{4}{x-4} + \dfrac{1}{x+1}$

則 $\dfrac{4}{x-4}+\dfrac{1}{x+1}=\dfrac{-4}{4(1-\dfrac{x}{4})}+\dfrac{1}{1+x}$（要訣：常數寫前面！）

$=-\left[1+\dfrac{x}{4}+(\dfrac{x}{4})^2+\cdots\right]+\left[1-x+x^2-\cdots\right]$，$\left|\dfrac{x}{4}\right|<1$ 與 $|x|<1$

$=-\dfrac{5}{4}x+\dfrac{15}{16}x^2-\cdots$，$|x|<1$（取交集）■

類題　求 $\dfrac{x}{(x-1)(x-2)}$ 之馬克洛林級數。

答　$\dfrac{x}{(x-1)(x-2)}=\dfrac{-1}{x-1}+\dfrac{2}{x-2}=\dfrac{1}{1-x}+\dfrac{-2}{2-x}$（要訣：常數寫前面！）

$=\dfrac{1}{1-x}+\dfrac{-2}{2(1-\dfrac{x}{2})}$

$=\left[1+x+x^2+x^3+\cdots\right]-\left[1+(\dfrac{x}{2})+(\dfrac{x}{2})^2+(\dfrac{x}{2})^3+\cdots\right]$，$|x|<1$ 與 $\left|\dfrac{x}{2}\right|<1$

$=\dfrac{1}{2}x+\dfrac{3}{4}x^2+\dfrac{7}{8}x^3+\cdots$，$|x|<1$（取交集）■

▌第四型　乘除法

直接利用乘法與除法亦可求得泰勒級數。

例題12　基本題

求 $\dfrac{1}{1+x-x^2}$ 之馬克洛林級數。

解　分母無法因式分解，由長除法算得（注意次數要由小寫到大，因為是求泰勒級數，而泰勒級數之次數是由小到大！）

$$
\begin{array}{r}
1-x+2x^2-3x^3+\cdots \\
1+x-x^2\,)\,\overline{1+0x+0x^2+0x^3+0x^4+0x^5+\cdots} \\
\underline{1+x-x^2} \\
-x+x^2+0x^3 \\
\underline{-x-x^2+x^3} \\
2x^2-x^3+0x^4 \\
\underline{2x^2+2x^3-2x^4} \\
-3x^3+2x^4+0x^5
\end{array}
$$

即 $\dfrac{1}{1+x-x^2}=1-x+2x^2-3x^3+\cdots$ ∎

類題　求 $\dfrac{1-x}{1+x-x^2}$ 之馬克洛林級數。

答　分母無法因式分解，由長除法算得

$$
\begin{array}{r}
1-2x+3x^2-5x^3+\cdots \\
1+x-x^2\,)\overline{\,1+\ \ x+0x^2+0x^3+0x^4+0x^5+\cdots} \\
\underline{1+\ \ x-\ \ x^2} \\
-2x+\ \ x^2+0x^3 \\
\underline{-2x-2x^2+2x^3} \\
3x^2-2x^3+0x^4 \\
\underline{3x^2+3x^3-3x^4} \\
-5x^3+3x^4+0x^5
\end{array}
$$

即 $\dfrac{1-x}{1+x-x^2}=1-2x+3x^2-5x^3+\cdots$ ∎

例題 13　基本題

求 $\tan x$ 之馬克洛林級數。

解　由 $\tan x=\dfrac{\sin x}{\cos x}=\dfrac{x-\dfrac{1}{3!}x^3+\dfrac{1}{5!}x^5-\cdots}{1-\dfrac{1}{2!}x^2+\dfrac{1}{4!}x^4-\cdots}$

由長除法算得

$$
\begin{array}{r}
x+\dfrac{1}{3}x^3+\dfrac{2}{15}x^5+\cdots \\
1-\dfrac{1}{2!}x^2+\dfrac{1}{4!}x^4-\cdots\,)\overline{\,x-\dfrac{1}{3!}x^3+\dfrac{1}{5!}x^5+\cdots} \\
\underline{x-\dfrac{1}{2!}x^3+\dfrac{1}{4!}x^5-\cdots} \\
\dfrac{1}{3}x^3-\dfrac{1}{30}x^5+\cdots \\
\underline{\dfrac{1}{3}x^3-\dfrac{1}{6}x^5+\cdots} \\
\dfrac{2}{15}x^5+\cdots
\end{array}
$$

$\therefore \tan x=x+\dfrac{x^3}{3}+\dfrac{2}{15}x^5+\cdots$ ∎

類題 求 $\sec x$ 在 $x = 0$ 展開之泰勒級數。

答 $\sec x = \dfrac{1}{\cos x} = \dfrac{1}{1 - \dfrac{1}{2!}x^2 + \dfrac{1}{4!}x^4 - \cdots}$

由長除法算得

$$
\begin{array}{r}
1 + \dfrac{1}{2}x^2 + \dfrac{5}{24}x^4 + \cdots \\[2mm]
1 - \dfrac{1}{2!}x^2 + \dfrac{1}{4!}x^4 - \cdots \overline{\smash{\big)}\, 1 + 0\,x^2 + \ 0\,x^4 + \cdots} \\[2mm]
1 - \dfrac{1}{2!}x^2 + \dfrac{1}{4!}x^4 - \cdots \\[2mm]
\hline
\dfrac{1}{2}x^2 - \dfrac{1}{24}x^4 + \cdots \\[2mm]
\dfrac{1}{2}x^2 - \dfrac{1}{4}x^4 + \cdots \\[2mm]
\hline
\dfrac{5}{24}x^4 - \cdots
\end{array}
$$

$\therefore \sec x = 1 + \dfrac{1}{2}x^2 + \dfrac{5}{24}x^4 + \cdots$ ∎

▋第五型　微分積分法

藉著微分與積分之運算都可得到泰勒級數。

例題 14　經典題

(1) 求 $\ln(1+x)$ 之馬克洛林級數。

(2) 求 $\ln(1-x)$ 之馬克洛林級數。

(3) 求 $\ln\left(\dfrac{1+x}{1-x}\right)$ 之馬克洛林級數。

解　(1) 已知 $\dfrac{1}{1+x} = 1 - x + x^2 - x^3 + \cdots$, $-1 < x < 1$

二邊積分得 $\ln(1+x) = x - \dfrac{x^2}{2} + \dfrac{x^3}{3} - \dfrac{x^4}{4} + \cdots$

現以 $x = 1$ 代入：$\ln 2 = 1 - \dfrac{1}{2} + \dfrac{1}{3} - \dfrac{1}{4} + \cdots$, 收斂

現以 $x = -1$ 代入：$\ln 0 \to -\infty$, 且 $1 + \dfrac{1}{2} + \dfrac{1}{3} + \dfrac{1}{4} + \cdots$, 發散

故 $\ln(1+x) = x - \dfrac{x^2}{2} + \dfrac{x^3}{3} - \dfrac{x^4}{4} + \cdots$ ， $-1 < x \leq 1$ （常考！）

（發現級數 $\ln(1+x)$ 之收斂區間較原級數 $\dfrac{1}{1+x}$ 多了右端點 $x=1$，知積分後使收斂區間擴大）

(2) 已知 $\dfrac{1}{1-x} = 1 + x + x^2 + x^3 + \cdots$ ， $-1 < x < 1$

二邊積分得 $-\ln(1-x) = x + \dfrac{x^2}{2} + \dfrac{x^3}{3} + \dfrac{x^4}{4} + \cdots$

現以 $x = -1$ 代入： $-\ln 2 = -1 + \dfrac{1}{2} - \dfrac{1}{3} + \dfrac{1}{4} + \cdots$，收斂

現以 $x = 1$ 代入： $\ln 0 \to -\infty$，且 $1 + \dfrac{1}{2} + \dfrac{1}{3} + \dfrac{1}{4} + \cdots$，發散

故 $\ln(1-x) = -(x + \dfrac{x^2}{2} + \dfrac{x^3}{3} + \dfrac{x^4}{4} + \cdots)$ ， $-1 \leq x < 1$ （常考！）

(3) $\ln\left(\dfrac{1+x}{1-x}\right) = \ln(1+x) - \ln(1-x)$

$$= (x - \dfrac{x^2}{2} + \dfrac{x^3}{3} - \cdots) - (-x - \dfrac{x^2}{2} - \dfrac{x^3}{3} - \cdots)$$

$$= 2(x + \dfrac{x^3}{3} + \cdots) ， -1 < x < 1 （二收斂區間之「交集」）■$$

例題 15　經典題

求 $\tan^{-1} x$ 之馬克洛林級數。

解　$\because \dfrac{1}{1+x^2} = 1 - x^2 + x^4 - \cdots$ ， $\left|x^2\right| < 1$

積分得 $\tan^{-1} x = x - \dfrac{1}{3}x^3 + \dfrac{1}{5}x^5 - \cdots$ ， $\left|x^2\right| < 1$

再考慮端點（因為積分後收斂區間會放大）：

$x = 1$ 代入得 $\dfrac{\pi}{4} = 1 - \dfrac{1}{3} + \dfrac{1}{5} - \cdots$，收斂

$x = -1$ 代入得 $-\dfrac{\pi}{4} = -1 + \dfrac{1}{3} - \dfrac{1}{5} + \cdots$，收斂

故得 $\tan^{-1} x = x - \dfrac{1}{3}x^3 + \dfrac{1}{5}x^5 - \cdots$ ， $-1 \leq x \leq 1$ ■

∥ 第六型　二項式定理展開（可視為泰勒級數之特例）

已知 $f(x) = (1+x)^n$，則

$$f(x) = (1+x)^n \quad \Rightarrow \quad f(0) = 1$$

$$f'(x) = n(1+x)^{n-1} \quad \Rightarrow \quad f'(0) = n$$

$$f''(x) = n(n-1)(1+x)^{n-2} \quad \Rightarrow \quad f''(0) = n(n-1)$$

$$\vdots \qquad\qquad\qquad\qquad \vdots$$

$$f^{(r)}(x) = n(n-1)\cdots(n-r+1)(1+x)^{n-r} \Rightarrow f^{(r)}(0) = n(n-1)\cdots(n-r+1)$$

因此利用泰勒級數，對 $f(x) = (1+x)^n$ 在點 $x = 0$ 展開得

$$(1+x)^n = f(0) + f'(0)x + \frac{1}{2!}f''(0)x^2 + \frac{1}{3!}f'''(0)x^3 + \cdots$$

$$= 1 + nx + \frac{n(n-1)}{2!}x^2 + \frac{n(n-1)(n-2)}{3!}x^3 + \cdots$$

$$= \sum_{r=0}^{n} \frac{n(n-1)\cdots(n-r+1)}{r!}x^r$$

$$= \sum_{r=0}^{n} C_r^n x^r \quad , \quad n \in \mathbb{N} \quad \cdots\cdots(2)$$

(2) 式共有 n 項（泰勒級數），其中 C_r^n 為組合（combination）數，稱為二項式係數；C_r^n 之定義為

$$C_r^n = \frac{n!}{(n-r)!\,r!} = \frac{n(n-1)\cdots(n-r+1)}{r!} \quad \cdots\cdots (3)$$

(3) 式之來源可參考高中數學。

二項式定理好用的地方是：即使當 $n \notin \mathbb{N}$ 時仍成立，即

$$(1+x)^n = \sum_{r=0}^{\infty} \frac{n(n-1)\cdots(n-r+1)}{r!}x^r = \sum_{r=0}^{\infty} C_r^n x^r \quad , \quad n \notin \mathbb{N} \quad \cdots\cdots (4)$$

(4) 式共有無限多項！因此型如 $(1+x)^n$ 之函數在 $x = 0$ 之泰勒級數都可利用二項式定理而迅速得到。現在欲判定此類泰勒級數之收斂區間，利用比值法得

$$\lim_{r\to\infty}\left|\frac{a_{r+1}x^{r+1}}{a_r x^r}\right| = |x|\lim_{r\to\infty}\left|\frac{\dfrac{n!}{(r+1)!(n-r-1)!}}{\dfrac{n!}{r!(n-r)!}}\right| = |x|\lim_{r\to\infty}\left|\frac{n-r}{r+1}\right| = |x| \Rightarrow |x| < 1$$

故得其收斂半徑為 1，即收斂區間為 $|x| < 1$（端點個別討論），此結果相當重要，亦即以二項式定理所得到的泰勒級數之收斂區間皆為 $|x| < 1$，可視為自動成立之事實（當成常識）。

例題16 經典題

求 $\sin^{-1} x$ 之馬克洛林級數。（重要！）

解 由 $\dfrac{1}{\sqrt{1-x^2}} = (1-x^2)^{-\frac{1}{2}} = 1 + \dfrac{1}{2}x^2 + \dfrac{3}{2^2 2!}x^4 + \dfrac{3 \cdot 5}{2^3 3!}x^6 + \cdots$

積分得 $\sin^{-1} x = x + \dfrac{1}{2 \cdot 3}x^3 + \dfrac{3}{2^2 2! \cdot 5}x^5 + \dfrac{3 \cdot 5}{2^3 3! \cdot 7}x^7 + \cdots$

故得 $\sin^{-1} x = x + \dfrac{1}{2 \cdot 3}x^3 + \dfrac{3}{2^2 2! \cdot 5}x^5 + \dfrac{3 \cdot 5}{2^3 3! \cdot 7}x^7 + \cdots$，$|x| < 1$

$x = 1$ 代入得 $\dfrac{\pi}{2} = 1 + \dfrac{1}{6} + \dfrac{3}{40} + \dfrac{5}{112} + \cdots$，收斂

$x = -1$ 代入得 $-\dfrac{\pi}{2} = -1 - \dfrac{1}{6} - \dfrac{3}{40} - \dfrac{5}{112} - \cdots$，收斂

故得 $\sin^{-1} x = x + \dfrac{1}{2 \cdot 3}x^3 + \dfrac{3}{2^2 2! \cdot 5}x^5 + \dfrac{3 \cdot 5}{2^3 3! \cdot 7}x^7 + \cdots$，$-1 \le x \le 1$ ∎

✳ 特例

1. $\dfrac{1}{\sqrt{1+x}} = (1+x)^{-\frac{1}{2}} = 1 - \dfrac{1}{2}x + \dfrac{(-\frac{1}{2})(-\frac{3}{2})}{2!}x^2 + \dfrac{(-\frac{1}{2})(-\frac{3}{2})(-\frac{5}{2})}{3!}x^3 + \cdots$

   當 $x \ll 1$ 時，則 $\dfrac{1}{\sqrt{1+x}} \approx 1 - \dfrac{1}{2}x$，此近似式稱為「線性化」。

2. $\sqrt{1+x} = (1+x)^{\frac{1}{2}} = 1 + \dfrac{1}{2}x + \dfrac{(\frac{1}{2})(-\frac{1}{2})}{2!}x^2 + \dfrac{(\frac{1}{2})(-\frac{1}{2})(-\frac{3}{2})}{3!}x^3 + \cdots$

   當 $x \ll 1$ 時，則 $\sqrt{1+x} \approx 1 + \dfrac{1}{2}x$，此近似式稱為「線性化」。

3. $\dfrac{1}{\sqrt{1-x}}=(1-x)^{-\frac{1}{2}}=1+\dfrac{1}{2}x+\dfrac{(-\frac{1}{2})(-\frac{3}{2})}{2!}(-x)^2+\dfrac{(-\frac{1}{2})(-\frac{3}{2})(-\frac{5}{2})}{3!}(-x)^3+\cdots$

　　當 $x<<1$ 時，則 $\dfrac{1}{\sqrt{1-x}}\approx1+\dfrac{1}{2}x$，此近似式稱為「線性化」。

4. $\sqrt{1-x}=(1-x)^{\frac{1}{2}}=1-\dfrac{1}{2}x+\dfrac{(\frac{1}{2})(-\frac{1}{2})}{2!}(-x)^2+\dfrac{(\frac{1}{2})(-\frac{1}{2})(-\frac{3}{2})}{3!}(-x)^3+\cdots$

　　當 $x<<1$ 時，則 $\sqrt{1-x}\approx1-\dfrac{1}{2}x$，此近似式稱為「線性化」。

習題 7-5

1. 求 $1-x+\dfrac{2!}{2^2}x^2-\dfrac{3!}{3^3}x^3+\cdots+$ $(-1)^n\dfrac{n!}{n^n}x^n+\cdots$ 之收斂半徑。

2. 求 $\displaystyle\sum_{n=1}^{\infty}(-1)^n\dfrac{(x-3)^n}{n+1}$ 之收斂區間。

3. 求 $\displaystyle\sum_{n=2}^{\infty}(-1)^n\dfrac{(x+1)^n}{n(\ln n)}$ 之收斂區間。

4. 求 $\displaystyle\sum_{n=1}^{\infty}\dfrac{\ln n}{2^n}(x-2)^n$ 之收斂區間。

5. 求 $\displaystyle\sum_{n=1}^{\infty}\dfrac{x^{2n-1}}{2n-1}$ 之收斂區間。

6. 求 $(x-1)+\dfrac{(x-1)^2}{2}+\cdots+\dfrac{1}{n}(x-1)^n+\cdots$ 之收斂區間。

7. 求 $\displaystyle\sum_{n=0}^{\infty}\dfrac{3^n}{n^2}(x-1)^n$ 之收斂區間。

8. 求 $\displaystyle\sum_{n=1}^{\infty}\dfrac{(-1)^{n+1}(x-6)^n}{n}$ 之收斂區間。

9. 求 $\displaystyle\sum_{n-2}^{\infty}(-1)^n\dfrac{x^n}{n(\ln n)^2}$ 之收斂區間。

10. 求 $\displaystyle\sum_{n=1}^{\infty}(-1)^{n-1}\dfrac{(2x-1)^n}{n\cdot3^n}$ 之收斂區間。

11. 求 $\dfrac{1-x}{1-2x+3x^2}$ 之馬克洛林級數。

12. 求 xe^x 之馬克洛林級數。

7-6 冪級數之應用

冪級數之許多應用，在本節中將以例題逐一加以說明。

▌應用一 求極限

例題 1 基本題

求 $\lim\limits_{x \to 0} \dfrac{\sin^2 x}{1 - \cos x} = ?$

解 原式 $= \lim\limits_{x \to 0} \dfrac{\left(x - \dfrac{1}{3!}x^3 + \cdots\right)\left(x - \dfrac{1}{3!}x^3 + \cdots\right)}{1 - \left(1 - \dfrac{1}{2!}x^2 + \dfrac{1}{4!}x^4 - \cdots\right)} = \dfrac{1}{\dfrac{1}{2}} = 2$ ∎

類題 求 $\lim\limits_{x \to 0} \dfrac{1 - \cos x}{x \sin x} = ?$

答 原式 $= \lim\limits_{x \to 0} \dfrac{1 - \left(1 - \dfrac{1}{2!}x^2 + \dfrac{1}{4!}x^4 - \cdots\right)}{x\left(x - \dfrac{1}{3!}x^3 + \cdots\right)} = \dfrac{\dfrac{1}{2}}{1} = \dfrac{1}{2}$ ∎

例題 2 基本題

求 $\lim\limits_{x \to 0}\left(\dfrac{1}{x^3} - \dfrac{1}{2x^2} + \dfrac{1}{3x} - \dfrac{\ln(1+x)}{x^4}\right) = ?$

解 原式 $= \lim\limits_{x \to 0}\left[\dfrac{1}{x^3} - \dfrac{1}{2x^2} + \dfrac{1}{3x} - \dfrac{1}{x^4}\left(x - \dfrac{x^2}{2} + \dfrac{x^3}{3} - \dfrac{x^4}{4} + \dfrac{x^5}{5} - \cdots\right)\right] = \lim\limits_{x \to 0}\left(\dfrac{1}{4} - \dfrac{x}{5} + \cdots\right) = \dfrac{1}{4}$ ∎

類題 求 $\lim\limits_{x \to 0}\left[\dfrac{1}{\ln(1+x)} - \dfrac{1}{x}\right] = ?$

答 原式 $= \lim\limits_{x \to 0} \dfrac{x - \ln(1+x)}{x \ln(1+x)} = \lim\limits_{x \to 0} \dfrac{x - \left(x - \dfrac{1}{2}x^2 + \dfrac{1}{3}x^3 - \cdots\right)}{x\left(x - \dfrac{1}{2}x^2 + \dfrac{1}{3}x^3 - \cdots\right)} = \dfrac{1}{2}$ ∎

▊ 應用二　求近似值、誤差

例題 3 　基本題

求 $\sin 10^\circ$ 之精確值至小數以下第六位。（但 $1^\circ = 0.017453$）

解　$\sin x = x - \dfrac{x^3}{3!} + \dfrac{x^5}{5!} - \dfrac{x^7}{7!} + \cdots$

$\dfrac{(0.17453)^5}{5!} \approx 1.35 \times 10^{-6}$，$\dfrac{(0.17453)^7}{7!} \approx 9.7 \times 10^{-10} < 10^{-6}$

得 $\sin x \approx x - \dfrac{x^3}{3!} + \dfrac{x^5}{5!}$

$\therefore \sin 10^\circ \approx 0.17453 - \dfrac{(0.17453)^3}{3!} + \dfrac{(0.17453)^5}{5!} \approx 0.173648$ ■

類題　求 $\ln(1.1)$ 精確值到小數以下第五位。

答　已知 $\ln(1+x) = x - \dfrac{1}{2}x^2 + \dfrac{1}{3}x^3 - \dfrac{1}{4}x^4 + \dfrac{1}{5}x^5 - \cdots$，$-1 < x < 1$

令 $x = 0.1$

代入得 $\ln 1.1 \approx 0.1 - \dfrac{1}{2}(0.1)^2 + \dfrac{1}{3}(0.1)^3 - \dfrac{1}{4}(0.1)^4 + \dfrac{1}{5}(0.1)^5 = 0.09531$ ■

▊ 應用三　求高階導數之係數

例題 4 　基本題

設 $h(x) = (1+x^2)\sin x$，求下列高階導數 $h^{(6)}(0)$、$h^{(9)}(0)$、$h^{(11)}(0)$ 之值。

解　$\because h(x) = (1+x^2)\left(x - \dfrac{x^3}{3!} + \dfrac{x^5}{5!} - \dfrac{x^7}{7!} + \dfrac{x^9}{9!} - \dfrac{x^{11}}{11!} + \cdots \right)$

$= h(0) + h'(0)x + \dfrac{h''(0)}{2!}x^2 + \dfrac{h'''(0)}{3!}x^3 + \cdots$

比較 x^6 之係數得 $h^{(6)}(0) = 0$

比較 x^9 之係數得 $h^{(9)}(0) = \left(\dfrac{1}{9!} - \dfrac{1}{7!} \right) \cdot 9! = 1 - 72 = -71$

比較 x^{11} 之係數得 $h^{(11)}(0) = \left(-\dfrac{1}{11!} + \dfrac{1}{9!} \right) \cdot 11! = -1 + 110 = 109$ ■

類題　設 $f(x) = x^2 \ln(1+x)$，求 $f^{(9)}(0) = ?$

答　$\because f(x) = x^2 \left[x - \dfrac{1}{2}x^2 + \dfrac{1}{3}x^3 - \cdots \right]$

$\qquad = f(0) + f'(0)x + \dfrac{1}{2!}f''(0)x^2 + \cdots$

比較 x^9 之係數得　$f^{(9)}(0) = \dfrac{1}{7} \cdot 9!$ ∎

例題 5　基本題

設 $g(x) = \cos(x^2)$，求高階導數 $g^{(12)}(0)$ 之值。

解　$\because g(x) = 1 - \dfrac{1}{2!}x^4 + \dfrac{1}{4!}x^8 - \dfrac{1}{6!}x^{12} + \cdots = g(0) + g'(0)x + \dfrac{1}{2!}g''(0)x^2 + \cdots$

比較 x^{12} 之係數得　$g^{(12)}(0) = -\dfrac{1}{6!} \cdot 12!$ ∎

類題　設 $g(x) = \cos(x^8)$，求 $g^{(16)}(0) = ?$

答　$\because g(x) = 1 - \dfrac{1}{2!}x^{16} + \dfrac{1}{4!}x^{32} - \cdots = g(0) + g'(0)x + \dfrac{1}{2!}g''(0)x^2 + \cdots$

比較 x^{16} 之係數得　$g^{(16)}(0) = -\dfrac{1}{2!} \cdot 16!$ ∎

習題 7-6

1. 以級數展開求 $\displaystyle\int_0^1 \dfrac{\sin x}{x}\,dx$ 之近似值到小數以下第五位。

2. 求 $\displaystyle\lim_{x \to 0} \dfrac{e^x - 1 - x}{x^2} = ?$

3. 求 $\displaystyle\lim_{x \to 0} \dfrac{1 - x^2 - e^{-x^2}}{x^3 \sin x} = ?$

4. 求 $\displaystyle\lim_{x \to 0} \dfrac{x - e^x \sin x}{x \ln(1+x)} = ?$

5. 求 $\displaystyle\lim_{x \to 0} \dfrac{x^2 e^x}{1 - \cos 3x} = ?$

6. 求 $\displaystyle\lim_{x \to 0} \dfrac{(2-x)e^x - x - 2}{x^3} = ?$

7. 求 $\displaystyle\lim_{x \to 0} \dfrac{\sin x - x \cos x}{x^2 \tan x} = ?$

8. 若 $f(x) = \dfrac{1}{1+x^3}$，求 $f^{(15)}(0) = ?$

本章習題

基本題

1. 判定級數 $\displaystyle\sum_{n=1}^{\infty}\frac{n+2}{(3n-1)(2n+3)}$ 收斂或發散？

2. 判定級數 $\displaystyle\sum_{n=1}^{\infty}\frac{2^n+5}{3^n}$ 收斂或發散？

3. 求 (1) $\displaystyle\lim_{x\to 0}\frac{(1+2x)^{\frac{1}{2}}-(1+3x)^{\frac{1}{3}}}{(1+4x)^{\frac{1}{4}}-(1+5x)^{\frac{1}{5}}}=?$

   (2) $\displaystyle\lim_{x\to 0}\left(\frac{1}{\sin x}-\frac{1}{x}\right)=?$

4. 求下列級數之收斂區間：

   (1) $\displaystyle\sum_{k=1}^{\infty}\frac{5^k}{k}(x-2)^k$

   (2) $\displaystyle\sum_{k=1}^{\infty}(x-2)^k\ln k$

5. 求 $f(x)=\ln(x+2)$ 在點 $x=3$ 之泰勒級數，其適用區間為何？

6. 判斷 $\displaystyle\sum_{n=1}^{\infty}(-1)^n\ln(1+\frac{1}{\sqrt{n}})$ 之斂散性。

7. 求級數 $\displaystyle\sum_{n=1}^{\infty}\frac{x^n}{4+n^2}$ 之收斂範圍。

8. 求 $\displaystyle\sum_{n=1}^{\infty}\frac{(-1)^{n+1}}{n\,5^n}(x-5)^n$ 之收斂範圍。

9. 求 $\displaystyle\lim_{x\to 0}\frac{(1+3x^4)^{\frac{1}{5}}-(1-2x)^{\frac{1}{2}}}{(1+x)^{\frac{1}{3}}-(1+x)^{\frac{1}{2}}}=?$

10. 求 $\displaystyle\lim_{z\to 0}\frac{1-\cos z}{\sin z^2}$ 之值為何？

11. 級數 $\displaystyle\sum_{n=3}^{\infty}C_3^n z^n$ 之收斂半徑 R 為

    (A) 0   (B) 1

    (C) 3   (D) ∞

12. 級數 $\displaystyle\sum_{n=0}^{\infty}\frac{(-1)^n}{n^2 3^n}(x-2)^n$ 的收斂半徑為何？

    (A) 1   (B) 2

    (C) 3   (D) ∞

13. 函數 $f(z)=\dfrac{2}{1+z}$ 對 $z=2$ 展開的泰勒級數為何？

14. 函數 $f(x)=\dfrac{1-x}{2+x}$ 在 $x=0$ 之泰勒級數展開為 $f(x)=\displaystyle\sum_{n=0}^{\infty}c_n x^n$，則 x^3 的係數 c_3 為何？

    (A) $-\dfrac{1}{16}$ (B) $-\dfrac{3}{16}$

    (C) $\dfrac{1}{16}$ (D) $\dfrac{3}{16}$

加分題

15. 已知 $\{a_n\}_{n=1}^{\infty}$ 為一個數列，且 $a_1 = 1$，
$a_{n+1} = \sqrt{2 + a_n}$，求 $\lim\limits_{n \to \infty} a_n = ?$

16. 下列何者為級數 $\sum\limits_{m=0}^{\infty} \dfrac{(-1)^m}{8^m} x^{3m}$ 之收斂
區間？

(A) $|x| < 8$ (B) $|x| < 4$

(C) $|x| < 2$ (D) $|x| < 1$

17. 判定級數
$$\sum_{n=3}^{\infty} \left[(\sqrt{2} - \sqrt[3]{2})(\sqrt{2} - \sqrt[4]{2}) \cdots (\sqrt{2} - \sqrt[n]{2}) \right]$$
是收斂或發散？

18. 級數 $\sum\limits_{n=2}^{\infty} \dfrac{(-1)^{n+1}(x-1)^{2n}}{(n+1)9^n}$ 的收斂半徑為
何？

(A) 1   (B) 2

(C) 3   (D) ∞

8
CHAPTER

偏微分及其應用

1. 瞭解雙變數函數之極限與連續計算
2. 瞭解雙變數函數之偏導數計算
3. 熟悉多變數函數之連鎖律
4. 熟悉多變數函數之近似值求法
5. 瞭解隱函數法求偏微分
6. 瞭解雙變數函數的極值求法
7. 瞭解 Lagrange 乘子法之應用計算

迄今為止所探討的微積分皆為「單」變數,也就是 $y = f(x)$,只有一個自變數 x。本章將要探討常見之「多」變數函數之微分學,例如 $u = f(x, y)$、$v = f(x, y, z)$、$w = f(x, y, z, t)$ … 等皆為多變數之型式,這些均是單變數微分學推廣之結果而已。在多變數之理論中,以「雙變數」所碰到之機會最大,故本章之多變數仍以雙變數說明為主,因為理論皆是相同的。

以雙變數函數 $z = f(x, y)$ 之圖形為例,在三維坐標中表示如右:其形狀為空間中之一個曲面(surface)。

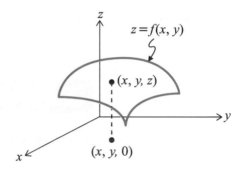

8-1 雙變數函數之極限與連續

定義 極限

若雙變數函數 $z = f(x, y)$ 在點 $P(x_0, y_0)$ 之鄰域內均有定義,則對任意之 $\varepsilon > 0$ 而言,必定存在一正數 δ,使得當 $0 < \sqrt{(x - x_0)^2 + (y - y_0)^2} < \delta$ 時,必有 $\left| f(x, y) - L \right| < \varepsilon$,則稱 L 為函數 $f(x, y)$ 在 $x \to x_0$ 及 $y \to y_0$ 之極限(limit),記為

$$\lim_{\substack{x \to x_0 \\ y \to y_0}} f(x, y) = L$$

■

定義　連續

若 $\displaystyle\lim_{\substack{x\to x_0 \\ y\to y_0}} f(x,y) = f(x_0,y_0)$，則稱 $f(x,y)$ 在 $P(x_0,y_0)$ 點為連續（continuity）。 ■

觀念說明

1. 由上述之介紹，知雙變數函數之極限定義與單變數函數之極限定義類似；因此在單變數函數成立之極限性質，在雙變數函數也成立。

2. 由極限之定義告訴我們，當 (x,y) 趨近 (x_0,y_0) 時，$f(x,y)$ 就趨近 L。但此定義並沒有告訴我們說 (x,y) 是沿著何種路徑逼近 (x_0,y_0)，如右圖所示。故以極限唯一性知「不論以何種路徑逼近，其極限值均需相同，極限才存在」。因此若以不同路徑所得之極限值不同，即表示此極限不存在，此事實與單變數函數之情況相同。

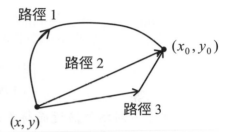

3. 至於欲證明雙變數函數之連續性，其與單變數函數之連續性方法相同，即證明 $\displaystyle\lim_{(x,y)\to(a,b)} f(x,y) = f(a,b)$，則稱 $f(x,y)$ 在點 (a,b) 連續。

4. 欲求 $\displaystyle\lim_{(x,y)\to(0,0)} f(x,y)$ 之原則為雙變數極限 $\xrightarrow{\text{化為}}$ 單變數極限，方法為斜率表示法，令 $y = mx$，其中 m 為斜率。

例題 1　基本題

求 $\displaystyle\lim_{(x,y)\to(2,-1)} \frac{2xy}{x^2+y^2} = ?$

解　直接以 $x=2$ 及 $y=-1$ 代入得原式 $= -\dfrac{4}{5}$ ■

類題　求 $\displaystyle\lim_{(x,y)\to(1,1)} \frac{2xy}{x^2+y^2} = ?$

答　直接以 $x=1$ 及 $y=1$ 代入得原式 $= 1$ ■

例題 2　基本題

求 $\lim\limits_{(x,y)\to(0,0)}\left(\dfrac{x^2-y^2}{x^2+y^2}\right)^2=?$

解　計算雙變數極限問題之要訣為設法化為單變數極限問題求解！

斜率表示法，令 $y=mx$（m 為斜率）

即以不同斜率之路徑逼近，則 $(x,y)\to(0,0)$

相當於 $x\to0$

$\therefore \lim\limits_{(x,y)\to(0,0)}\left(\dfrac{x^2-y^2}{x^2+y^2}\right)^2=\lim\limits_{x\to0}\left(\dfrac{x^2-m^2x^2}{x^2+m^2x^2}\right)^2$

$\qquad\qquad\qquad\qquad=\left(\dfrac{1-m^2}{1+m^2}\right)^2 \Rightarrow$ 仍與 m 有關

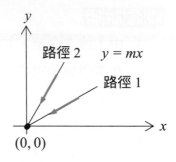

意即沿不同路徑逼近而得不同之極限值，故知此極限不存在。■

類題　求 $\lim\limits_{(x,y)\to(0,0)}\dfrac{xy}{x^2+y^2}=?$

答　$y=mx$ 代入得原式 $=\lim\limits_{x\to0}\dfrac{x\cdot mx}{x^2+m^2x^2}=\dfrac{m}{1+m^2}\lim\limits_{x\to0}\dfrac{x^2}{x^2}=\dfrac{m}{1+m^2}\Rightarrow$ 仍與 m 有關

故知此極限不存在。■

例題 3　基本題

求 $\lim\limits_{(x,y)\to(0,0)}\dfrac{3x^2y}{x^2+y^2}=?$

解　斜率表示法，令 $y=mx$ 代入

$\therefore \lim\limits_{(x,y)\to(0,0)}\dfrac{3x^2y}{x^2+y^2}=\lim\limits_{x\to0}\dfrac{3x^2mx}{x^2+m^2x^2}=\dfrac{3m}{1+m^2}\lim\limits_{x\to0}x=0$ ■

類題　求 $\lim\limits_{(x,y)\to(0,0)}\dfrac{x^4+y^4}{x^2+y^2}=?$

答　令 $y=mx$ 代入得原式 $=\lim\limits_{x\to0}\dfrac{x^4+m^4x^4}{x^2+m^2x^2}=\dfrac{1+m^4}{1+m^2}\lim\limits_{x\to0}x^2=0$ ■

例題 4　基本題

設 $f(x,y) = \begin{cases} \dfrac{xy(x^2-y^2)}{x^2+y^2}, & 當\ (x,y) \neq (0,0) \\ 0, & 當\ (x,y) = (0,0) \end{cases}$，求 $f(x,y)$ 在 $(0,0)$ 是否連續？

解　令 $y = mx$ 代入得

$$\lim_{(x,y)\to(0,0)} \frac{xy(x^2-y^2)}{x^2+y^2} = \lim_{x\to0} \frac{mx^2(x^2-m^2x^2)}{x^2+m^2x^2} = \frac{m(1-m^2)}{1+m^2} \lim_{x\to0} x^2 = 0$$

且 $f(0,0) = 0$，故連續。∎

類題　設 $f(x,y) = \begin{cases} \dfrac{x^2y^3}{2x^2+y^2}, & 當\ (x,y) \neq (0,0) \\ 0, & 當\ (x,y) = (0,0) \end{cases}$，則 $f(x,y)$ 在 $(0,0)$ 是否連續？

答　令 $y = mx$，則 $\lim_{(x,y)\to(0,0)} \dfrac{x^2y^3}{2x^2+y^2} = \lim_{x\to0} \dfrac{x^2 \cdot m^3x^3}{2x^2+(mx)^2} = \dfrac{m^3}{2+m^2} \lim_{x\to0} x^3 = 0$

且 $f(0,0) = 0$，故連續。∎

習題 8-1

1. 設 $f(x,y) = \begin{cases} \dfrac{x^3+y^3}{x^2+y^2}, & x \neq 0,\ y \neq 0 \\ 0, & x = y = 0 \end{cases}$，

   則 $\lim_{(x,y)\to(0,0)} f(x,y) = ?$

2. 求 $\lim_{(x,y)\to(0,0)} \dfrac{xy\sin y}{x^2+y^2} = ?$

3. 求 $\lim_{(x,y)\to(0,0)} \dfrac{x^2y^2}{x^4+y^4} = ?$

4. 求 $\lim_{(x,y)\to(0,0)} \dfrac{x^2y^3}{2x^2+y^2} = ?$

5. 求 $\lim_{(x,y)\to(1,1)} \dfrac{x}{x^2+y^2} = ?$

6. 設 $f(x,y) = \begin{cases} \dfrac{x^2y}{x^3+y^3}, & (x,y) \neq (0,0) \\ 0, & (x,y) = (0,0) \end{cases}$

   ，則 $f(x,y)$ 在 $(0,0)$ 是否連續？

8-2 偏導數

對一個雙變數函數，僅使其中一個變數有變化，則對該變數取微分的運算就是偏導數（partial derivative），是微積分中基本又重要之內容。

定義 偏導數

假設函數 $z = f(x, y)$ 在點 $P(x_0, y_0)$ 之鄰域內均有定義，如果極限 $\dfrac{\partial f}{\partial x} \equiv \lim\limits_{\Delta x \to 0} \dfrac{f(x_0 + \Delta x, y_0) - f(x_0, y_0)}{\Delta x}$ 存在，稱此極限值為 $f(x, y)$ 在點 (x_0, y_0) 處，對 x 之偏導數，記為 $\dfrac{\partial f}{\partial x}$、$f_x$ 或 f_1。

同理，$f(x, y)$ 在點 (x_0, y_0) 處，對 y 之偏導數為 $\dfrac{\partial f}{\partial y} \equiv \lim\limits_{\Delta y \to 0} \dfrac{f(x_0, y_0 + \Delta y) - f(x_0, y_0)}{\Delta y}$，記為 $\dfrac{\partial f}{\partial y}$、$f_y$ 或 f_2。 ■

觀念說明

1. 由定義即知 $\dfrac{\partial f}{\partial x}$ 乃視 y 為常數，而對 x 求微分；$\dfrac{\partial f}{\partial y}$ 乃視 x 為常數，而對 y 求微分。

2. 偏導數之幾何意義，由右圖得知：

   $\dfrac{\partial f}{\partial x}$：表示 $f(x, y)$ 沿著 x 軸方向之變化率，此時 y 是定值。

   $\dfrac{\partial f}{\partial y}$：表示 $f(x, y)$ 沿著 y 軸方向之變化率，此時 x 是定值。

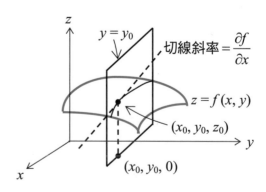

定義 高階偏導數

定義 $z = f(x,y)$ 之高階偏微分（偏導數）有如下之符號：

$$\frac{\partial^2 f}{\partial x^2} = \frac{\partial}{\partial x}(\frac{\partial f}{\partial x}) \equiv f_{xx} = f_{11} \cdots\cdots \text{對 } x \text{ 微分兩次}$$

$$\frac{\partial^2 f}{\partial y^2} = \frac{\partial}{\partial y}(\frac{\partial f}{\partial y}) \equiv f_{yy} = f_{22} \cdots\cdots \text{對 } y \text{ 微分兩次}$$

$$\frac{\partial^2 f}{\partial x \partial y} = \frac{\partial}{\partial x}(\frac{\partial f}{\partial y}) \equiv f_{yx} = f_{21} \cdots\cdots \text{先對 } y \text{ 微分，再對 } x \text{ 微分}$$

$$\frac{\partial^2 f}{\partial y \partial x} = \frac{\partial}{\partial y}(\frac{\partial f}{\partial x}) \equiv f_{xy} = f_{12} \cdots\cdots \text{先對 } x \text{ 微分，再對 } y \text{ 微分}$$

$$\vdots$$

$f(x,y)$ 在點 (a, b) 的高階偏導數的數學定義式則如下所示：

$$f_{11}(a,b) = \lim_{h \to 0} \frac{f_1(u+h,b) - f_1(a,b)}{h}$$

$$f_{12}(a,b) = \lim_{k \to 0} \frac{f_1(a,b+k) - f_1(a,b)}{k}$$

$$f_{21}(a,b) = \lim_{h \to 0} \frac{f_2(a+h,b) - f_2(a,b)}{h}$$

$$f_{22}(a,b) = \lim_{k \to 0} \frac{f_2(a,b+k) - f_2(a,b)}{k} \cdots\cdots$$

觀念說明

1. 注意：$\frac{dy}{dx} = \frac{1}{\frac{dx}{dy}}$ ，但 $\frac{\partial f}{\partial x} \neq \frac{1}{\frac{\partial x}{\partial f}}$ ！

2. 嚴格來說，有 $\frac{\partial^2 f}{\partial x \partial y} \neq \frac{\partial^2 f}{\partial y \partial x}$，但如果 $\frac{\partial^2 f}{\partial x \partial y}$、$\frac{\partial^2 f}{\partial y \partial x}$ 在點 (x_0, y_0) 皆連續，則在點 (x_0, y_0) 會有 $\frac{\partial^2 f}{\partial x \partial y} = \frac{\partial^2 f}{\partial y \partial x}$；此即偏微分所得結果與微分次序無關，大部份函數皆滿足此結果，稱為 Clairaut 定理。

3. 數學上稱滿足 $\dfrac{\partial^2 f}{\partial x^2} + \dfrac{\partial^2 f}{\partial y^2} = 0$ 之函數 $f(x,y)$ 為調和函數（harmonic function），這樣的函數有無窮多個；$\dfrac{\partial^2 f}{\partial x^2} + \dfrac{\partial^2 f}{\partial y^2} = 0$ 稱為 Laplace 方程式。

4. 對三個自變數而言，Laplace 方程式為 $\dfrac{\partial^2 f}{\partial x^2} + \dfrac{\partial^2 f}{\partial y^2} + \dfrac{\partial^2 f}{\partial z^2} = 0$。

例題 1　基本題

設 $f(x,y) = 2x - x^2 y^2 + x^3 y$，求 $\dfrac{\partial f}{\partial x}$、$\dfrac{\partial f}{\partial y} = ?$

解　$\dfrac{\partial f}{\partial x} = 2 - 2xy^2 + 3x^2 y$，$\dfrac{\partial f}{\partial y} = -2x^2 y + x^3$ ∎

類題　若 $w = (x^2 y + xy)^2$，求 $\dfrac{\partial w}{\partial x} = ?$

答　視 y 為常數，微分即得 $\dfrac{\partial w}{\partial x} = 2(x^2 y + xy)(2xy + y)$ ∎

例題 2　基本題

已知 $f(x,y) = 3x^3 y + 4xy^2 - x + 2y - 5$，求：

(1) $\dfrac{\partial f}{\partial x}(2,1) = ?$　　(2) $\dfrac{\partial f}{\partial y}(2,1) = ?$

解　(1) $\dfrac{\partial f}{\partial x} = 9x^2 y + 4y^2 - 1$，$\therefore \dfrac{\partial f}{\partial x}(2,1) = 39$

(2) $\dfrac{\partial f}{\partial y} = 3x^3 + 8xy + 2$，$\therefore \dfrac{\partial f}{\partial y}(2,1) = 42$ ∎

類題　若 $f(x,y) = \sin(x^2 + y)$，求 $\dfrac{\partial f}{\partial x}(0,\pi) = ?$　$\dfrac{\partial f}{\partial y}(0,\pi) = ?$

答　$\dfrac{\partial f}{\partial x} = 2x\cos(x^2 + y)$，$\therefore \dfrac{\partial f}{\partial x}(0,\pi) = 0$

$\dfrac{\partial f}{\partial y} = \cos(x^2 + y)$，$\therefore \dfrac{\partial f}{\partial y}(0,\pi) = -1$ ∎

例題 3　基本題

若 $f(x,y) = e^{ny}\cos nx$，求 $f_{xx} + f_{yy} = ?$

解　$f_x = -ne^{ny}\sin nx$，$f_{xx} = -n^2 e^{ny}\cos nx$

　　$f_y = ne^{ny}\cos nx$，$f_{yy} = n^2 e^{ny}\cos nx$

　　$\therefore f_{xx} + f_{yy} = 0$ ■

類題　若 $u = x^2 - y^2$，試證 $\dfrac{\partial^2 u}{\partial x^2} + \dfrac{\partial^2 u}{\partial y^2} = 0$。

證　$\dfrac{\partial u}{\partial x} = 2x$，$\dfrac{\partial^2 u}{\partial x^2} = 2$

　　$\dfrac{\partial u}{\partial y} = -2y$，$\dfrac{\partial^2 u}{\partial y^2} = -2$

　　$\dfrac{\partial^2 u}{\partial x^2} + \dfrac{\partial^2 u}{\partial y^2} = 2 - 2 = 0$（得證）■

以定義求偏微分

許多怪怪的函數，不能直接計算偏微分，需由定義求偏微分。

例題 4　基本題

設 $f(x,y) = \begin{cases} \dfrac{x^3 - y^3}{x^2 + y^2}, & (x,y) \neq (0,0) \\ 0, & (x,y) = (0,0) \end{cases}$，求 $\dfrac{\partial f}{\partial x}(0,0)$ 與 $\dfrac{\partial f}{\partial y}(0,0) = ?$

解　(1) $\dfrac{\partial f}{\partial x}\Big|_{(0,0)} = \lim_{h\to 0}\dfrac{f(h,0) - f(0,0)}{h} = \lim_{h\to 0}\dfrac{\frac{h^3}{h^2} - 0}{h} = 1$

　　(2) $\dfrac{\partial f}{\partial y}\Big|_{(0,0)} = \lim_{k\to 0}\dfrac{f(0,k) - f(0,0)}{k} = \lim_{k\to 0}\dfrac{-\frac{k^3}{k^2} - 0}{k} = -1$ ■

類題 若 $f(x,y) = \begin{cases} \dfrac{5x^4 - y^3}{x^2 + 3y^2}, & (x,y) \neq (0,0) \\ 0, & (x,y) = (0,0) \end{cases}$ ，求 $\dfrac{\partial f}{\partial x}(0,0)$ 與 $\dfrac{\partial f}{\partial y}(0,0) = ?$

答　$\dfrac{\partial f}{\partial x}\Big|_{(0,0)} = \lim_{h \to 0} \dfrac{f(h,0) - f(0,0)}{h} = \lim_{h \to 0} \dfrac{\dfrac{5h^4}{h^2} - 0}{h} = 0$

$\dfrac{\partial f}{\partial y}\Big|_{(0,0)} = \lim_{k \to 0} \dfrac{f(0,k) - f(0,0)}{k} = \lim_{k \to 0} \dfrac{-\dfrac{k^3}{3k^2} - 0}{k} = -\dfrac{1}{3}$ ∎

求原函數

某些題目先給定原函數之偏微分與限制條件，欲求原函數，如下題之說明。

例題 5　基本題

設 $f(x,y)$ 滿足 $\dfrac{\partial f}{\partial x} = x^2 + y^2, \dfrac{\partial f}{\partial y} = 2xy$ 及 $f(0,0) = 1$，求 $f(x,y) = ?$

解　(1) $\begin{cases} \dfrac{\partial f}{\partial x} = x^2 + y^2 \Rightarrow f = \dfrac{1}{3}x^3 + xy^2 + c \\ \dfrac{\partial f}{\partial y} = 2xy \Rightarrow f = xy^2 + c \end{cases}$

取聯集得 $f(x,y) = \dfrac{1}{3}x^3 + xy^2 + c$

(2) 又 $f(0,0) = 1 \Rightarrow c = 1$，$\therefore f(x,y) = \dfrac{1}{3}x^3 + xy^2 + 1$ ∎

類題 設 $f(x,y)$ 滿足 $f_x = x + 2y$，$f_y = 2x$，且 $f(0,0) = 1$，求 $f(x,y) = ?$

答　$\begin{cases} f_x = x + 2y \Rightarrow f = \dfrac{1}{2}x^2 + 2xy + c \\ f_y = 2x \Rightarrow f = 2xy + c \end{cases}$

取聯集得 $f(x,y) = \dfrac{1}{2}x^2 + 2xy + c$，又 $f(0,0) = 1 \Rightarrow c = 1$。

$\therefore f(x,y) = \dfrac{1}{2}x^2 + 2xy + 1$ ∎

習題 8-2

1. 已知 $f(x,y) = x^2y - 2xy^2$，求 $\dfrac{\partial f}{\partial x}(1,1)$

   $= ?$ $\dfrac{\partial f}{\partial y}(1,1) = ?$

2. 令 $z = f(x,y) = x^2y^3 + 2e^{xy}$，求 $\dfrac{\partial z}{\partial x}$

   、$\dfrac{\partial z}{\partial y} = ?$

3. 設 $f(x,y) = e^{-x}\sin(x + 2y)$，求

   $\dfrac{\partial f}{\partial x}(0, \dfrac{\pi}{2}) = ?$

4. 已知 $f(x,y,z) = \ln(ax^2 + by^2 + cz^2)$，

   求 $\dfrac{\partial f}{\partial x} = ?$

5. 若 $f(x,y,z,w) = \dfrac{xy}{z+w}$，求 $f_{xyzw} = ?$

6. 已知 $f(x,y) = 30 + 8x + 2y + 0.003x^2$
   $+ 0.001y^2 + 0.001xy$，當 $x = 500$，$y =$
   1000 時，求 $\dfrac{\partial f}{\partial x}$、$\dfrac{\partial f}{\partial y} = ?$

7. 若 $f_x(x,y) = e^x \ln y - \dfrac{e^y}{x}$，$f_y(x,y)$
   $= \dfrac{e^x}{y} - e^y \ln x$，且 $f(1,1) = 0$，求
   $f(x,y) = ?$

8-3 可微分觀念與連鎖律

有了偏導數之觀念後，則雙變數函數之可微分即容易理解，此處遵照如下的類推式講解法來說明較易吸收。

溫故：由 $y = f(x)$ $\Rightarrow$ $dy = \dfrac{df}{dx}dx = f'(x)dx$，即 $y \xrightarrow{\ f(x)\ } x$（$y$ 被 x 影響）

知新：在雙變數函數 $z = f(x,y)$ 中，$z \begin{cases} \xrightarrow{\ f(x,y)\ } x & （z \text{ 被 } x \text{ 影響}） \\ \xrightarrow{\ f(x,y)\ } y & （z \text{ 被 } y \text{ 影響}） \end{cases}$

則猜想可知 $dz = \square dx + \square dy$（照貓畫虎）

定義 **可微分** ～有數學味！

已知 $z = f(x,y)$，當 $\begin{cases} x \xrightarrow{\ \text{改變}\ } x + \Delta x \\ y \xrightarrow{\ \text{改變}\ } y + \Delta y \end{cases}$，使得 $z \xrightarrow{\ \text{變成}\ } z + \Delta z$

即 $\Delta z = f(x+\Delta x, y+\Delta y) - f(x,y) \equiv A\Delta x + B\Delta y$，若 A、B 之值僅與 x、y 有關，而與 Δx、Δy（即逼近之路徑）無關，則稱 $f(x,y)$ 在點 (x,y) 為可微分。 ∎

若 $f(x,y)$ 可微分時，則可得 $dz = \dfrac{\partial f}{\partial x}dx + \dfrac{\partial f}{\partial y}dy$（省略推導），如下之定義所述：

定義 全微分

若函數 $f(x,y)$ 可微分，則稱 $df = \dfrac{\partial f}{\partial x}dx + \dfrac{\partial f}{\partial y}dy$，為 $z = f(x,y)$ 之全微分（total differential）。 ∎

定理 可微分之判斷定理～（參考用）

$z = f(x,y)$ 在某一區域內 $\dfrac{\partial f}{\partial x}$、$\dfrac{\partial f}{\partial y}$ 均連續，則 $z = f(x,y)$ 可微分。

定理 連鎖律

若 $z = f(x,y)$ 可微分，且 $\begin{cases} x = x(t) \\ y = y(t) \end{cases}$ 亦皆可微分時，則 $\dfrac{dz}{dt} = \dfrac{\partial z}{\partial x}\dfrac{dx}{dt} + \dfrac{\partial z}{\partial y}\dfrac{dy}{dt}$。

觀念說明

1. 以路徑圖（path diagram）或稱樹形圖（tree diagram）最能解釋雙變數函數之連鎖律，如 $z = f(x,y)$，且 $\begin{cases} x = x(t) \\ y = y(t) \end{cases}$，路徑圖為 $z \begin{cases} x \text{—} t \\ y \text{—} t \end{cases}$，則

$\dfrac{dz}{dt} = \dfrac{\partial z}{\partial x}\dfrac{dx}{dt} + \dfrac{\partial z}{\partial y}\dfrac{dy}{dt}$。

2. 若 $z = f(x, y)$，且 $\begin{cases} x = x(u, v) \\ y = y(u, v) \end{cases}$，路徑圖為 $z \Big\langle \begin{matrix} x \Big\langle \begin{matrix} u \\ v \end{matrix} \\ y \Big\langle \begin{matrix} u \\ v \end{matrix} \end{matrix}$，則

$$\frac{\partial z}{\partial u} = \frac{\partial z}{\partial x}\frac{\partial x}{\partial u} + \frac{\partial z}{\partial y}\frac{\partial y}{\partial u} \;,\; \frac{\partial z}{\partial v} = \frac{\partial z}{\partial x}\frac{\partial x}{\partial v} + \frac{\partial z}{\partial y}\frac{\partial y}{\partial v} \;。$$

3. 三變數之全微分：若 $u = f(x, y, z)$，且 $\begin{cases} x = x(t) \\ y = y(t) \\ z = z(t) \end{cases}$，路徑圖為 $u \Big\langle \begin{matrix} x \text{——} t \\ y \text{——} t \\ z \text{——} t \end{matrix}$，

則 $\dfrac{du}{dt} = \dfrac{\partial u}{\partial x}\dfrac{dx}{dt} + \dfrac{\partial u}{\partial y}\dfrac{dy}{dt} + \dfrac{\partial u}{\partial z}\dfrac{dz}{dt}$。

4. 若 $w = f(x, y, z)$，且 $x = x(u, v)$，$y = y(u, v)$，$z = z(u, v)$，路徑圖為 $w \Big\langle \begin{matrix} x \Big\langle \begin{matrix} u \\ v \end{matrix} \\ y \Big\langle \begin{matrix} u \\ v \end{matrix} \\ z \Big\langle \begin{matrix} u \\ v \end{matrix} \end{matrix}$，

則 $\dfrac{\partial w}{\partial u} = \dfrac{\partial w}{\partial x}\dfrac{\partial x}{\partial u} + \dfrac{\partial w}{\partial y}\dfrac{\partial y}{\partial u} + \dfrac{\partial w}{\partial z}\dfrac{\partial z}{\partial u}$，$\dfrac{\partial w}{\partial v} = \dfrac{\partial w}{\partial x}\dfrac{\partial x}{\partial v} + \dfrac{\partial w}{\partial y}\dfrac{\partial y}{\partial v} + \dfrac{\partial w}{\partial z}\dfrac{\partial z}{\partial v}$。

例題 1　基本題

設 $f(x, y) = x^3 + y^2$，且 $x = \sin t$, $y = 2\cos t$，求 $\dfrac{df}{dt} = ?$

解　路徑圖為 $f \Big\langle \begin{matrix} x \text{——} t \\ y \text{——} t \end{matrix}$

$\therefore \dfrac{df}{dt} = \dfrac{\partial f}{\partial x}\dfrac{dx}{dt} + \dfrac{\partial f}{\partial y}\dfrac{dy}{dt} = 3x^2 \cdot \cos t + 2y \cdot (-2\sin t)$

$\quad = 3x^2\cos t - 4y\sin t$ ∎

類題　設 $f(x, y) = 3x^2 + y^2$，且 $x = r^2 e^s$，$y = \sin(rs)$，求 $\dfrac{\partial f}{\partial r}$、$\dfrac{\partial f}{\partial s} = ?$

答　路徑圖為 $f \Big\langle \begin{matrix} x \Big\langle \begin{matrix} r \\ s \end{matrix} \\ y \Big\langle \begin{matrix} r \\ s \end{matrix} \end{matrix}$，則

$$\frac{\partial f}{\partial r} = \frac{\partial f}{\partial x}\frac{\partial x}{\partial r} + \frac{\partial f}{\partial y}\frac{\partial y}{\partial r} = 6x \cdot 2re^s + 2y \cdot s\cos(rs)$$

$$= 12xre^s + 2ys\cos(rs)$$

$$\frac{\partial f}{\partial s} = \frac{\partial f}{\partial x}\frac{\partial x}{\partial s} + \frac{\partial f}{\partial y}\frac{\partial y}{\partial s} = 6x \cdot r^2 e^s + 2y \cdot r\cos(rs)$$

$$= 6xr^2 e^s + 2yr\cos(rs) \blacksquare$$

應用：利用全微分求近似值

已知函數 $f(x, y, z)$，則 df 代表 $f(x, y, z)$ 由於 x、y、z 微變所引起之變化量總和，因此可估計一個函數之近似值。

例題 2　基本題

求 $\sqrt{(2.98)^2 + (4.02)^2 + (11.98)^2} \approx$?

解　令 $f(x, y, z) = \sqrt{x^2 + y^2 + z^2}$

則 $df = \dfrac{x}{\sqrt{x^2 + y^2 + z^2}}dx + \dfrac{y}{\sqrt{x^2 + y^2 + z^2}}dy + \dfrac{z}{\sqrt{x^2 + y^2 + z^2}}dz$

令 $x = 3$,　$y = 4$,　$z = 12$

且 $dx = -0.02$,　$dy = 0.02$,　$dz = -0.02$

$\therefore$　$f(3, 4, 12) = \sqrt{9 + 16 + 144} = 13$

$df = \dfrac{3}{13}(-0.02) + \dfrac{4}{13}(0.02) + \dfrac{12}{13}(-0.02) = \dfrac{-0.22}{13}$

故 $\sqrt{(2.98)^2 + (4.02)^2 + (11.98)^2} \approx 13 - \dfrac{0.22}{13} \approx 12.9831$ ∎

類題　求 $\sin 28° \cos 29° \tan 44°$ 之近似值。

答　令 $f(x, y, z) = \sin x \cos y \tan z$

則 $f_x = \cos x \cos y \tan z$，$f_y = -\sin x \sin y \tan z$，$f_z = \sin x \cos y \sec^2 z$

$$\therefore 原式 \approx f(\frac{\pi}{6}, \frac{\pi}{6}, \frac{\pi}{4}) + f_x(\frac{\pi}{6}, \frac{\pi}{6}, \frac{\pi}{4}) \cdot (\frac{-2\pi}{180}) + f_y(\frac{\pi}{6}, \frac{\pi}{6}, \frac{\pi}{4}) \cdot (\frac{-\pi}{180})$$

$$+ f_z(\frac{\pi}{6}, \frac{\pi}{6}, \frac{\pi}{4}) \cdot (\frac{-\pi}{180})$$

$$= \frac{\sqrt{3}}{4} - \frac{\pi(5 + 2\sqrt{3})}{720} \blacksquare$$

例題 3   基本題

設一圓柱體高 100 公分，底半徑為 2 公分。若高度增加 1 公分，且底半徑增加 0.01 公分，求體積增加之近似值。

解 如右圖所示：

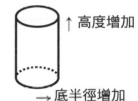
↑ 高度增加

→ 底半徑增加

體積 $V = \pi r^2 h \Rightarrow dV = 2\pi r h\,dr + \pi r^2\,dh$

$\because r = 2\ cm,\ h = 100\ cm,\ dh = 1\ cm,\ dr = 0.01\ cm$

$\therefore dV = 2\pi \cdot 2 \cdot 100 \cdot 0.01 + \pi \cdot 2^2 \cdot 1 = 8\pi\ (cm^3) \blacksquare$

類題   一圓柱體的高為 10 m，現以每秒 0.3 m 的速率遞減，而其底半徑為 5 m，以每秒 0.5 m 的速率遞增，求其體積的變化率。

答   體積 $V(t) = \pi r^2 h \Rightarrow \dfrac{dV}{dt} = 2\pi r h \dfrac{dr}{dt} + \pi r^2 \dfrac{dh}{dt}$

$$= 2\pi \cdot 5 \cdot 10 \cdot 0.5 - \pi \cdot 5^2 \cdot 0.3 = 42.5\pi \blacksquare$$

習題 8-3

1. 設 $u = x^2 - y^2$，且 $x = 2r - s$，$y = r + 2s$

    求 $\dfrac{\partial u}{\partial r}$、$\dfrac{\partial u}{\partial s} = ?$（以 r、s 表之）

2. 若 $z = u^2 + v^2$，且 $u = x + y$，$v = xy$

    求 $x\dfrac{\partial z}{\partial x} - y\dfrac{\partial z}{\partial y} = ?$（以 x、y 表之）

3. 設 $z = x^2 y + xy^2$，且 $x = \sin 2t$，

    $y = \cos t$，求 $\dfrac{dz}{dt} = ?$

4. 求 $\sqrt{(3.01)^2 + (3.98)^2}$ 之近似值。

5. 已知 ln5 的估計值約為 1.61，求

    $\ln\left[(1.02)^2 + (2.03)^2\right]$ 之估計值。

8-4 多變數隱函數之微分

教學之經驗告訴我，一般同學對常見函數之微分皆很內行，但一碰到隱函數之微分，不少人就不知所措，本節將接續 2-6 節之內容，再說明隱函數之微分理論。

設有個雙變數之函數 $F(x, y) = 0$，視 x 為自變數，則 y 為因變數，$F(x, y) = 0$ 之全微分關係式為

$$dF = \frac{\partial F}{\partial x} dx + \frac{\partial F}{\partial y} dy = 0 \Rightarrow \frac{dy}{dx} = -\frac{F_x}{F_y}$$

同理，有個三變數的函數 $F(x, y, z) = 0$ 之全微分關係式為

$$dF = \frac{\partial F}{\partial x} dx + \frac{\partial F}{\partial y} dy + \frac{\partial F}{\partial z} dz = 0 \quad \cdots\cdots (1)$$

若視 x、y 為自變數，z 為因變數，則知 $z = z(x, y)$ 之全微分關係式為

$$dz = \frac{\partial z}{\partial x} dx + \frac{\partial z}{\partial y} dy \quad \cdots\cdots (2)$$

將 (2) 式代入 (1) 式得 $\dfrac{\partial F}{\partial x} dx + \dfrac{\partial F}{\partial y} dy + \dfrac{\partial F}{\partial z} \left(\dfrac{\partial z}{\partial x} dx + \dfrac{\partial z}{\partial y} dy \right) = 0$

將上式整理後得 $\left(\dfrac{\partial F}{\partial x} + \dfrac{\partial F}{\partial z} \dfrac{\partial z}{\partial x} \right) dx + \left(\dfrac{\partial F}{\partial y} + \dfrac{\partial F}{\partial z} \dfrac{\partial z}{\partial y} \right) dy = 0 \quad \cdots\cdots (3)$

此時同學可以發現對任意之 F、x、y 而言，(3) 式皆成立，即 (3) 式為一恆等式，所以由

$$\frac{\partial F}{\partial x} + \frac{\partial F}{\partial z} \frac{\partial z}{\partial x} = 0 \Rightarrow \frac{\partial z}{\partial x} = -\frac{F_x}{F_z} \quad \cdots\cdots 符合原先預期$$

$$\frac{\partial F}{\partial y} + \frac{\partial F}{\partial z} \frac{\partial z}{\partial y} = 0 \Rightarrow \frac{\partial z}{\partial y} = -\frac{F_y}{F_z} \quad \cdots\cdots 符合原先預期$$

現以下列例題說明計算隱函數微分之步驟。

例題 1 基本題（雙變數）

設 $x^2 \cos y - y^2 \sin x = 0$ ，求 $\dfrac{dy}{dx} = ?$

解　設 $F(x, y) = x^2 \cos y - y^2 \sin x = 0$

$$\therefore \frac{dy}{dx} = -\frac{F_x}{F_y} = -\frac{2x \cos y - y^2 \cos x}{-x^2 \sin y - 2y \sin x} ■$$

類題　設 $\sin(x + y) = y^2 \cos x$ ，求 $\dfrac{dy}{dx} = ?$

答　設 $F(x, y) = \sin(x + y) - y^2 \cos x = 0$

$$\therefore \frac{dy}{dx} = -\frac{F_x}{F_y} = -\frac{\cos(x + y) + y^2 \sin x}{\cos(x + y) - 2y \cos x} ■$$

例題 2 基本題

設 $z + \sin(2x + yz) = \cos(y + xz)$ ，求 $\dfrac{\partial z}{\partial x} = ?$ $\dfrac{\partial y}{\partial x} = ?$

解　設 $F(x, y, z) = z + \sin(2x + yz) - \cos(y + xz) = 0$

$$\therefore \frac{\partial z}{\partial x} = -\frac{F_x}{F_z} = -\frac{2\cos(2x + yz) + z \sin(y + xz)}{1 + y \cos(2x + yz) + x \sin(y + xz)}$$

$$\frac{\partial y}{\partial x} = -\frac{F_x}{F_y} = -\frac{2\cos(2x + yz) + z \sin(y + xz)}{z \cos(2x + yz) + \sin(y + xz)} ■$$

類題　設 $F(x, y, z) = xye^z + yze^x + xze^y + 1 = 0$ ，求 $\dfrac{\partial z}{\partial x} = ?$ $\dfrac{\partial z}{\partial y} = ?$

答　$\dfrac{\partial z}{\partial x} = -\dfrac{F_x}{F_z} = -\dfrac{ye^z + yze^x + ze^y}{xye^z + ye^x + xe^y}$ ， $\dfrac{\partial z}{\partial y} = -\dfrac{F_y}{F_z} = -\dfrac{xe^z + ze^x + xze^y}{xye^z + ye^x + xe^y} ■$

習題 8-4

1. 已知 $\sin(xy) - \cos(yz) + e^{xz} = 0$ ，

   求 $\dfrac{\partial z}{\partial x} = ?$ $\dfrac{\partial z}{\partial y} = ?$

2. 已知 $\sin(x + y) + \sin(y + z) + \sin(z + x) = 1$ ，求 $\dfrac{\partial z}{\partial x} = ?$ $\dfrac{\partial z}{\partial y} = ?$

3. 已知 $x^2z^2 + ze^y + \sin(xy) = 0$，求 $\dfrac{\partial y}{\partial z} = ?$

8-5　向量分析

　　向量乃指具「大小」與「方向」之量，記為 $\vec{v}$，其大小以 $|\vec{v}|$ 表之。向量與純量之差別為純量只具大小，不具方向。數學上討論之向量，只要大小相等與方向相同，則向量即全等。

　　向量的加法依據合力原則，遵守平行四邊形定理（Parallelogram Law），如下圖所示，即 $\vec{A} + \vec{B} = \vec{C}$。

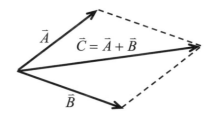

　　設 $\vec{A}$ 為三度空間之向量，其在三軸 $\vec{i}$、$\vec{j}$、$\vec{k}$ 方向上之大小分別為 A_1、A_2、A_3，則 $\vec{A}$ 可以 A_1、A_2、A_3 表示為 $\vec{A} = A_1\vec{i} + A_2\vec{j} + A_3\vec{k}$，且表 $\vec{A}$ 之長度為 $|\vec{A}| = \sqrt{A_1^2 + A_2^2 + A_3^2}$，故依幾何意義知：

$$|\vec{A} + \vec{B}| \le |\vec{A}| + |\vec{B}| \text{，} |\vec{A} - \vec{B}| \ge |\vec{A}| - |\vec{B}|$$

　　向量與向量之乘積有二種定義，分別為內積（inner product，源自「做功」之觀念）與外積（outer product，源自「力矩」計算），是較重要的基本計算。分述如下：

定義　內積

　　$\vec{A}$、$\vec{B}$ 二向量的內積定義為

$$\vec{A} \cdot \vec{B} = |\vec{A}||\vec{B}|\cos\theta \quad \cdots\cdots (1)$$

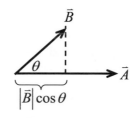

其中 θ 為 $\vec{A}$、$\vec{B}$ 二向量的夾角。　　　　　　　　　　　　　　　　■

(1) 式之幾何意義為 $\vec{B}$ 在 $\vec{A}$ 方向上的投影大小乘上 $\vec{A}$ 的大小。由 (1) 式可得結論：

1. 若 $\vec{A} \perp \vec{B}$，則內積結果為 0。

2. $\vec{A} \cdot \vec{B} = \vec{B} \cdot \vec{A}$（具交換性）。

3. $\vec{A} \cdot \vec{B} \leq |\vec{A}||\vec{B}|$，此式稱為 Cauchy-Schwarz 不等式。

另外若將 $\vec{A}$、$\vec{B}$ 表示為 $\vec{A} = A_1\vec{i} + A_2\vec{j} + A_3\vec{k}$，$\vec{B} = B_1\vec{i} + B_2\vec{j} + B_3\vec{k}$，則由 (1) 式之定義，利用三角形之餘弦定理可以證得

$$\vec{A} \cdot \vec{B} = A_1B_1 + A_2B_2 + A_3B_3 \quad \cdots\cdots (2)$$

(2) 式乃內積計算上之實用公式，應用極廣，必須熟記。

例題 1　基本題

設 $\vec{A} = 2\vec{i} + \vec{j} + 3\vec{k}$, $\vec{B} = -\vec{i} - \vec{j} + 2\vec{k}$，求 $\vec{A} \cdot \vec{B} = ?$

解　$\vec{A} \cdot \vec{B} = -2 - 1 + 6 = 3$ ■

類題　設 $\vec{A} = -2\vec{i} - \vec{j} + 3\vec{k}$, $\vec{B} = -\vec{i} + 3\vec{j} + 4\vec{k}$，求 $\vec{A} \cdot \vec{B} = ?$

答　$\vec{A} \cdot \vec{B} = 2 - 3 + 12 = 11$ ■

定義　外積

$\vec{A}$ 與 $\vec{B}$ 的外積定義為

$$\vec{A} \times \vec{B} = \left(|\vec{A}||\vec{B}|\sin\theta\right)\vec{n} \quad \cdots\cdots (3)$$

其中 θ 為 $\vec{A}$、$\vec{B}$ 之夾角，$\vec{n} \perp \vec{A}$ 且 $\vec{n} \perp \vec{B}$ 的單位向量 $\vec{n}$，方向由右手定則決定。　　■

(3) 式之幾何意義為：$\vec{A} \times \vec{B}$ 的大小等於 $\vec{A}$、$\vec{B}$ 所決定的平行四邊形之面積，方向為垂直這個平行四邊形的向量，如右圖所示。由外積之定義可得結論如下：

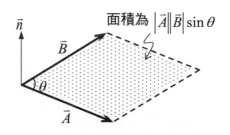
面積為 $|\vec{A}||\vec{B}|\sin\theta$

1. 若 $\vec{A} /\!/ \vec{B}$，則外積結果為 0。

2. $\vec{A} \times \vec{B} = -\vec{B} \times \vec{A}$，意即二者大小相同，方向相反。

3. 在三維空間中，若 $\vec{A} = A_1\vec{i} + A_2\vec{j} + A_3\vec{k}$，$\vec{B} = B_1\vec{i} + B_2\vec{j} + B_3\vec{k}$，則 $\vec{A} \times \vec{B}$ 可表示為

$$\vec{A} \times \vec{B} = \begin{vmatrix} \vec{i} & \vec{j} & \vec{k} \\ A_1 & A_2 & A_3 \\ B_1 & B_2 & B_3 \end{vmatrix} \quad \cdots\cdots (4)$$

(4) 式在計算中用的很多，請記住！

例題 2　基本題

設 $\vec{A} = 2\vec{i} + \vec{j} + 3\vec{k}$，$\vec{B} = -\vec{i} - \vec{j} + 2\vec{k}$，求 $\vec{A} \times \vec{B} = ?$

解　$\vec{A} \times \vec{B} = \begin{vmatrix} \vec{i} & \vec{j} & \vec{k} \\ 2 & 1 & 3 \\ -1 & -1 & 2 \end{vmatrix} = 5\vec{i} - 7\vec{j} - \vec{k}$ ∎

類題　設 $\vec{A} = -2\vec{i} - \vec{j} + 3\vec{k}$，$\vec{B} = -\vec{i} - 3\vec{j} + 4\vec{k}$，求 $\vec{A} \times \vec{B} = ?$

答　$\vec{A} \times \vec{B} = \begin{vmatrix} \vec{i} & \vec{j} & \vec{k} \\ -2 & -1 & 3 \\ -1 & -3 & 4 \end{vmatrix} = 5\vec{i} + 5\vec{j} + 5\vec{k}$ ∎

定義　純量三乘積

　　$\vec{A}$、$\vec{B}$、$\vec{C}$ 的純量三乘積（scalar triple product）為

$$\vec{A} \cdot (\vec{B} \times \vec{C}) \quad \cdots\cdots (5)$$

若 $\vec{A} = A_1\vec{i} + A_2\vec{j} + A_3\vec{k}$，$\vec{B} = B_1\vec{i} + B_2\vec{j} + B_3\vec{k}$，$\vec{C} = C_1\vec{i} + C_2\vec{j} + C_3\vec{k}$，則

$$\vec{A} \cdot (\vec{B} \times \vec{C}) = \begin{vmatrix} A_1 & A_2 & A_3 \\ B_1 & B_2 & B_3 \\ C_1 & C_2 & C_3 \end{vmatrix} \quad \cdots\cdots (6)$$

∎

(5) 式的 $\vec{A} \cdot (\vec{B} \times \vec{C})$ 有一個有趣的幾何意義,即:它的大小等於由 $\vec{A}$、$\vec{B}$、$\vec{C}$ 所構成的平行六面體之體積,如右圖所示。

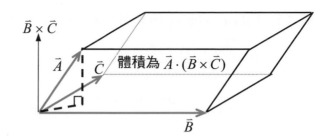

(6) 式是計算工具,要記住。

由 (5) 式之幾何意義,可得如下二點結論:

1. 若 $\vec{A} \cdot (\vec{B} \times \vec{C}) = 0$,則 $\vec{A}$、$\vec{B}$、$\vec{C}$ 為共面向量。

2. 若 $\vec{A} \cdot (\vec{B} \times \vec{C}) \neq 0$,則 $\vec{A}$、$\vec{B}$、$\vec{C}$ 不共面。

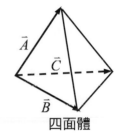

■ **推論**　由 $\vec{A}$、$\vec{B}$、$\vec{C}$ 所形成四面體(tetrahedron)之體積為 $\dfrac{1}{6} \left| \vec{A} \cdot (\vec{B} \times \vec{C}) \right|$,如右圖所示。

四面體

■ **應用**

1. 欲求 $\vec{A}$、$\vec{B}$ 二個向量之夾角時,可用 $\cos\theta = \dfrac{\vec{A} \cdot \vec{B} \ \leftarrow 內積}{\left|\vec{A}\right|\left|\vec{B}\right| \ \leftarrow 長度積}$。(口訣:長度積分之內積)

2. 空間上由 A、B、C 三個點形成之三角形,其面積求法為 $\triangle ABC = \dfrac{1}{2} \left| \overrightarrow{AB} \times \overrightarrow{AC} \right|$。

複習

1. 在三維空間中,過點 (x_0, y_0, z_0)、法向量為 $\vec{N} = a\vec{i} + b\vec{j} + c\vec{k}$ 的平面 S,其方程式可以表為 $S : a(x - x_0) + b(y - y_0) + c(z - z_0) = 0$。

   如右圖所示,即平面 S 之通式為 $ax + by + cz = d$,若已知平面上的三點 P_1、P_2、P_3,欲求其方程式,可以直接將 P_1、P_2、P_3 代入 $ax + by + cz = d$,求出 a、b、c、d 之值即可得方程式!

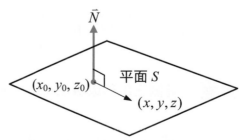

平面 S

2. 在三維空間中,球心為 (x_0, y_0, z_0)、半徑為 r 的球面 B,其方程式可以表為 $B : (x - x_0)^2 + (y - y_0)^2 + (z - z_0)^2 = r^2$。

註：1. 平面 $ax + by + cz = d$ 外一點 (x_1, y_1, z_1) 到此平面之距離為

$$D = \frac{|ax_1 + by_1 + cz_1 - d|}{\sqrt{a^2 + b^2 + c^2}} \text{ 。}$$

2. 二平行平面 $\begin{cases} ax + by + cz = d_1 \\ ax + by + cz = d_2 \end{cases}$ 之距離為 $D = \frac{|d_1 - d_2|}{\sqrt{a^2 + b^2 + c^2}}$ 。

例題 3　基本題

設 $\vec{A} = \vec{i} - 2\vec{j} - 2\vec{k}$ ， $\vec{B} = 2\vec{i} + 4\vec{j} + \vec{k}$ ，求 $\vec{A}$ 與 $\vec{B}$ 之夾角。

解　$\cos\theta = \dfrac{\vec{A} \cdot \vec{B}}{|\vec{A}||\vec{B}|} = \dfrac{2 - 8 - 2}{3 \cdot \sqrt{21}} = -\dfrac{8}{3\sqrt{21}}$ ， $\therefore \theta = \cos^{-1}(-\dfrac{8}{3\sqrt{21}})$ ∎

類題　設二向量 $\vec{a} = 2\vec{i} - 3\vec{j} + 4\vec{k}$ 、 $\vec{b} = 3\vec{i} - \vec{j} + 2\vec{k}$ ，求 $\vec{a}$ 與 $\vec{b}$ 之夾角。

答　$\cos\theta = \dfrac{\vec{a} \cdot \vec{b}}{|\vec{a}||\vec{b}|} = \dfrac{6 + 3 + 8}{\sqrt{29} \cdot \sqrt{14}} = -\dfrac{17}{\sqrt{406}}$ ， $\therefore \theta = \cos^{-1}\dfrac{17}{\sqrt{406}}$ ∎

例題 4　基本題

有個三角形以 $A(1, -1, 0)$ 、 $B(2, 1, -1)$ 、 $C(-1, 1, 3)$ 為三頂點，求其面積。

解　$\overrightarrow{AB} = (1, 2, -1)$ ， $\overrightarrow{AC} = (-2, 2, 3)$

$$\overrightarrow{AB} \times \overrightarrow{AC} = \begin{vmatrix} \vec{i} & \vec{j} & \vec{k} \\ 1 & 2 & -1 \\ -2 & 2 & 3 \end{vmatrix} = 8\vec{i} - \vec{j} + 6\vec{k}$$

$$\therefore \triangle ABC = \frac{1}{2}|\overrightarrow{AB} \times \overrightarrow{AC}| = \frac{1}{2}\sqrt{64 + 1 + 36} = \frac{\sqrt{101}}{2}$$ ∎

類題　有個三角形以 $A(1, 0, 0)$ 、 $B(2, 0, -1)$ 、 $C(1, 4, 3)$ 為三頂點，求其面積。

答　$\overrightarrow{AB} = (1, 0, -1)$ ， $\overrightarrow{AC} = (0, 4, 3)$ ， $\overrightarrow{AB} \times \overrightarrow{AC} = \begin{vmatrix} \vec{i} & \vec{j} & \vec{k} \\ 1 & 0 & -1 \\ 0 & 4 & 3 \end{vmatrix} = 4\vec{i} - 3\vec{j} + 4\vec{k}$

$$\therefore \triangle ABC = \frac{1}{2}|\overrightarrow{AB} \times \overrightarrow{AC}| = \frac{1}{2}\sqrt{4^2 + (-3)^2 + 4^2} = \frac{\sqrt{41}}{2}$$ ∎

例題 5　基本題

(1) 求點 $(0, 0, 1)$ 到平面 $5x - y - z = 3$ 之距離。

(2) 求二平行平面 $\begin{cases} 5x - y - z = 3 \\ 5x - y - z = 6 \end{cases}$ 之距離。

解　(1) $D = \dfrac{|-1 - 3|}{\sqrt{5^2 + (-1)^2 + (-1)^2}} = \dfrac{4}{3\sqrt{3}}$

　　(2) $D = \dfrac{|3 - 6|}{\sqrt{5^2 + (-1)^2 + (-1)^2}} = \dfrac{3}{3\sqrt{3}} = \dfrac{1}{\sqrt{3}}$ ■

類題　(1) 求點 $(1,1,1)$ 到平面 $x + 2y - z = -1$ 之距離。

　　　(2) 求二平行平面 $\begin{cases} x + 2y - z = -1 \\ x + 2y - z = 3 \end{cases}$ 之距離。

答　(1) $D = \dfrac{|1 + 2 - 1 + 1|}{\sqrt{1^2 + 2^2 + (-1)^2}} = \dfrac{3}{\sqrt{6}}$

　　(2) $D = \dfrac{|-1 - 3|}{\sqrt{1^2 + 2^2 + (-1)^2}} = \dfrac{4}{\sqrt{6}}$ ■

例題 6　基本題

求 $x + 2y + 3z = 1$ 與 $3x - 3y + z = 2$ 此二個平面之夾角。

解　$\vec{n}_1 = \vec{i} + 2\vec{j} + 3\vec{k}$，$\vec{n}_2 = 3\vec{i} - 3\vec{j} + \vec{k}$

　　$\cos\theta = \dfrac{(\vec{i} + 2\vec{j} + 3\vec{k}) \cdot (3\vec{i} - 3\vec{j} + \vec{k})}{\sqrt{1^2 + 2^2 + 3^2}\sqrt{3^2 + (-3)^2 + 1^2}} = 0$

　　$\therefore \theta = \dfrac{\pi}{2}$ ■

類題　求平面 $x - y = 0$ 與平面 $x - z = 1$ 之夾角。

答　$\vec{n}_1 = \vec{i} - \vec{j}$，$\vec{n}_2 = \vec{i} - \vec{k}$，$\cos\theta = \dfrac{(\vec{i} - \vec{j}) \cdot (\vec{i} - \vec{k})}{\sqrt{2} \cdot \sqrt{2}} = \dfrac{1}{2}$

　　$\therefore \theta = \dfrac{\pi}{3}$ ■

例題 7 基本題

求由空間上 $A(0, 0, 0)$、$B(1, -2, 5)$、$C(0, 2, 0)$、$D(1, 0, 3)$ 四點，所組成四面體之體積。

解 $V = \dfrac{1}{6}\left|\overrightarrow{AB} \cdot (\overrightarrow{AC} \times \overrightarrow{AD})\right| = \dfrac{1}{6}\begin{Vmatrix} 1 & -2 & 5 \\ 0 & 2 & 0 \\ 1 & 0 & 3 \end{Vmatrix} = \dfrac{1}{6}|-4| = \dfrac{2}{3}$ ∎

類題 求由空間上 $A(1, 1, 1)$、$B(5, -7, 3)$、$C(7, 4, 8)$、$D(10, 7, 4)$ 四點，所組成四面體之體積。

答 $\overrightarrow{AB} = (4, -8, 2)$，$\overrightarrow{AC} = (6, 3, 7)$，$\overrightarrow{AD} = (9, 6, 3)$

$\therefore V = \dfrac{1}{6}\left|\overrightarrow{AB} \cdot (\overrightarrow{AC} \times \overrightarrow{AD})\right| = \dfrac{1}{6}\begin{Vmatrix} 4 & -8 & 2 \\ 6 & 3 & 7 \\ 9 & 6 & 3 \end{Vmatrix} = \dfrac{1}{6}|-474| = 79$ ∎

習題 8-5

1. 求 $x + y + z = 2$ 與 $x - y + z = -4$ 此二個平面之夾角。

2. 求通過 $(2, -1, 4)$ 且與 $5x - 7y + 8z = 6$ 平行之平面為何？

3. $\vec{A} = (1, 1, 1)$，$\vec{B} = (1, 0, 1)$，$\vec{C} = (1, -1, 0)$，求 $\vec{A} \cdot (\vec{B} \times \vec{C}) = ?$

4. 求四點 $(0, 0, 0)$、$(-3, 4, 0)$、$(-4, 1, 5)$、$(-4, 5, 5)$ 所組成四面體之體積 $= ?$

8-6 多變數函數之極值

此處將探討多變數函數之極值問題，並解說其原理，使同學知其然也知其所以然。首先看如下之圖形：

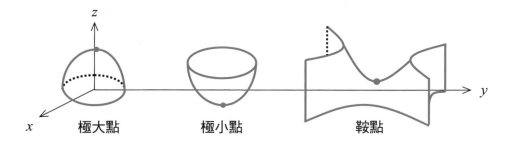

極大點　　　　　極小點　　　　　　鞍點

藉由上圖，可將點分類如下：

1. 極大點：從 x 方向或 y 方向看均為極大。

2. 極小點：從 x 方向或 y 方向看均為極小。

3. 鞍點：從 x 方向看為極小，但從 y 方向看為極大；或從 x 方向看為極大，但從 y 方向看為極小。

以上三種類型之點皆稱為臨界點（critical point）或靜止點（stationary point），都滿足如下之定理：

定 理　**尋找臨界點**

> 若 $z = f(x, y)$ 在點 (a, b) 為臨界點，則
>
> $$\frac{\partial f}{\partial x}(a,b) = \frac{\partial f}{\partial y}(a,b) = 0 \quad \cdots\cdots (1)$$

(1) 式是尋找臨界點之公式，要記住！

而在求得臨界點後如何判斷此點是極大、極小或是鞍點呢？利用泰勒級數定理對函數 $f(x, y)$ 在臨界點 (a, b) 展開得

$$f(x,y) = f(a,b) + \frac{\partial f}{\partial x}(a,b)(x-a) + \frac{\partial f}{\partial y}(a,b)(y-b)$$

$$+ \frac{1}{2}\Big[f_{xx}(x-a)^2 + 2f_{xy}(x-a)(y-b) + f_{yy}(y-b)^2 \Big] + \cdots \quad \cdots\cdots (2)$$

因為 (a, b) 為臨界點，故 $\dfrac{\partial f}{\partial x}(a,b) = \dfrac{\partial f}{\partial y}(a,b) = 0$。在忽略二階以上之高階項後，由(2)式得

$$f(x,y) - f(a,b) = \frac{1}{2}\left[f_{xx}(x-a)^2 + 2f_{xy}(x-a)(y-b) + f_{yy}(y-b)^2 \right]$$

$$= \frac{1}{2} f_{xx}\left\{ \left[(x-a) + \frac{f_{xy}}{f_{xx}}(y-b) \right]^2 + \left[\frac{f_{xx}f_{yy} - f_{xy}^2}{f_{xx}^2} \right](y-b)^2 \right\} \quad \cdots\cdots (3)$$

由 (3) 式算得之結果大於 0 時，(a, b) 是最小點；結果小於 0 時，(a, b) 是最大點。且藉由 (3) 式之外型，可推出以下定理：

定理 **雙變數函數極點判斷法**

對函數 $f(x, y)$ 而言，已知在點 (a, b) 為臨界點，令

$$f_{xx}(a,b) \equiv A, \ f_{xy}(a,b) \equiv B, \ f_{yy}(a,b) \equiv C, \ H \equiv \begin{vmatrix} A & B \\ B & C \end{vmatrix} = AC - B^2$$

則：

1. $A > 0, \ H > 0 \Rightarrow$ 極小點。

2. $A < 0, \ H > 0 \Rightarrow$ 極大點。

3. $H < 0 \Rightarrow$ 鞍點。

4. $H = 0 \Rightarrow$ 不能判斷（極大點、極小點、鞍點皆有可能或不是）。

例題 1 **基本題**

求 $f(x,y) = x^3 + y^3 - 3xy$ 之極值與鞍點。

解 由 $\begin{cases} \dfrac{\partial f}{\partial x} = 3x^2 - 3y = 0 \\ \dfrac{\partial f}{\partial y} = 3y^2 - 3x = 0 \end{cases}$，解得 $(0, 0)$、$(1, 1)$ 為臨界點。

(1) $\dfrac{\partial^2 f}{\partial x^2} = 6x$，$\dfrac{\partial^2 f}{\partial y^2} = 6y$，$\dfrac{\partial^2 f}{\partial x \partial y} = -3$

(2) 點 $(0, 0)$：$f_{xx} = 0, f_{xy} = -3, f_{yy} = 0, H = \begin{vmatrix} 0 & -3 \\ -3 & 0 \end{vmatrix} = -9$，故 $(0, 0)$ 為鞍點。

(3) 點 $(1, 1)$：$f_{xx} = 6, f_{xy} = -3, f_{yy} = 6, H = \begin{vmatrix} 6 & -3 \\ -3 & 6 \end{vmatrix} = 27$，故 $(1, 1)$ 為極小點。

(4) $f\big|_{\min} = f(1, 1) = -1$ ■

類題　設 $f(x, y) = x^2 + y^2 + xy - 3x - 3y$，求其極值。

答　由 $\begin{cases} \dfrac{\partial f}{\partial x} = 2x + y - 3 = 0 \\ \dfrac{\partial f}{\partial y} = 2y + x - 3 = 0 \end{cases}$，解得 $(1, 1)$ 為臨界點。

$\dfrac{\partial^2 f}{\partial x^2} = 2$，$\dfrac{\partial^2 f}{\partial y^2} = 2$，$\dfrac{\partial^2 f}{\partial x \partial y} = 1$，$H = \begin{vmatrix} 2 & 1 \\ 1 & 2 \end{vmatrix} = 3$，故 $(1, 1)$ 為極小點。

代入得 $f\big|_{\min} = f(1, 1) = -3$ ■

例題 2　應用題

求點 $(1, 2, 0)$ 與曲面 $z^2 = x^2 + y^2$ 之最短距離？

解　設曲面上該點為 (x, y, z)，則 $d(x, y, z) = \sqrt{(x-1)^2 + (y-2)^2 + z^2}$

將 $z^2 = x^2 + y^2$ 代入 $d(x, y, z)$ 得 $d(x, y) = \sqrt{(x-1)^2 + (y-2)^2 + x^2 + y^2}$

即 $d^2(x, y) = (x-1)^2 + (y-2)^2 + x^2 + y^2 = 2x^2 - 2x + 2y^2 - 4y + 5 \equiv \ell$

由 $\begin{cases} \dfrac{\partial \ell}{\partial x} = 4x - 2 = 0 \\ \dfrac{\partial \ell}{\partial y} = 4y - 4 = 0 \end{cases}$，解得 $x = \dfrac{1}{2}$，$y = 1$，∴ 最小值為 $d = \dfrac{\sqrt{10}}{2}$ ■

類題　求點 $(1, 2, 0)$ 與曲面 $z = \sqrt{x^2 + 2y^2}$ 之最短距離。

答　設曲面上該點為 (x, y, z)，則 $d(x, y, z) = \sqrt{(x-1)^2 + (y-2)^2 + z^2}$

令 $z = \sqrt{x^2 + 2y^2}$ 代入上式，即

$d^2(x, y) = (x-1)^2 + (y-2)^2 + x^2 + 2y^2 = 2x^2 - 2x + 3y^2 - 4y + 5 = \ell$

由 $\begin{cases} \dfrac{\partial \ell}{\partial x} = 4x - 2 = 0 \\ \dfrac{\partial \ell}{\partial y} = 6y - 4 = 0 \end{cases}$，解得 $x = \dfrac{1}{2}$，$y = \dfrac{2}{3}$，∴ 最小值為 $d\left(\dfrac{1}{2}, \dfrac{2}{3}\right) = \sqrt{\dfrac{19}{6}}$ ■

Lagrange 乘子法

Lagrange 乘子法為在限制條件下求極值之方法。若點 (x, y) 須滿足 $g(x, y) = 0$ 之限制，而欲求 $f(x, y)$ 之極值，需 $f(x, y)$ 變化最大之方向與 $g(x, y)$ 變化最大之方向二者恰好成「常數倍」才能得極值！即 令 λ 為一參數，稱為「Lagrange 乘子」，因此

$$\begin{cases} \dfrac{\partial f}{\partial x} + \lambda \dfrac{\partial g}{\partial x} = 0 & \cdots\cdots (4) \\ \dfrac{\partial f}{\partial y} + \lambda \dfrac{\partial g}{\partial y} = 0 & \cdots\cdots (5) \end{cases}$$

並配合 $g(x, y) = 0$ $\cdots\cdots (6)$

由以上之 (4)、(5)、(6) 式三個方程式可以解得三個未知數 x、y、λ。為便於記憶起見，令

$$L(x, y, \lambda) = f(x, y) + \lambda g(x, y) \quad \cdots\cdots (7)$$

其中稱 $f(x, y)$ 為目標函數，$g(x, y)$ 為限制函數，視 λ 亦為一變數，則由 (7) 式得

$$\frac{\partial L}{\partial x} = \frac{\partial L}{\partial y} = 0 \quad \Rightarrow 相當於求解 (4)、(5) 式$$

$$\frac{\partial L}{\partial \lambda} = 0 \quad \Rightarrow 相當於求解 (6) 式$$

同理，可將雙變數擴充到三變數，令

$$L(x, y, z, \lambda) = f(x, y, z) + \lambda g(x, y, z) \quad \cdots\cdots (8)$$

則由 (8) 式可得 $\begin{cases} \dfrac{\partial L}{\partial x} = \dfrac{\partial L}{\partial y} = \dfrac{\partial L}{\partial z} = 0 \\ \dfrac{\partial L}{\partial \lambda} = 0 \end{cases}$

例題 3　基本題

在圖形 $2x + 3y = 1$ 上，求使 $f(x, y) = x^2 + y^2$ 有最小值之點，及所對應的函數值。

解 由題意知：目標函數 $f(x,y) = x^2 + y^2$，限制函數 $2x + 3y = 1$

$\therefore L(x,y,\lambda) = x^2 + y^2 + \lambda(2x + 3y - 1)$

則 $\begin{cases} \dfrac{\partial L}{\partial x} = 2x + 2\lambda = 0 & \cdots\cdots (a) \\[2mm] \dfrac{\partial L}{\partial y} = 2y + 3\lambda = 0 & \cdots\cdots (b) \\[2mm] 2x + 3y = 1 & \cdots\cdots (c) \end{cases}$

從 (a)、(b) 式知 $x = \dfrac{2}{3}y$，代入 (c) 式解得 $x = \dfrac{2}{13}$，$y = \dfrac{3}{13}$

故得點為 $(\dfrac{2}{13}, \dfrac{3}{13})$，$f\big|_{\min} = f(\dfrac{2}{13}, \dfrac{3}{13}) = (\dfrac{2}{13})^2 + (\dfrac{3}{13})^2 = \dfrac{1}{13}$ ■

類題 求在圖形 $2x + 3y = 6$ 上，使 $f(x,y) = 4x^2 + 9y^2$ 有最小值之點，及所對應的函數值。

答 令 $L(x,y,\lambda) = 4x^2 + 9y^2 + \lambda(2x + 3y - 6)$

則 $\begin{cases} \dfrac{\partial L}{\partial x} = 8x + 2\lambda = 0 \\[2mm] \dfrac{\partial L}{\partial y} = 18y + 3\lambda = 0 \\[2mm] 2x + 3y = 6 \end{cases}$

由前二式得 $2x = 3y$

代入 $2x + 3y = 6$ 得 $(x,y) = (\dfrac{3}{2}, 1)$，得最小值 $f(\dfrac{3}{2}, 1) = 18$ ■

例題 4 　基本題

求曲線 $17x^2 + 12xy + 8y^2 = 100$ 上離原點最近與最遠的點坐標，並求其距離。

解 目標函數 $d^2 = x^2 + y^2$，限制函數 $17x^2 + 12xy + 8y^2 = 100$

$\therefore L(x,y,\lambda) = x^2 + y^2 + \lambda(17x^2 + 12xy + 8y^2 - 100)$

則 $\begin{cases} \dfrac{\partial L}{\partial x} = 2x + \lambda(34x + 12y) = 0 \\[2mm] \dfrac{\partial L}{\partial y} = 2y + \lambda(12x + 16y) = 0 \\[2mm] 17x^2 + 12xy + 8y^2 = 100 \end{cases}$

由前二式得 $\dfrac{2x}{34x+12y}=\dfrac{2y}{12x+16y}\to(x-2y)(2x+y)=0$

(1) $x=2y$：代入 $17x^2+12xy+8y^2=100$ 得 $(x,y)=(2,1)$ 或 $(-2,-1)$

與原點之最近距離為 $\sqrt{2^2+1^2}=\sqrt{(-2)^2+(-1)^2}=\sqrt5$

(2) $x=-\dfrac{y}{2}$：代入 $17x^2+12xy+8y^2=100$ 得 $(x,y)=(2,-4)$ 或 $(-2,4)$

與原點之最遠距離為 $\sqrt{2^2+(-4)^2}=\sqrt{(-2)^2+4^2}=\sqrt{20}$ ∎

類題 求曲線 $7x^2-6\sqrt3xy+13y^2=16$ 上離原點最近與最遠的點坐標，並求其距離。

答 令 $L(x,y,\lambda)=x^2+y^2+\lambda(7x^2-6\sqrt3xy+13y^2-16)$

則 $\begin{cases}\dfrac{\partial L}{\partial x}=2x+\lambda(14x-6\sqrt3y)=0\\[2mm]\dfrac{\partial L}{\partial y}=2y+\lambda(-6\sqrt3x+26y)=0\\[2mm]7x^2-6\sqrt3xy+13y^2=16\end{cases}$

由前二式得 $\dfrac{2x}{14x-6\sqrt3y}=\dfrac{2y}{-6\sqrt3x+26y}\to(x-\sqrt3y)(\sqrt3x+y)=0$

(1) $x=\sqrt3y$：代入 $7x^2-6\sqrt3xy+13y^2=16$

得 $(x,y)=(\sqrt3,1)$ 或 $(-\sqrt3,-1)$

與原點之最遠距離為 $\sqrt{(\sqrt3)^2+1^2}=\sqrt{(-\sqrt3)^2+(-1)^2}=2$

(2) $x=-\dfrac{y}{\sqrt3}$：代入 $7x^2-6\sqrt3xy+13y^2=16$

得 $(x,y)=(\dfrac12,-\dfrac{\sqrt3}{2})$ 或 $(-\dfrac12,\dfrac{\sqrt3}{2})$

與原點之最近距離為 $\sqrt{(\dfrac12)^2+(-\dfrac{\sqrt3}{2})^2}=\sqrt{(-\dfrac12)^2+(\dfrac{\sqrt3}{2})^2}=1$ ∎

例題 5 基本題

一長方體盒子無蓋，其表面積為 12，求其最大體積為何？

解 設長、寬、高分別為 x、y、z

目標函數 $V=xyz$

限制函數 $A = xy + 2yz + 2xz = 12$

$\therefore L(x, y, z, \lambda) = xyz + \lambda(xy + 2yz + 2xz - 12)$

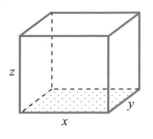

則 $\begin{cases} L_x = yz + \lambda y + 2\lambda z = 0 \implies \lambda = -\dfrac{yz}{y + 2z} \\[2mm] L_y = xz + \lambda x + 2\lambda z = 0 \implies \lambda = -\dfrac{xz}{x + 2z} \\[2mm] L_z = xy + 2\lambda y + 2\lambda x = 0 \implies \lambda = -\dfrac{xy}{2(x + y)} \\[2mm] xy + 2yz + 2xz = 12 \end{cases}$

由 $\dfrac{yz}{y + 2z} = \dfrac{xz}{x + 2z} \implies x = y$

$\dfrac{xz}{x + 2z} = \dfrac{xy}{2(x + y)} \implies y = 2z$

得 $x = y = 2z \xrightarrow{\text{代入} xy + 2yz + 2xz = 12} x = y = 2 \, , \, z = 1$

故最大體積為 $V = 4$。 ■

類題　欲包裹長及橫斷面周長之和至多 180 公分之長方體盒子，試求其體積最大之尺寸？

答　設長、寬、高分別為 x、y、z

　　依題意知：目標函數 $V = xyz$

　　限制函數 $x + 2(y + z) = 180$

　　$\therefore L(x, y, z, \lambda) = xyz + \lambda(x + 2y + 2z - 180)$

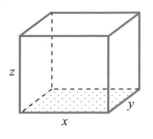

則 $\begin{cases} L_x = yz + \lambda = 0 \implies yz = -\lambda \\ L_y = xz + 2\lambda = 0 \implies xz = -2\lambda \\ L_z = xy + 2\lambda = 0 \implies xy = -2\lambda \\ x + 2y + 2z = 180 \end{cases}$

　　由 $xy = xz = 2yz \implies x = 2y = 2z \xrightarrow{\text{代入} x + 2y + 2z = 180} x = 60, \, y = z = 30$

　　最大體積為 $V = 54000$（立方公分）。 ■

▶心得　Lagrange 乘子法之公式不難，但難在如何算出 x、y、z！這猶如解方程式，

　　　　無固定規則可言（大部分是設法將 λ 消去），或是提出公因式解之！

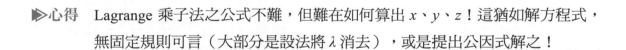

習題 8-6

1. 購買 x, y, z 三種物品之價格關係，利用函數表示為 $u = x^{\frac{1}{4}} y^{\frac{1}{2}} z^{\frac{1}{4}}$，每種物品之單價分別為 \$3、\$4、\$5。若一消費者有 \$240 預算，要各買多少才得最大的 u？

2. 已知 $xyz = 9$，x、y、z 皆為正數，求 $2x + 3y + 4z$ 之極小值。

3. 求 $f(x, y) = 4xy$ 在滿足 $x > 0$，$y > 0$，$\dfrac{x^2}{9} + \dfrac{y^2}{16} = 1$ 之條件下的最大值。

4. 欲製造一具容納 108 立方米液體之無蓋長方體容器，試問長、寬、高各多少時，可使表面積材料最省？

5. 求由點 $(-1, 2, 1)$ 到球面 $x^2 + y^2 + z^2 = 1$ 之最短與最長距離。

6. 求 函 數 $f(x, y, z) = x + 3y - 2z$ 之極大值、極小值，但 x、y、z 需滿足 $x^2 + y^2 + z^2 = 14$。

7. 求 $3x^2 y + y^3 - 3xy = 0$ 之所有極值點與鞍點。

8. 求 $f(x, y) = 9x^2 + 3y^2 + 9xy + 9x + 3y + 27$ 之極值點或鞍點。

本章習題

基本題

1. 若
$$f(x, y) = \begin{cases} \dfrac{xy}{x^2 + 3xy + y^2} & , (x, y) \neq (0, 0) \\ 0 & , (x, y) = (0, 0) \end{cases}$$
則 $f(x, y)$ 在 $(0, 0)$ 連續嗎？

2. 若 $F(x, y) = \ln(x^2 + xy + y^2)$，求 $F_x(-1, 2)$、$F_y(-1, 2) = ?$

3. 求 $f(x, y) = x^3 + y^3 - 3x - 12y + 20$ 之極值。

4. 已知 $xy + \sin(x + z) - z^2 = 3$，求 $\dfrac{\partial z}{\partial y} = ?$

5. 已知 $g(x, y) = \sqrt{x^2 + y^2 + 1}$，寫出 $g_x(x, y)$、$g_y(x, y)$ 之表示式。

6. 求 $\displaystyle\lim_{(x,y) \to (0,0)} \dfrac{6xy}{x^2 + 2y^2} = ?$

7. 若 $f(x, y) = 4x^2 y^2 - 16x^2 + 4y$，寫出 $f_x(x, y)$、$f_y(x, y)$、$f_{xy}(x, y)$、$f_{yx}(x, y)$ 之表示式。

8. 已知 $u = \dfrac{1}{x + y}$，且 $x = \sin(s + t)$，$y = \cos(s + t)$，試求 $\dfrac{\partial u}{\partial s}(s = \dfrac{\pi}{4}, t = \dfrac{\pi}{4})$、$\dfrac{\partial u}{\partial t}(s = \dfrac{\pi}{4}, t = \dfrac{\pi}{4}) = ?$

9. 求滿足 $x - y = 6$ 之條件下，$f(x, y) = x^2 + 4xy + y^2$ 之極小值。

加分題

10. 求在滿足 $x + 2y = 2000$ 之條件下，函數 $f(x, y) = x^{\frac{3}{4}} y^{\frac{1}{4}}$ 之最大值為何？

11. 求在滿足 $x^2 + y^2 + z^2 = 1$ 之條件下，函數 $f(x, y, z) = 2x - 2y + z$ 之最大值與最小值分別為何？

12. 求 $f(x, y) = 3x^2 - 9xy + 3y^2$ 之臨界點種類。

9
CHAPTER

重積分

學習目標

1. 瞭解逐次積分之計算
2. 瞭解重積分表示立體之體積
3. 熟悉重積分之計算
4. 熟悉坐標變換之觀念與計算重積分
5. 熟悉極坐標下重積分之計算
6. 瞭解三重積分之計算
7. 瞭解圓柱坐標與球坐標之計算

9-1 二重積分

　　欲定義二重積分（double integral，又稱二維積分），其與一維積分相同，只要利用「積分四部曲」即可完成，對學生而言，重積分之應用太廣泛了。依我的教學經驗，二重積分的計算常會困擾許多學生（尤其是積分區域之決定），但我還是強調一句話：仔細讀本書即可海闊天空！

　　選定在 x-y 平面上一個方形區域 $R = \{(x, y) | a \le x \le b,\ c \le y \le d\}$，函數 $f(x, y)$ 在 R 內為連續函數，其幾何意義為空間中之曲面，如下二圖所示：

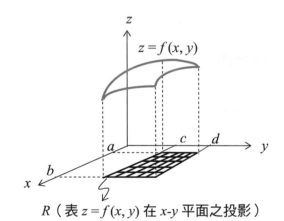

R（表 $z = f(x, y)$ 在 x-y 平面之投影）

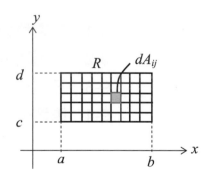

在 x-y 平面上表示 R

定義　二重積分

　　函數 $f(x, y)$ 在 區域 R 上之黎曼和積分為 $\iint\limits_R f(x, y)dxdy$，利用積分四部曲，即：

1. **分割**：將 R 分割為矩形小區域 $dA_{ij} = dxdy$，如右上圖。

2. **取樣**：在每一個 dA_{ij} 內選取一個代表點，記為 $(\xi_i, \eta_j) \in dA_{ij}$，得 $f(\xi_i, \eta_j)$。

3. **求和**：做黎曼和 $\sum\limits_{j=1}^{n} \sum\limits_{i=1}^{n} f(\xi_i, \eta_j) dxdy$。

4. **取極限**：令 $n \to \infty$ 時，R 的黎曼和極限為 $\lim\limits_{n\to\infty} \sum\limits_{j=1}^{n} \sum\limits_{i=1}^{n} f(\xi_i, \eta_j) dxdy$。記為

$$\lim_{n\to\infty} \sum_{j=1}^{n} \sum_{i=1}^{n} f(\xi_i, \eta_j) dxdy = \iint\limits_{R} f(x, y) dxdy$$ ▪

觀念說明

1. 如上頁二圖所示，當 $f(x, y) \geq 0$ 表「高度」時，則 $\iint\limits_{R} f(x, y) dxdy$ 之幾何意義為底部 R、高度 $f(x, y)$ 之立方體體積。

   〔特例：當 $f(x, y) = 1$，則 $\iint\limits_{R} f(x, y) dxdy = \iint\limits_{R} 1 dxdy = R$ 之面積，如玩拼圖〕

2. 二重積分計算同一維積分，例如：

   $$\iint\limits_{R} f(x,y) dxdy = \iint\limits_{R_1} f(x,y) dxdy + \iint\limits_{R_2} f(x,y) dxdy \text{，其中 } R = R_1 + R_2$$

   $$\iint\limits_{R} [f(x,y) + g(x,y)] dxdy = \iint\limits_{R} f(x,y) dxdy + \iint\limits_{R} g(x,y) dxdy$$

3. 欲求 $f(x,y)$ 在區域 R 之平均值（average）$\overline{f}$ 時，則定義如下：

   $$\overline{f} = \frac{1}{A} \iint\limits_{R} f(x,y) dxdy \text{，其中 } A \text{ 為區域 } R \text{ 之面積。}$$

   上式平均值之幾何意義為：平均高度 $= \dfrac{體積}{底面積}$。

以上的三點觀念都太簡單了，都可以用單變數積分（即一維積分）去思考即很容易理解！但接下來的問題是：如何求 $\iint\limits_{R} f(x,y) dxdy$？這才是「梗」！此時有如下的定理幫我們：

定理 傅比尼（Fubini）定理

設 $f(x, y)$ 在 $R = [a, b] \times [c, d]$ 為連續函數，其中 $x \in [a, b]$，$y \in [c, d]$，即 R 之形狀為長方形區域，則

$$\iint\limits_{R} f(x,y)dxdy = \int_a^b \left[\int_c^d f(x,y)dy \right] dx$$

$$= \int_c^d \left[\int_a^b f(x,y)dx \right] dy$$

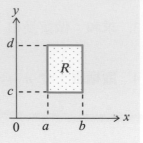

有了傅比尼定理後，在計算重積分時會變得簡單，觀念如下：

要計算 $\iint\limits_{R} f(x,y)dxdy$ 時，可以暫時不管 x 或 y，亦即先對 y（或 x）作一維積分，等 y（或 x）積完後，再對 x（或 y）做積分，這樣的積分做法在數學上稱為逐次積分（iterated integral），即以逐次積分來計算重積分使重積分可以進行！

因為由傅比尼定理知 $\iint\limits_{R} f(x,y)dxdy = \iint\limits_{R} f(x,y)dydx$，故先對 x 或 y 積分之結果均相同，但問題是：先積 x 或先積 y？哪個好算？答案很乾脆～「方便」就好，但有時需以豐富的經驗與觀察力為基礎，才能使計算更簡化！先看看下二例之說明。

例題 1 基本題

若 $R = \left\{ (x,y) \middle| 0 \le x \le 1,\ 0 \le y \le 2 \right\}$，求 $\iint\limits_{R} xy^2 dxdy = ?$

解　須知 $dxdy = dA$，乃重積分之另一種表示符號（式）！

(1) 若 $f(x, y) = g(x)h(y)$，即積分函數可分離為 x 的函數與 y 的函數互乘，且 R 之形狀為長方形區域，即積分區間皆為常數區間，同時滿足此二個條件時，則

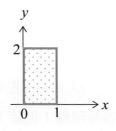

$$\iint\limits_{R} f(x,y)dA = \iint\limits_{R} g(x)h(y)dxdy = \int_a^b g(x)dx \cdot \int_c^d h(y)dy$$

即重積分可以化成二個一維積分之互乘，計算上更方便！

(2) 因為本題符合此二條件，故

$$原式 = \int_0^1 x\,dx \cdot \int_0^2 y^2\,dy = \left[\frac{1}{2}x^2\right]_0^1 \cdot \left[\frac{1}{3}y^3\right]_0^2$$

$$= \frac{1}{2}\cdot\frac{8}{3} = \frac{4}{3}\ \blacksquare$$

類題　若 $R = \left\{(x,y)\,\middle|\,0 \le x \le 1,\ 1 \le y \le 2\right\}$ ，求 $\displaystyle\iint_R e^{x+y}\,dx\,dy = ?$

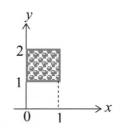

答　記得 $e^{x+y} = e^x \cdot e^y$

$$原式 = \int_0^1 e^x\,dx \cdot \int_1^2 e^y\,dy = \left[e^x\right]_0^1 \cdot \left[e^y\right]_1^2 = (e-1)(e^2-e)$$

$$= e(e-1)^2\ \blacksquare$$

例題 2　基本題

若 $R = \left\{(x,y)\,\middle|\,1 \le x \le 2,\ 0 \le y \le 2\right\}$ ，求 $\displaystyle\iint_R \frac{1}{(x+y)^2}\,dx\,dy = ?$

解　本題 R 之形狀為長方形區域，但積分函數不可分離為 x、y 互乘，因此要逐次積分。

<法一> 先積 y 方向，再積 x 方向

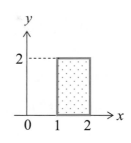

$$原式 = \int_1^2\left[\int_0^2\frac{1}{(x+y)^2}\,dy\right]dx = \int_1^2\left[\frac{-1}{x+y}\right]_0^2 dx$$

$$= \int_1^2\left[\frac{-1}{x+2}+\frac{1}{x}\right]dx$$

$$= \left[-\ln(x+2)+\ln(x)\right]_1^2$$

$$= \ln 3 - \ln 2$$

<法二> 先積 x 方向，再積 y 方向

$$原式 = \int_0^2\left[\int_1^2\frac{1}{(x+y)^2}\,dx\right]dy = \int_0^2\left[\frac{-1}{x+y}\right]_1^2 dy$$

$$= \int_0^2\left[-\frac{1}{y+2}+\frac{1}{y+1}\right]dy$$

$$= \left[-\ln(y+2)+\ln(y+1)\right]_0^2$$

$$= \ln 3 - \ln 2$$

此題 x 或 y 那一個先積分皆很容易，且結果也都相同，因此亦驗證了傅比尼定理之正確性。■

類題　若 $R = \left\{(x,y) \mid 0 \le x \le 1,\ 0 \le y \le 2\right\}$，求 $\displaystyle\iint_R ye^{xy}dA = ?$

答　觀察發現先積 y 不好積分！故先積 x，即

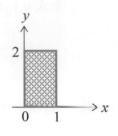

$$\text{原式} = \int_0^2 \left[\int_0^1 ye^{xy}dx \right] dy = \int_0^2 \left[e^{xy} \right]_0^1 dy$$
$$= \int_0^2 (e^y - 1)dy$$
$$= \left[e^y - y \right]_0^2 = e^2 - 3 \ \blacksquare$$

▶心得　例題 2 不論先積 x 或 y，皆很容易且結果相同（間接證明了傅比尼定理），
　　　　但有些題目（如類題）則需挑好積的變數先積分。

　　　若積分區域不為規則區域（即任意區域），又該如何計算積分？此處分成四類
區域分析如下：

1. 三角型：區域 $R = \left\{ 0 \le x \le a,\ 0 \le y \le b(1 - \dfrac{x}{a}) \right\}$

　　R 由 x 軸、y 軸與直線 $\dfrac{x}{a} + \dfrac{y}{b} = 1$ 所圍成，

　　則 $\displaystyle\iint_R f(x,y)dxdy = \int_0^a \left[\int_{y=0}^{y=b\left(1-\frac{x}{a}\right)} f(x,y)dy \right] dx \sim$ 先積 y 再積 x

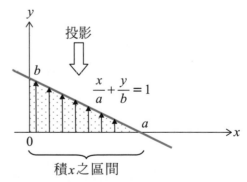

　　積 y 時，先將 $\dfrac{x}{a} + \dfrac{y}{b} = 1$ 表示為 $y = b(1 - \dfrac{x}{a})$

　　因此積分的起點為 x 軸（即 $y = 0$），

　　終點為 $y = b(1 - \dfrac{x}{a})$

　　再積 x 時，只要將此區域 R 投影到 x 軸的

　　區間（成為常數區間）即可，如右圖說明：

　　此時也可以 $\displaystyle\iint_R f(x,y)dxdy = \int_0^b \left[\int_{x=0}^{x=a\left(1-\frac{y}{b}\right)} f(x,y)dx \right] dy \sim$ 先積 x 再積 y

　　積 x 時，先將 $\dfrac{x}{a} + \dfrac{y}{b} = 1$ 表示為 $x = a(1 - \dfrac{y}{b})$

　　因此積分的起點為 y 軸（即 $x = 0$），

終點為 $x = a(1 - \dfrac{y}{b})$

再積 y 時，只要將此區域 R 投影

到 y 軸的區間（成為常數區間）

即可，如右圖說明：

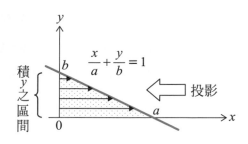

2. 左右切齊型：區域 $R = \{a \le x \le b,\ p(x) \le y \le q(x)\}$

如右圖所示：

則 $\displaystyle\iint\limits_{R} f(x,y)dxdy = \int_{a}^{b}\left[\int_{p(x)}^{q(x)} f(x,y)dy\right]dx$

亦即只能「先積 y 再積 x」。

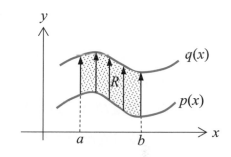

3. 上下切齊型：區域 $R = \{r(y) \le x \le s(y),\ c \le y \le d\}$

如右圖所示：

則 $\displaystyle\iint\limits_{R} f(x,y)dxdy = \int_{c}^{d}\left[\int_{r(y)}^{s(y)} f(x,y)dx\right]dy$

亦即只能「先積 x 再積 y」。

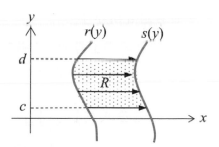

4. 若積分區域之邊界不能僅由一條線（直線或曲線）表示時，則可切割成小區域再
   相加，如下二圖所示：（二種方式切割皆可！）

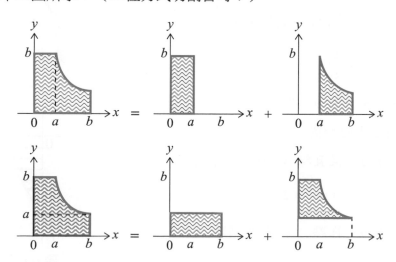

　　由前面之說明,可得重要的積分觀念,即:「常數所在的區間要最後積分!」另外,部份題目出題時,要先依據題意決定其積分區域,再依其區域形狀或積分函數之外型看出先積哪一個變數,請見以下之說明。

例題 ③ 基本題

求 $\displaystyle \int_0^2 \int_{2x-4}^0 xy \, dy \, dx = ?$

解　先依據題意,把積分區域畫在

　　　x-y 平面上!

　　　y 方向:從直線 $y = 2x - 4$

　　　　　　積到直線 $y = 0$

　　　x 方向:從點 $x = 0$ 積到點 $x = 2$

　　　如右圖 a 所示:

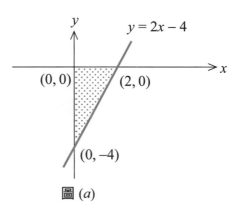

圖 (a)

　　<法一> 先積 y 再積 x,其積分方向

　　　　　如右圖 b 所示:

$$\text{原式} = \int_{x=0}^{x=2} \left[\int_{y=2x-4}^{y=0} xy \, dy \right] dx$$

$$= \int_{x=0}^{x=2} \left[\frac{xy^2}{2} \right]_{y=2x-4}^{y=0} dx$$

$$= -\int_0^2 (2x^3 - 8x^2 + 8x) \, dx$$

$$= -\frac{8}{3}$$

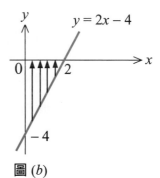

圖 (b)

　　<法二> 先積 x 再積 y,積分區域不變

　　　　　積分方向如圖 c 所示:

　　　　　x 方向:從直線 $x = 0$ 積到直線

　　　　　　　　$x = \dfrac{y}{2} + 2$

　　　　　y 方向:從點 $y = -4$ 積到點 $y = 0$

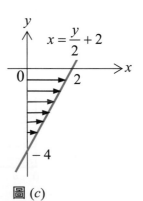

圖 (c)

$$原式 = \int_{y=-4}^{y=0} \left[\int_{x=0}^{x=\frac{y}{2}+2} xy\,dx \right] dy$$

$$= \int_{y=-4}^{y=0} \left[\frac{yx^2}{2} \right]_{x=0}^{x=\frac{y}{2}+2} dy = \int_{y=-4}^{y=0} \left[\frac{1}{8}y^3 + y^2 + 2y \right] dy = -\frac{8}{3} \blacksquare$$

[類題] R 為由 $y = x^2$ 及 $x = y^4$ 在第一象限之圖形所圍成區域，求 $\iint\limits_R (\sqrt{x} - y^2)\,dx\,dy = ?$

答　仍然先依據題意把積分區域畫在 $x\text{-}y$ 平面上再執行積分！

<法一> 先積 y 再積 x，其積分區域及積分方向如圖 a：

$$原式 = \int_{x=0}^{x=1} \left[\int_{y=x^2}^{y=x^{\frac{1}{4}}} (\sqrt{x} - y^2)\,dy \right] dx$$

$$= \int_{x=0}^{x=1} \left[\sqrt{x}\,y - \frac{1}{3}y^3 \right]_{y=x^2}^{y=x^{\frac{1}{4}}} dx$$

$$= \int_0^1 \left[\frac{2}{3}x^{3/4} - x^{5/2} + \frac{1}{3}x^6 \right] dx$$

$$= \frac{1}{7}$$

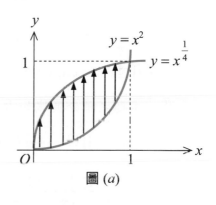

圖 (a)

<法二> 先積 x 再積 y，其積分區域不變

積分方向如圖 b：

積分式寫為如下型式：

$$原式 = \int_{y=0}^{y=1} \left[\int_{x=y^4}^{x=y^{\frac{1}{2}}} (\sqrt{x} - y^2)\,dx \right] dy$$

$$= \int_{y=0}^{y=1} \left[\frac{2}{3}x^{3/2} - xy^2 \right]_{x=y^4}^{x=y^{\frac{1}{2}}} dy$$

$$= \int_{y=0}^{y=1} \left[\frac{1}{3}y^6 + \frac{2}{3}y^{3/4} - y^{5/2} \right] dy$$

$$= \frac{1}{7} \blacksquare$$

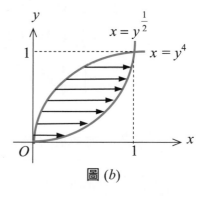

圖 (b)

▶心得　故知變換積分順序其結果是不變的！

例題 4 基本題

若 R 是由 $x = \sqrt{y}$ 、 $x = -y$ 與 $y = 1$ 所圍成之區域，求 $\iint\limits_R 3x^2 y\,dx\,dy = ?$

解 本題之區域如右：

判斷可知先積 x 方向較方便！

$$I = \int_0^1 \int_{-y}^{\sqrt{y}} 3x^2 y\,dx\,dy$$

$$= \int_0^1 \left[x^3 y \right]_{x=-y}^{x=\sqrt{y}} dy$$

$$= \int_0^1 (y^{5/2} + y^4)\,dy = \frac{17}{35} \ ■$$

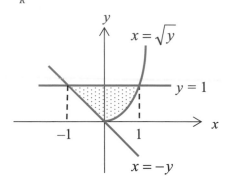

類題 求由直線 $y = -x+1$ 、 $y = x+1$ 與 $y = 3$ 所圍成之三角形區域 R 的二重積分
$$\iint\limits_R (2x - y^2)\,dx\,dy = ?$$

答 本題之積分區域如右：

$$原式 = \iint\limits_R (2x - y^2)\,dx\,dy$$

$$= \int_1^3 \int_{x=1-y}^{x=y-1} (2x - y^2)\,dx\,dy$$

$$= \int_1^3 \left[x^2 - xy^2 \right]_{x=1-y}^{x=y-1} dy$$

$$= \int_1^3 (-2y^3 + 2y^2)\,dy$$

$$= \left[-\frac{1}{2} y^4 + \frac{2}{3} y^3 \right]_1^3 = -\frac{68}{3} \ ■$$

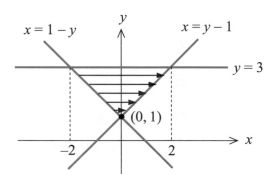

例題 5 漂亮題（換序積分）

求 $\int_0^{\frac{\pi}{2}} \int_y^{\frac{\pi}{2}} \frac{\sin x}{2x}\,dx\,dy = ?$

配合例題 5

解 積分區域如右圖所示：

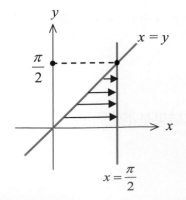
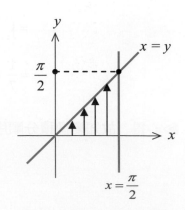

觀察可知原式若先積 x 將不易成功，因此換序積分，即

$$\int_0^{\frac{\pi}{2}}\int_y^{\frac{\pi}{2}}\frac{\sin x}{2x}dxdy=\int_0^{\frac{\pi}{2}}\int_{y=0}^{y=x}\frac{\sin x}{2x}dydx=\int_0^{\frac{\pi}{2}}\left[\frac{y\sin x}{2x}\right]_{y=0}^{y=x}dx$$

$$=\int_0^{\frac{\pi}{2}}\frac{\sin x}{2}dx=\left[-\frac{\cos x}{2}\right]_0^{\frac{\pi}{2}}=\frac{1}{2}\ \blacksquare$$

類題 求 $\int_0^4\int_{\sqrt y}^2 y\cos(x^5)dxdy=?$

答　原式 $=\int_0^4\int_{\sqrt y}^2 y\cos(x^5)dxdy=\int_0^2\int_{y=0}^{y=x^2}y\cos(x^5)dydx$

$$=\int_0^2\left[\frac{y^2}{2}\cos(x^5)\right]_0^{x^2}dx=\int_0^2\frac{x^4}{2}\cos(x^5)dx$$

$$=\left[\frac{1}{10}\sin(x^5)\right]_0^2=\frac{1}{10}\sin(32)\ \blacksquare$$

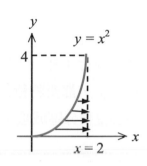

例題 6　漂亮題（換序積分）

求 $\int_0^1\int_{\sqrt x}^1 e^{y^3}dydx=?$

解　一看即知要先積 x 方向！其積分區域先決定：

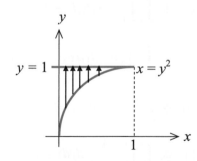 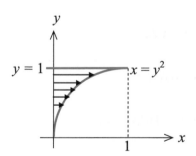

$$I=\int_0^1\int_{x=0}^{x=y^2}e^{y^3}dxdy=\int_0^1\left[xe^{y^3}\right]_0^{y^2}dy=\int_0^1 y^2 e^{y^3}dy$$

$$=\left[\frac{1}{3}e^{y^3}\right]_0^1=\frac{1}{3}(e-1)\ \blacksquare$$

類題　求 $\int_0^1 \int_y^1 x\sqrt{x^3+1}\,dxdy = ?$

答　　$I = \int_0^1 \int_{y=0}^{y=x} x\sqrt{x^3+1}\,dydx$

$\qquad = \int_0^1 \left[yx\sqrt{x^3+1} \right]_{y=0}^{y=x} dx = \int_0^1 x^2\sqrt{x^3+1}\,dx$

$\qquad = \left[\frac{2}{9}(x^3+1)^{3/2} \right]_0^1 = \frac{2}{9}(2^{3/2}-1)$ ∎

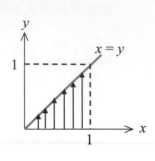

▶心得

適合進行（考）「換序積分」的題目，其積分區域的形狀皆為「三角形」或「類三角形」，都要將積分區域畫出才易解題。若積分區域為長方形，則直接換序即可，不必畫積分區域哦！

習題 9-1

1. 若 $R = \left\{ (x,y) \mid 0 \le x \le 1,\ 0 \le y \le 1 \right\}$ ，
求 $\iint_R (4 - x^2 - 2y^2)\,dxdy = ?$

2. 求 $\int_0^2 \int_0^1 xe^{xy}\,dydx = ?$

3. 求 $\int_0^3 \int_1^2 x^2 y\,dydx = ?$

4. 求 $\int_0^3 \int_0^2 (y^2+1)\,dydx = ?$

5. 求 $\int_0^1 \int_0^2 xe^y\,dydx = ?$

6. 求 $\int_0^5 \int_{-2}^1 xe^{-y}\,dxdy = ?$

7. 求 $\int_1^2 \int_1^x \left(\frac{2x^2}{y^2} + 2y \right) dydx = ?$

8. 求 $\int_0^3 \int_0^{1-x} xy\,dydx = ?$

9. 求 $\int_0^4 \int_{\frac{x}{2}}^2 e^{y^2}\,dydx = ?$

10. 求 $\int_0^1 \int_{3y}^3 e^{x^2}\,dxdy = ?$

11. 求 $\int_0^1 \int_x^1 \frac{1}{1+y^2}\,dydx = ?$

9-2　二重積分之坐標變換

本節開始探討有關坐標變換（change of coordinate）的內容，已經屬於微積分課程中較難的部份了，同學需仔細研讀以下之內容。

溫故：微分學 $\xrightarrow{\text{代表內容}}$ 連鎖律

　　　　積分學 $\xrightarrow{\text{代表內容}}$ 變數變換

知新：在二重積分中，若 $\iint\limits_{R} f(x,y)dxdy$ 之積分區域

　　　　R 之形狀不規則，如右圖所示。

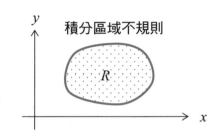

積分區域不規則

致使積分難以計算，那麼該如何計算才好？　此時可以利用坐標變換之觀念求解。首先複習在一維積分中，有：

$$\int_a^b f(x)dx \underset{\text{令 } x=g(u)}{=} \int_c^d f\big[g(u)\big]g'(u)du$$

此處 $g'(u)$ 乃表示此二個變數 x 與 u 間之「縮尺」（即長度比率）。

同理，在二重積分中，令其坐標變換為 $\begin{cases} x = x(u,v) \\ y = y(u,v) \end{cases}$，則應有

$$\iint\limits_{R} f(x,y)dxdy = \iint\limits_{R'} f\big[x(u,v), y(u,v)\big]\square\, dudv$$

其中 $\square$ 代表什麼意義呢？　即為 $dxdy = \square\, dudv$，請先看以下之定義：

定義　賈可比行列式

　　賈可比（Jacobian）表示為 $|J|$，其算式如下所示：

$$|J| = \left|\frac{\partial(x,y)}{\partial(u,v)}\right| = \begin{Vmatrix} \dfrac{\partial x}{\partial u} & \dfrac{\partial x}{\partial v} \\ \dfrac{\partial y}{\partial u} & \dfrac{\partial y}{\partial v} \end{Vmatrix} \quad \cdots\cdots (1)$$

$|J|$ 所代表之意義可用下圖表示：

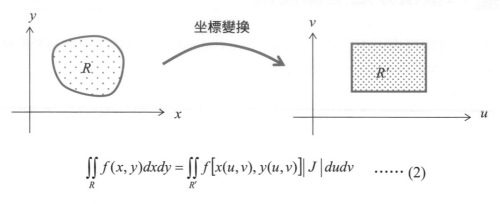

$$\iint\limits_{R} f(x,y)\,dxdy = \iint\limits_{R'} f[x(u,v),y(u,v)]\,|J|\,dudv \quad \cdots\cdots (2)$$

即 $\boxed{dxdy = |J|\,dudv}$ 。 ∎

(1) 式與 (2) 式是計算上很重要的公式，需記住！

同學在此先接受 J 之定義即可計算一些題目。

觀念說明

1. 一維積分之變數變換 $\int_a^b f(x)\,dx = \int_c^d f[g(u)]g'(u)\,du$〔令 $x = g(u)$〕，其中 $g'(u)$ 不要取絕對值（因為有方向)，但 $|J|$ 之幾何意義即為二個坐標間之「面積比率」（已無方向性），因此計算 J 時必須取絕對值（即取正）。

2. 同理，在下節會說明的三重積分之 $|J|$ 可以表示如下：

若 $\begin{cases} x = x(u,v,w) \\ y = y(u,v,w) \\ z = z(u,v,w) \end{cases}$ ，則 $|J| = \left|\dfrac{\partial(x,y,z)}{\partial(u,v,w)}\right| = \begin{Vmatrix} \dfrac{\partial x}{\partial u} & \dfrac{\partial x}{\partial v} & \dfrac{\partial x}{\partial w} \\ \dfrac{\partial y}{\partial u} & \dfrac{\partial y}{\partial v} & \dfrac{\partial y}{\partial w} \\ \dfrac{\partial z}{\partial u} & \dfrac{\partial z}{\partial v} & \dfrac{\partial z}{\partial w} \end{Vmatrix}$ $\cdots\cdots (3)$

即 $\iiint\limits_{V} f(x,y,z)\,dxdydz = \iiint\limits_{V'} f[x(u,v,w),y(u,v,w),z(u,v,w)]\,|J|\,dudvdw$ ，此時 $|J|$ 之幾何意義即為二個坐標間之「體積比率」。其實 (3) 式之型式是很好記住的，因為分母一定是 u、v、w，其理由如下：

$$dxdydz = |J| \, dudvdw = \left| \frac{\partial(x,y,z)}{\partial(u,v,w)} \right| dudvdw \text{，如同 } 5 = \frac{5}{3} \cdot 3 \text{。}$$

3. 如何決定二個坐標間之轉換關係式，並無一定規則，可由題意、區域形狀、積分函數之外型找出一些蛛絲馬跡。碰到有幾何意義的坐標變換中，最常見的就是極坐標與球坐標，將此二個坐標之轉換式搞清楚即可應付一半題目！請見以下例題之說明。

例題 1　說明題

求二維直角坐標與極坐標間之 $Jacobian = ?$

解　因為 $\begin{cases} x = r\cos\theta \\ y = r\sin\theta \end{cases}$，$\therefore J = \begin{vmatrix} \dfrac{\partial x}{\partial r} & \dfrac{\partial x}{\partial \theta} \\ \dfrac{\partial y}{\partial r} & \dfrac{\partial y}{\partial \theta} \end{vmatrix} = \begin{vmatrix} \cos\theta & -r\sin\theta \\ \sin\theta & r\cos\theta \end{vmatrix} = r$ ∎

如果利用二維坐標與極坐標間之「微小面積」比較之後，如下圖所示：

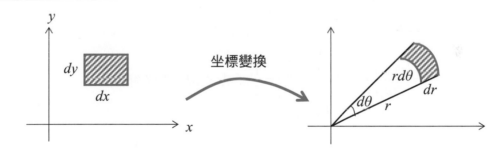

則有 $\begin{cases} \text{直角坐標：} dA = dxdy \\ \text{極坐標：} dA = rdrd\theta \end{cases}$，即得

$$\iint\limits_{R_{xy}} f(x,y)dxdy = \iint\limits_{R_{r\theta}} f(r,\theta)rdrd\theta \qquad \cdots\cdots (4)$$

(4) 式是直角坐標化為極坐標之計算式，要記住！

基本上，利用微小面積之比較觀念學習 $Jacobian$ 是很方便的！亦可以擴充到直角坐標與球坐標之互換。

例題 2 基本題

若 R 之區域如下圖所示，求 $\displaystyle\iint_R (x^2 + y^2)dxdy = ?$

解 <法一> 直接在 x-y 平面上積分

此處先積 y，再積 x

$$\iint_R (x^2 + y^2)dxdy$$

$$= \int_0^1 \left[\int_{y=-x}^{y=x} (x^2 + y^2)dy \right] dx$$

$$+ \int_1^2 \left[\int_{y=x-2}^{y=-x+2} (x^2 + y^2)dy \right] dx$$

$$= \frac{8}{3}$$

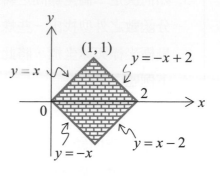

<法二> 轉換至 u-v 平面，觀察 R 之邊界線，有 $\begin{cases} x+y = \text{常數} \\ x-y = \text{常數} \end{cases}$

因此令 $\begin{cases} x+y = u \\ x-y = v \end{cases}$，即 $\begin{cases} x = \dfrac{1}{2}(u+v) \\ y = \dfrac{1}{2}(u-v) \end{cases}$

則 $|J| = \left| \dfrac{\partial(x,y)}{\partial(u,v)} \right| = abs \begin{vmatrix} \dfrac{1}{2} & \dfrac{1}{2} \\ \dfrac{1}{2} & -\dfrac{1}{2} \end{vmatrix} = \dfrac{1}{2}$ （其中 abs 為絕對值）

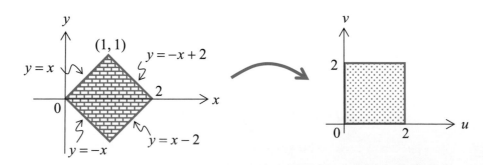

$$\iint_R (x^2 + y^2)dxdy = \iint_{R_{uv}} \left[(\frac{u+v}{2})^2 + (\frac{u-v}{2})^2 \right] \frac{1}{2} dudv$$

$$= \int_0^2 \int_0^2 \left[\frac{u^2 + v^2}{4} \right] dudv = \frac{8}{3} \blacksquare$$

類題 若區域 $R = \{(x, y) : |x| + |y| \le 1\}$，求 $\iint\limits_R e^{x+y} dxdy = ?$

答

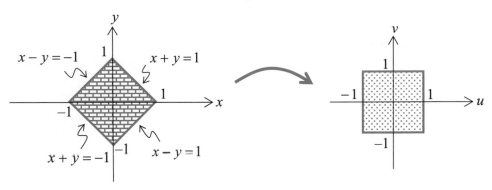

轉換至 u-v 平面，令 $\begin{cases} x = \dfrac{u+v}{2} \\ y = \dfrac{u-v}{2} \end{cases}$，則 $|J| = \left| \dfrac{\partial(x, y)}{\partial(u, v)} \right| = abs \begin{vmatrix} \dfrac{1}{2} & \dfrac{1}{2} \\ \dfrac{1}{2} & -\dfrac{1}{2} \end{vmatrix} = \dfrac{1}{2}$

$\therefore \iint\limits_R e^{x+y} dxdy = \iint\limits_{R_{uv}} \left[e^{\frac{u+v}{2} + \frac{u-v}{2}} \right] \dfrac{1}{2} dudv = \dfrac{1}{2} \int_{-1}^{1} \int_{-1}^{1} \left[e^{u} \right] dudv = e - \dfrac{1}{e}$ ∎

例題 3　基本題

若區域 $R = \{(x, y) \mid 0 \le x^2 + y^2 \le a^2\}$，求 $\iint\limits_R (x^2 + y^2) dA = ?$

解　換成極坐標後，積分區域如右：

原式 $= \int_0^{2\pi} \int_0^a r^2 \cdot r dr d\theta$

$= \int_0^{2\pi} \left[\dfrac{1}{4} r^4 \right]_0^a d\theta$

$= \int_0^{2\pi} \dfrac{1}{4} a^4 d\theta = \dfrac{\pi}{2} a^4$ ∎

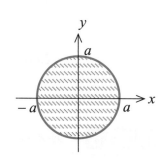

類題 求 $\iint\limits_{\Re} e^{\sqrt{x^2+y^2}} dA = ?$　$\Re = \{(x, y) : 0 \le x^2 + y^2 \le 1\}$。

答　原式 $= \int_0^{2\pi} \int_0^1 e^r r dr d\theta$

$= \int_0^{2\pi} \left[(r-1)e^r \right]_0^1 d\theta = \int_0^{2\pi} 1 d\theta = 2\pi$ ∎

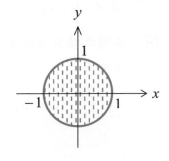

例題 4 基本題

求 $\iint\limits_{\Re} (x^2 + y^2)\,dA = ?$ $\Re = \left\{(x,y):1 \le x^2 + y^2 \le 4\right\}$

解 本題之積分區域如右：

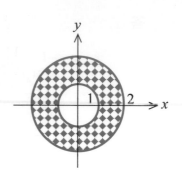

$$故原式 = \int_0^{2\pi}\int_1^2 r^2 \cdot r\,dr\,d\theta$$

$$= \int_0^{2\pi} d\theta \cdot \int_1^2 r^3\,dr$$

$$= 2\pi \cdot \left[\frac{r^4}{4}\right]_1^2$$

$$= 2\pi \cdot \frac{15}{4} = \frac{15\pi}{2} \blacksquare$$

類題 求 $\iint\limits_{\Re} (1 - x^2 - y^2)\,dA = ?$ $\Re = \left\{(x,y):1 \le x^2 + y^2 \le 4\right\}$

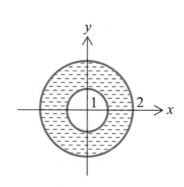

答 原式 $= \int_0^{2\pi}\int_1^2 (1-r^2) \cdot r\,dr\,d\theta$

$$= \int_0^{2\pi} d\theta \cdot \int_1^2 (r - r^3)\,dr$$

$$= 2\pi \cdot \left[\frac{r^2}{2} - \frac{r^4}{4}\right]_1^2$$

$$= 2\pi \cdot (-\frac{9}{4}) = -\frac{9\pi}{2} \blacksquare$$

例題 5 基本題

若區域 $R = \left\{(x,y)\,|\,x^2 + y^2 \le 9,\, y \ge 0\right\}$，求 $\iint\limits_{R} x^2 y\,dx\,dy = ?$

解 本題之積分區域如右圖所示：

故原式

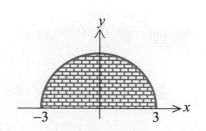

$$= \int_0^{\pi}\int_0^3 (r^2\cos^2\theta)(r\sin\theta)r\,dr\,d\theta$$

$$= \int_0^\pi \int_0^3 r^4 \cos^2\theta \sin\theta \, dr \, d\theta$$

$$= \int_0^\pi \frac{243}{5} \cos^2\theta \sin\theta \, d\theta = \left[-\frac{81}{5} \cos^3\theta \right]_0^\pi = \frac{162}{5} \blacksquare$$

類題　求 $\int_{-1}^1 \int_0^{\sqrt{1-y^2}} \sqrt{1-x^2-y^2} \, dx \, dy = ?$

答　由題目確認積分區域如右圖所示！

$$原式 = \int_{-\frac{\pi}{2}}^{\frac{\pi}{2}} \int_0^1 \sqrt{1-r^2}\, r \, dr \, d\theta$$

$$= \int_{-\frac{\pi}{2}}^{\frac{\pi}{2}} \left[-\frac{1}{3}(1-r^2)^{3/2} \right]_0^1 d\theta$$

$$= \int_{-\frac{\pi}{2}}^{\frac{\pi}{2}} \frac{1}{3} d\theta = \frac{\pi}{3} \blacksquare$$

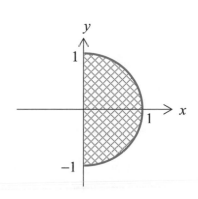

▶心得　遇積分函數之外型含有 (x^2+y^2) 或是積分區域為圓形、環狀區時，宜化為極坐標 (r,θ) 計算之。

例題 6　重要題

求 $\int_{-\infty}^{\infty} e^{-x^2} dx = ?$

解　本題雖為一維積分，卻需以二維積分之理論計算，是微積分中最重要的一題積分！題意即要求如右之圖形面積，令

$$I = \int_{-\infty}^{\infty} e^{-x^2} dx \text{，則 } \int_{-\infty}^{\infty} e^{-y^2} dy = I$$

二式相乘，並結合成重積分得

$$I^2 = \int_{-\infty}^{\infty} e^{-x^2} dx \cdot \int_{-\infty}^{\infty} e^{-y^2} dy = \int_{-\infty}^{\infty}\int_{-\infty}^{\infty} e^{-(x^2+y^2)} dx \, dy = \int_0^{2\pi}\int_0^{\infty} e^{-r^2} r \, dr \, d\theta$$

$$= \int_0^{2\pi} \left[-\frac{1}{2} e^{-r^2} \right]_0^{\infty} d\theta = \int_0^{2\pi} \frac{1}{2} d\theta = \pi$$

$$\therefore I = \int_{-\infty}^{\infty} e^{-x^2} dx = \sqrt{\pi} \blacksquare$$

▶心得 故 $\int_{-\infty}^{\infty} e^{-x^2} dx = I = \sqrt{\pi}$ 之結果一定要記住，除了常用之外，亦可得宇宙二數 e 與 π 之關係！因為 e^{-x^2} 為偶函數，故知 $\boxed{\int_0^{\infty} e^{-x^2} dx = \dfrac{\sqrt{\pi}}{2}}$ 。（記！）

類題 $\int_0^{\infty} x^2 e^{-x^2} dx = ?$

答 分部積分得原式 $= -\dfrac{x}{2} e^{-x^2} \Big|_0^{\infty} + \dfrac{1}{2} \int_0^{\infty} e^{-x^2} dx = \dfrac{1}{2} \cdot \dfrac{\sqrt{\pi}}{2} = \dfrac{\sqrt{\pi}}{4}$ ∎

例題 7　重要題

求 $\int_{-\infty}^{\infty} e^{-ax^2} dx = ?$

解 令 $y = \sqrt{a}x$，則 $dy = \sqrt{a}dx$

故原式 $= \dfrac{1}{\sqrt{a}} \int_{-\infty}^{\infty} e^{-y^2} dy = \sqrt{\dfrac{\pi}{a}}$ （本題之結果需記住）∎

類題 求 $\int_{-\infty}^{\infty} \dfrac{1}{\sqrt{2\pi}\sigma} e^{-\frac{(x-\mu)^2}{2\sigma^2}} dx = ?$ 其中 $\mu \in \mathbb{R}, \sigma > 0$。

答 令 $y = \dfrac{1}{\sqrt{2}} \dfrac{x-\mu}{\sigma}$，則 $dy = \dfrac{1}{\sqrt{2}} \dfrac{dx}{\sigma}$

故原式 $= \sqrt{2}\sigma \int_{-\infty}^{\infty} \dfrac{1}{\sqrt{2\pi}\sigma} e^{-y^2} dy = 1$ ∎

習題 9-2

1. 若區域 $S = \left\{(x,y)\big| a^2 \leq x^2 + y^2 \leq b^2,\ 0 < a < b\right\}$，求 $\iint_S x\,dxdy = ?$

2. 求 $\int_0^{\frac{\pi}{2}} \int_0^2 r\cos\theta\,drd\theta = ?$

3. 若 $R = \left\{0 \leq x^2 + y^2 \leq 1,\ x \geq 0,\ y \geq 0\right\}$，求 $\iint_R xy\,dxdy = ?$

4. 若 $R = \left\{0 \leq x^2 + y^2 \leq 1\right\}$，求 $\iint_R e^{-(x^2+y^2)}dxdy = ?$

5. 利用 $x = \dfrac{u}{v}$、$y = v$ 二式做變數變換，計算 $\displaystyle\iint_R y \sin(xy)\,dxdy$ 之值，其中 R 為 $xy = 1$、$xy = 4$、$y = 1$ 與 $y = 4$ 所圍成之區域。

9-3　三重積分

同 9-1 節所述二重積分之定義，我們也可以「照貓畫虎」來定義三重積分（triple integral，又稱三維積分）如下：

定義　三重積分

設 $f(x, y, z)$ 為純量函數，且在空間中區域 V 之各點均有意義且連續，若將 V 分割為 n 個小體積（volume）ΔV_k，$k = 1$、$2 \cdots n$，如右圖所示，則

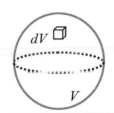

$$\iiint_V f(x, y, z)\,dV = \lim_{n \to \infty} \sum_{k=1}^{n} f(x_k, y_k, z_k)\Delta V_k \quad \cdots\cdots (1)$$

稱為 $f(x, y, z)$ 在 V 上之三重積分（又稱體積分）。

因為 $dV = dxdydz$，因此體積分在計算上可直接積分三次。　　　　■

■ 意義：

1. 當 $f(x, y, z) = 1$，則 $\displaystyle\iiint_V f(x, y, z)\,dV = \iiint_V 1\,dV = V$，即表示 V 之體積。

2. 若 $f(x, y, z)$ 表示密度，則 $\displaystyle\iiint_V f(x, y, z)\,dV = M$ 為物體質量。

為計算積分方便，此處將常用之二維極坐標擴充為三維之圓柱（cylindrical）坐標，另外再介紹常用之球（spherical）坐標如下：

（一）圓柱坐標（r, θ, z）：

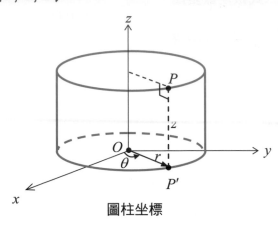

圖柱坐標

以上圖之坐標與直角坐標比較，可得其各變數間之轉換關係：

$$\begin{cases} x = r\cos\theta \\ y = r\sin\theta \\ z = z \end{cases} \leftrightarrow \begin{cases} r^2 = x^2 + y^2 \\ \theta = \tan^{-1}\dfrac{y}{x} \\ z = z \end{cases}$$

其 Jacobian 為 $J = \begin{vmatrix} \dfrac{\partial x}{\partial r} & \dfrac{\partial x}{\partial \theta} & \dfrac{\partial x}{\partial z} \\ \dfrac{\partial y}{\partial r} & \dfrac{\partial y}{\partial \theta} & \dfrac{\partial y}{\partial z} \\ \dfrac{\partial z}{\partial r} & \dfrac{\partial z}{\partial \theta} & \dfrac{\partial z}{\partial z} \end{vmatrix} = \begin{vmatrix} \cos\theta & -r\sin\theta & 0 \\ \sin\theta & r\cos\theta & 0 \\ 0 & 0 & 1 \end{vmatrix} = r \sim$記！

此時 J 之意義即為二個坐標系統間之「體積比率」！即 $dV = rdrd\theta dz$，結果應牢記！

（二）球坐標（ρ, ϕ, θ）：

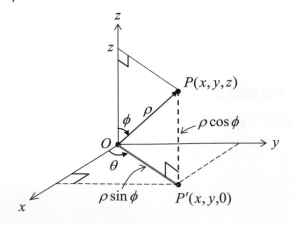

由幾何關係得 $\overline{OP'} = \rho\sin\phi = \sqrt{x^2+y^2}$

因此可得 $\begin{cases} x = \rho\sin\phi\cos\theta \\ y = \rho\sin\phi\sin\theta \\ z = \rho\cos\phi \end{cases} \leftrightarrow \begin{cases} \rho^2 = x^2+y^2+z^2 \\ \theta = \tan^{-1}\dfrac{y}{x} \\ \phi = \cos^{-1}\dfrac{z}{\sqrt{x^2+y^2+z^2}} \end{cases}$

ρ：$\overline{OP} = \rho \geq 0$，即 ρ 恆正！

ϕ：緯度（ $0 \leq \phi \leq \pi$ ， $\overline{OP}$ 與正向 z 軸之夾角 ～又稱天頂角）

其中 $\phi = 0$ 表北極， $\phi = \dfrac{\pi}{2}$ 表赤道， $\phi = \pi$ 表南極

θ：經度（ $0 \leq \theta \leq 2\pi$ ）～ $\overline{OP'}$ 與正向 x 軸之夾角

因此意義等同極坐標下之 θ

$$J = \begin{vmatrix} \dfrac{\partial x}{\partial\rho} & \dfrac{\partial x}{\partial\phi} & \dfrac{\partial x}{\partial\theta} \\ \dfrac{\partial y}{\partial\rho} & \dfrac{\partial y}{\partial\phi} & \dfrac{\partial y}{\partial\theta} \\ \dfrac{\partial z}{\partial\rho} & \dfrac{\partial z}{\partial\phi} & \dfrac{\partial z}{\partial\theta} \end{vmatrix} = \begin{vmatrix} \sin\phi\cos\theta & \rho\cos\phi\cos\theta & -\rho\sin\phi\sin\theta \\ \sin\phi\sin\theta & \rho\cos\phi\sin\theta & \rho\sin\phi\cos\theta \\ \cos\phi & -\rho\sin\phi & 0 \end{vmatrix} = \rho^2\sin\phi$$

即 $dV = \rho^2\sin\phi\, d\rho\, d\phi\, d\theta$ ，結果應牢記！

觀念說明

1. 計算 $\iiint\limits_V f(x,y,z)dV$ 時，可以直接積分三次！且數學上要描述立體 V 並不是用一個方程式（等號），而是用一個不等式（即在某一個範圍內），如：$x^2+y^2+z^2 \leq a^2$ 表示球體（球內），而 $x^2+y^2+z^2 = a^2$ 才表示球面！

2. 逐次積分之觀念仍適用於三重積分，即最後積分的一定是常數區間。

3. 圓柱坐標 (r, θ, z) 使用時機：當遇到積分函數含 (x^2+y^2) 、 $\tan^{-1}\dfrac{y}{x}$ 或積分區域為圓柱體、積分區域的投影為圓形時用之。

4. 球坐標 (ρ, ϕ, θ) 使用時機：遇到積分函數含 $(x^2+y^2+z^2)$ 或積分區域為球體、球體之部份時用之。

例題 1 基本題

若 $V = \{(x,y,z) | 0 < x < 1, \ 0 < y < 1, \ 0 < z < 1\}$，求 $\iiint_V xy^2z^2 dxdydz = ?$

解 $\iiint_V xy^2 z^2 \, dxdydz = \int_0^1 \int_0^1 \int_0^1 xy^2 z^2 \, dxdydz$

$$= \left(\int_0^1 x dx\right)\left(\int_0^1 y^2 dy\right)\left(\int_0^1 z^2 dz\right) = \frac{1}{2} \cdot \frac{1}{3} \cdot \frac{1}{3} = \frac{1}{18} \ \blacksquare$$

類題 若 $V = \{(x,y,z) | 0 < x < 1, \ 0 < y < 1, \ 0 < z < 1\}$，求 $\iiint_V yz^3 \cos(xyz) dxdydz = ?$

答 $\iiint_V yz^3 \cos(xyz) dxdydz = \int_0^1 \int_0^1 \left[z^2 \sin(xyz)\right]_{x=0}^{x=1} dydz = \int_0^1 \int_0^1 z^2 \sin(yz) dydz$

$$= \int_0^1 \left[-z \cos(yz)\right]_{y=0}^{y=1} dz = \int_0^1 (z - z\cos z) dz$$

$$= \left[\frac{1}{2} z^2 - z\sin z - \cos z\right]_0^1 = \frac{3}{2} - \sin 1 - \cos 1 \ \blacksquare$$

例題 2 基本題

求 $\int_0^2 \int_0^{4z} \int_{y-z}^{y+z} x dxdydz = ?$

解 $\int_0^2 \int_0^{4z} \int_{y-z}^{y+z} x dxdydz = \int_0^2 \int_0^{4z} \left[\frac{x^2}{2}\right]_{x=y-z}^{x=y+z} dydz = \int_0^2 \int_0^{4z} 2yz dydz$

$$= \int_0^2 \left[y^2 z\right]_{y=0}^{y=4z} dz = \int_0^2 16z^3 dz = \left[4z^4\right]_0^2 = 64 \ \blacksquare$$

類題 求 $\int_0^1 \int_0^{\sqrt{4-x^2}} \int_{2x-y}^{2x+y} z dzdydx = ?$

答 $\int_0^1 \int_0^{\sqrt{4-x^2}} \int_{2x-y}^{2x+y} z dzdydx = \int_0^1 \int_0^{\sqrt{4-x^2}} \left[\frac{1}{2} z^2\right]_{z=2x-y}^{z=2x+y} dydx = \int_0^1 \int_0^{\sqrt{4-x^2}} 4xy dydx$

$$= \int_0^1 \left[2xy^2\right]_{y=0}^{y=\sqrt{4-x^2}} dx = \int_0^1 2x(4-x^2) dx$$

$$= \left[4x^2 - \frac{1}{2} x^4\right]_0^1 = \frac{7}{2} \ \blacksquare$$

例題 3   基本題

設 V 為 4 個平面 $x=0$、$y=0$、$z=0$ 與 $x+y+z=1$ 所圍成之四面體，則

$$\iiint_V \frac{12}{(1+x+y+z)^4} dV = ?$$

解 V 所圍成的四面體如左下圖所示：

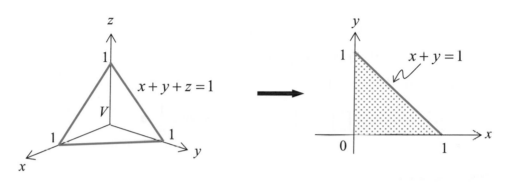

三重積分大都先積 z 方向，積完 z 就剩下 x、y 之二重積分，也就變簡單！

z：由平面 $z=0$ 積到斜面 $z=1-x-y$

y：由直線 $y=0$ 積到直線 $y=1-x$

x：由 $x=0$ 積到 $x=1$

$$原式 = \int_0^1 \int_0^{1-x} \int_0^{1-x-y} \frac{12}{(1+x+y+z)^4} dzdydx = \int_0^1 \int_0^{1-x} \left[\frac{-4}{(1+x+y+z)^3} \right]_0^{1-x-y} dydx$$

$$= \int_0^1 \int_0^{1-x} \left[\frac{4}{(1+x+y)^3} - \frac{1}{2} \right] dydx = \int_0^1 \left[\frac{-2}{(1+x+y)^2} - \frac{y}{2} \right]_0^{1-x} dx$$

$$= \int_0^1 \left[-1 + \frac{2}{(1+x)^2} + \frac{x}{2} \right] dx = \frac{1}{4} \quad \blacksquare$$

類題 求 $f(x,y,z) = 2x$ 在 V 內之體積分，其中 V 是 $2x + 2y + z = 2$ 在第一象限之部份。

答 依題意，積分區域如下圖所示：

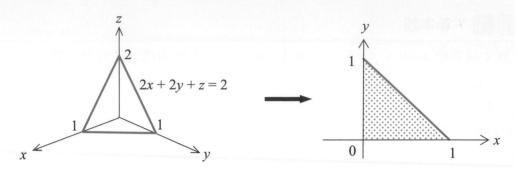

z：由平面 $z=0$ 積到斜面 $z=2-2x-2y$

y：由直線 $y=0$ 積到直線 $y=1-x$

x：由 $x=0$ 積到 $x=1$

此即 $\displaystyle\iiint_V 2xdxdydz = \int_0^1 \int_{y=0}^{y=1-x} \int_{z=0}^{z=2-2x-2y} 2xdzdydx = \frac{1}{6}$ ∎

例題 4　基本題

求拋物體 $z=x^2+y^2$ 在 $0 \le z \le 4$ 之區域內的體積。

解　先從 z 積分！由平面 $z=0$ 積到曲面 $z=x^2+y^2$

　　當 $z=0$、$z=4$ 時，曲面為 $z=x^2+y^2$

　　投影在 x-y 平面時（$z=0$）之區域為 $0 \le x^2+y^2 \le 4$

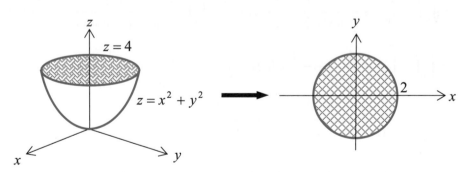

$\displaystyle \therefore V = \iiint_{z=x^2+y^2}^{z=4} dzdxdy = \iint (4-x^2-y^2)dxdy$

$\displaystyle \quad = \int_0^{2\pi}\int_0^2 (4-r^2)rdrd\theta = \int_0^{2\pi}\left[2r^2-\frac{1}{4}r^4\right]_{r=0}^{r=2}d\theta$

$\displaystyle \quad = \int_0^{2\pi} 4d\theta = 8\pi$ ∎

類題 求拋物體 $z = 10 - 3x^2 - 3y^2$ 與 $z = 4$ 所包圍區域內之體積。

答 所求之體積形狀如下：

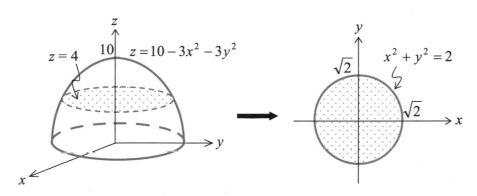

先從 z 積分！$z = 4$ 代入 $z = 10 - 3x^2 - 3y^2$ 得 $x^2 + y^2 = 2$

$$\therefore V = \iiint_{z=4}^{z=10-3x^2-3y^2} dzdxdy = \iint (6 - 3x^2 - 3y^2)dxdy$$

$$= \int_0^{2\pi} \int_0^{\sqrt{2}} (6 - 3r^2) \cdot rdrd\theta = \int_0^{2\pi} \left[3r^2 - \frac{3}{4}r^4 \right]_{r=0}^{r=\sqrt{2}} d\theta$$

$$= \int_0^{2\pi} 3d\theta = 6\pi \quad \blacksquare$$

例題 5 基本題

求 $\iiint_V \dfrac{1}{x^2 + y^2 + z^2} dV = ?$ $V = \{(x, y, z) : 9 \le x^2 + y^2 + z^2 \le 36\}$

解 積分函數含 $(x^2 + y^2 + z^2)$，採球坐標！

$$原式 = \int_0^{2\pi} \int_0^{\pi} \int_3^6 \frac{1}{\rho^2} \rho^2 \sin\phi \, d\rho d\phi d\theta$$

$$= \int_0^{2\pi} \int_0^{\pi} \int_3^6 \sin\phi d\rho d\phi d\theta$$

$$= \int_0^{2\pi} d\theta \cdot \int_0^{\pi} \sin\phi d\phi \cdot \int_3^6 1 d\rho$$

$$= 2\pi \cdot 2 \cdot 3$$

$$= 12\pi \quad \blacksquare$$

類題 已知 $V = \left\{(x,y,z)\big|x^2+y^2+z^2 \le 4\right\}$，求 $\iiint_V (x^2+y^2+z^2)dV = ?$

答 原式 $= \iiint_V \rho^2 dV = \int_0^{2\pi}\int_0^{\pi}\int_0^2 \rho^2 \cdot \rho^2 \sin\phi\, d\rho\, d\phi\, d\theta$

$= \int_0^{2\pi}\int_0^{\pi}\left[\frac{1}{5}\rho^5\right]_0^2 \sin\phi\, d\phi\, d\theta = \int_0^{2\pi}\int_0^{\pi}\frac{32}{5}\sin\phi\, d\phi\, d\theta$

$= \dfrac{128}{5}\pi$ ∎

溫故：二重積分

$\int_a^b \underbrace{\underbrace{\int_{y=p(x)}^{y=q(x)} f(x,y)dy}_{\text{內積分}}dx}_{\text{外積分}}$: $\begin{cases} 內積分：由線到線〔由 $y=p(x)$ 積到 $y=q(x)$〕。\\ 外積分：由點到點〔由 $x=a$ 積到 $x=b$〕。\end{cases}$

知新：三重積分

$\int_a^b \underbrace{\int_{y=r(x)}^{y=s(x)} \underbrace{\int_{z=p(x,y)}^{z=q(x,y)} f(x,y,z)dz}_{\text{內積分}}dy\,dx}_{\substack{\text{中積分}\\\text{外積分}}}$: $\begin{cases} 內積分：由面到面〔由 $z=p(x,y)$ 積到 $z=q(x,y)$〕。\\ 中積分：由線到線〔由 $y=r(x)$ 積到 $y=s(x)$〕。\\ 外積分：由點到點〔由 $x=a$ 積到 $x=b$〕。\end{cases}$

例題 6 基本題

求橢球體 $E = \left\{(x,y,z)\big|x^2+2y^2+3z^2 \le 1\right\}$ 之體積。

解 先化為圓球！令 $\begin{cases} x=u\\ y=\dfrac{v}{\sqrt2}\\ z=\dfrac{w}{\sqrt3}\end{cases}$，則 $J = \begin{vmatrix}\frac{\partial x}{\partial u} & \frac{\partial x}{\partial v} & \frac{\partial x}{\partial w}\\ \frac{\partial y}{\partial u} & \frac{\partial y}{\partial v} & \frac{\partial y}{\partial w}\\ \frac{\partial z}{\partial u} & \frac{\partial z}{\partial v} & \frac{\partial z}{\partial w}\end{vmatrix} = \begin{vmatrix}1 & 0 & 0\\ 0 & \frac{1}{\sqrt2} & 0\\ 0 & 0 & \frac{1}{\sqrt3}\end{vmatrix} = \frac{1}{\sqrt6}$

$\therefore dx\,dy\,dz = \dfrac{1}{\sqrt6}du\,dv\,dw$

故 $V = \iiint_V 1\,dx\,dy\,dz = \iiint_{u^2+v^2+w^2\le1} \frac{1}{\sqrt6}du\,dv\,dw = \frac{1}{\sqrt6}\int_0^{2\pi}\int_0^{\pi}\int_0^1 \rho^2\sin\phi\, d\rho\, d\phi\, d\theta$

$$= \frac{1}{\sqrt{6}} \cdot 2\pi \cdot \left[-\cos\phi\right]_0^\pi \cdot \left[\frac{\rho^3}{3}\right]_0^1 = \frac{2\sqrt{6}}{9}\pi$$

速解法：橢球體之體積公式為 $\frac{4\pi}{3}abc = \frac{4\pi}{3} \cdot 1 \cdot \frac{1}{\sqrt{2}} \cdot \frac{1}{\sqrt{3}} = \frac{2\sqrt{6}}{9}\pi$ ∎

類題　已知 $V = \left\{(x,y,z)\Big| \frac{x^2}{a^2} + \frac{y^2}{b^2} + \frac{z^2}{c^2} \leq 1\right\}$，求 $I = \iiint\limits_V \left[1 - \left(\frac{x^2}{a^2} + \frac{y^2}{b^2} + \frac{z^2}{c^2}\right)\right]dxdydz = ?$

答　令 $\begin{cases} x = au \\ y = bv \\ z = cw \end{cases}$，則 $J = abc$

故 $I = \iiint\limits_{V_1} \left[1 - \left(u^2 + v^2 + w^2\right)\right] abc\,du\,dv\,dw$

$$= abc \int_0^\pi \int_0^{2\pi} \int_0^1 (1-\rho^2)\rho^2 \sin\phi\, d\rho\, d\theta\, d\phi$$

$$= abc \int_0^\pi \sin\phi\, d\phi \cdot \int_0^{2\pi} d\theta \cdot \int_0^1 (1-\rho^2)\rho^2 d\rho$$

$$= abc \cdot 2 \cdot 2\pi \cdot \frac{2}{15} = \frac{8}{15}abc\pi$$ ∎

習題 9-3

1. 求 (1) $\int_0^\pi \int_1^3 \int_0^1 (r^3 \sin\theta\cos\theta)z^2 dz\,dr\,d\theta = ?$

   (2) $\int_{-1}^2 \int_0^{2x} \int_y^x dz\,dy\,dx = ?$

2. 設 $V = \{(x,y,z)|0 \leq z \leq 1-x-y,$
   $0 \leq y \leq 1-x,\ 0 \leq x \leq 1\}$，求 V 之體積。

3. 由 $x = 0$、$y = 0$、$z = 0$ 與 $3x + 2y + 6z = 6$ 所圍成之區域體積為

   (A) $\int_0^2 \int_0^{3-\frac{3}{2}x} \int_0^{1-\frac{x}{2}-\frac{y}{3}} dz\,dy\,dx$

   (B) $\int_0^2 \int_0^{6-3x} \int_0^{1-\frac{x}{2}-\frac{y}{3}} dz\,dy\,dx$

   (C) $\int_0^2 \int_0^{3-\frac{3}{2}x} \int_0^{6-3x-2y} dz\,dy\,dx$

   (D) $\int_0^2 \int_0^{6-3x} \int_0^{6-3x-2y} dz\,dy\,dx$

   (E) 以上皆非

4. 求在第一象限內，圓柱 $x^2 + y^2 = 1$ 與平面 $3x + 2y + 6z = 6$ 之間所包圍之體積。

9-4 重積分之應用：質心

以下圖之蹺蹺板為例，其質心 $\bar{x} = \dfrac{m_1 x_1 + m_2 x_2}{m_1 + m_2}$ ，即 $\boxed{\bar{x} = \dfrac{\text{力距和}}{\text{質量和}}}$ 。

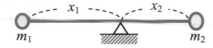

同理，如右圖之平面區域 R，若其密度函數為

$\rho(x,y)$ ，則質量 $= \displaystyle\iint_R \rho(x,y)dxdy$

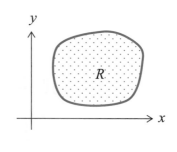

故得質心為 $\boxed{\bar{x} = \dfrac{\displaystyle\iint_R x\rho(x,y)dxdy}{\displaystyle\iint_R \rho(x,y)dxdy}, \quad \bar{y} = \dfrac{\displaystyle\iint_R y\rho(x,y)dxdy}{\displaystyle\iint_R \rho(x,y)dxdy}}$ 。

註： $\rho(x,y)$ 為常數時，質心僅由圖形形狀決定，因此質心與「形心」相同。

例題 1　基本題

求半徑為 a，密度均勻之半圓盤的形心坐標。

解　由對稱性得 $\bar{x} = 0$ ，再令密度 $\rho = 1$ 即可
計算

$$\text{故 } \bar{y} = \frac{\displaystyle\iint_R ydxdy}{\displaystyle\iint_R dxdy} = \frac{\displaystyle\int_{-a}^{a}\int_{0}^{\sqrt{a^2-x^2}} ydydx}{\dfrac{\pi}{2}a^2} = \frac{\dfrac{2}{3}a^3}{\dfrac{\pi}{2}a^2}$$

$$= \frac{4}{3\pi}a \approx 0.43a \ \blacksquare$$

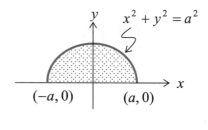

類題　求區域 $R: x^2 + y^2 \leq 1, \ x \geq 0, \ y \geq 0$、密度為 $\rho(x,y) = x^2 + y^2$ 之質心坐標？

答　$M = \displaystyle\iint_R \rho(x,y)dxdy = \iint_R (x^2 + y^2)dxdy$

$$= \int_0^{\frac{\pi}{2}} \int_0^1 r^2 r dr d\theta = \frac{\pi}{8}$$

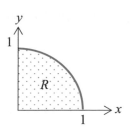

$$M_x = \iint_R x\rho(x,y)dxdy = \iint_R x(x^2+y^2)dxdy$$

$$= \int_0^{\frac{\pi}{2}} \int_0^1 r\cos\theta\, r^2 r dr d\theta = \frac{1}{5}$$

$$M_y = \iint_R y\rho(x,y)dxdy = \iint_R y(x^2+y^2)dxdy = \int_0^{\frac{\pi}{2}} \int_0^1 r\sin\theta\, r^2 r dr d\theta = \frac{1}{5}$$

$$\therefore \bar{x} = \frac{M_x}{M} = \frac{\frac{1}{5}}{\frac{\pi}{8}} = \frac{8}{5\pi} \quad , \quad \bar{y} = \frac{M_y}{M} = \frac{\frac{1}{5}}{\frac{\pi}{8}} = \frac{8}{5\pi} \quad ■$$

例題 2　基本題

求頂點為 $(0, 0)$、$(2, 0)$、$(2, 4)$ 之三角形區域 R、其密度為 $\rho(x, y) = 4x + 2y + 2$ 之質心坐標？

解　$M = \iint_R \rho dxdy = \int_0^2 \int_{y=0}^{y=2x} (4x+2y+2)dydx$

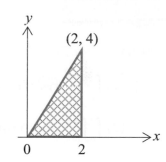

$$= \int_0^2 (12x^2+4x)dx = 40$$

$$M_x = \iint_R \rho x dxdy = \int_0^2 \int_{y=0}^{y=2x} x(4x+2y+2)dydx$$

$$= \int_0^2 (12x^3+4x^2)dx = \frac{176}{3}$$

$$M_y = \iint_R \rho y dxdy = \int_0^2 \int_{y=0}^{y=2x} y(4x+2y+2)dydx$$

$$= \int_0^2 (\frac{40}{3}x^3+4x^2)dx = 64$$

$$\therefore \bar{x} = \frac{M_x}{M} = \frac{\frac{176}{3}}{40} = \frac{22}{15} \quad , \quad \bar{y} = \frac{M_y}{M} = \frac{64}{40} = \frac{8}{5} \quad ■$$

類題 設 R 為三角形區域，底邊長 a、高 h，且在 R 上密度函數為均勻，求其質心？

答　　$M = \dfrac{1}{2}ah$

$$M_x = \iint_R x\,dx\,dy = \int_0^a \int_{y=0}^{y=\frac{h}{a}x} x\,dy\,dx = \dfrac{a^2 h}{3}$$

$$M_y = \iint_R y\,dx\,dy = \int_0^a \int_{y=0}^{y=\frac{h}{a}x} y\,dy\,dx = \dfrac{ah^2}{6}$$

$$\therefore \bar{x} = \dfrac{M_x}{M} = \dfrac{\dfrac{1}{3}a^2 h}{\dfrac{1}{2}ah} = \dfrac{2}{3}a$$

$$\bar{y} = \dfrac{M_y}{M} = \dfrac{\dfrac{1}{6}ah^2}{\dfrac{1}{2}ah} = \dfrac{1}{3}h \quad \blacksquare$$

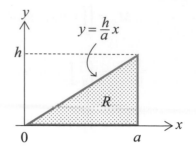

本章習題

基本題

1. 求 (1) $\displaystyle\int_0^2 \int_0^{x^2} xy\,dy\,dx = ?$

   (2) $\displaystyle\int_0^1 \int_0^{\sqrt{y}} (x+y)\,dx\,dy = ?$

2. 求 $\displaystyle\int_0^1 \int_y^1 \dfrac{1}{x^4+1}\,dx\,dy = ?$

3. 求 (1) $\displaystyle\int_0^1 \int_0^{3x} xy\,dy\,dx = ?$

   (2) $\displaystyle\int_1^2 \int_0^x (2xy+3)\,dy\,dx = ?$

4. 求 (1) $\displaystyle\int_1^2 \int_1^x \left(\dfrac{2x^2}{y^2}+2y\right)dy\,dx = ?$

   (2) $\displaystyle\int_0^1 \int_0^{1-x} xy\,dy\,dx = ?$

5. 求 $\displaystyle\int_0^1 \int_{x^2}^1 \int_0^{1-y} x\,dz\,dy\,dx = ?$

6. 求 $\displaystyle\iiint_{1 \le \sqrt{x^2+y^2+z^2} \le 2} \dfrac{1}{x^2+y^2+z^2}\,dx\,dy\,dz = ?$

7. 求 $\displaystyle\int_1^2 \int_1^2 \left(\dfrac{x}{y}+\dfrac{y}{x}\right)dy\,dx = ?$

8. 求 $\displaystyle\int_0^{\sqrt{\pi}} \int_y^{\sqrt{\pi}} \cos(x^2)\,dx\,dy = ?$

9. 區域 R 為 $x\text{-}y$ 平面上點 $(1, 0)$、$(2, 1)$、$(1, 2)$ 與 $(0, 1)$ 所圍成之正方形，求
$$\iint_R (x+y)^2 \sin^2(x-y)\,dx\,dy = ?$$

10. 令 $\sigma(x, y, z)$ 為空間中某物體之密度分布，T 為該物體所存在之區域，試問下列何者表其體積？

(A) $\displaystyle\iiint_{T} \sigma(x, y, z)\,dxdydz$

(B) $\displaystyle\iiint_{T} dxdydz$

(C) $\displaystyle\iiint_{T} (x^2 + y^2 + z^2)^{1/2}\,dxdydz$

(D) $\displaystyle\iiint_{T} (x^2 + y^2 + z^2)^{1/2}\,\sigma(x, y, z)\,dxdydz$

加分題

11. 若 $R = \left\{(x, y) \,\middle|\, 1 \le x^2 + y^2 \le 4\right\}$，

求 $\displaystyle\iint_{R} \sqrt{x^2 + y^2}\,dxdy = ?$

12. 求 $\displaystyle\iiint_{x^2+y^2+z^2 \le 1} \frac{\cos\sqrt{x^2 + y^2 + z^2}}{x^2 + y^2 + z^2}\,dxdydz = ?$

13. 求 $\displaystyle\int_{-3}^{3} \int_{-\sqrt{9-x^2}}^{\sqrt{9-x^2}} \frac{2}{1 + \sqrt{x^2 + y^2}}\,dydx = ?$

14. R 為以 $(0, 0)$、$(0, 1)$、$(1, 1)$ 為頂點之三角形區域，求 $\displaystyle\iint_{R} x\,dxdy = ?$

15. 求 $\displaystyle\int_{0}^{\frac{\pi}{2}} \int_{0}^{\sin y} \frac{1}{\sqrt{1 - x^2}}\,dxdy = ?$

16. 求 $\displaystyle\int_{0}^{1} \int_{0}^{x^2} xe^{y}\,dydx = ?$

附錄 A　積分表

一、含 $(a+bx)$

1. $\displaystyle \int \frac{dx}{a+bx} = \frac{1}{b}\ln|a+bx| + c$

2. $\displaystyle \int \frac{dx}{(a+bx)^n} = -\frac{1}{(n-1)b(a+bx)^{n-1}} + c,\ n \neq 1$

3. $\displaystyle \int \frac{xdx}{a+bx} = \frac{a+bx}{b^2} - \frac{a}{b^2}\ln|a+bx| + c$

4. $\displaystyle \int \frac{xdx}{(a+bx)^2} = \frac{a}{b^2(a+bx)} + \frac{1}{b^2}\ln|a+bx| + c$

5. $\displaystyle \int \frac{xdx}{(a+bx)^n} = -\frac{1}{(n-2)b^2(a+bx)^{n-2}} + \frac{a}{(n-1)b^2(a+bx)^{n-1}} + c,\ n \neq 1,2$

6. $\displaystyle \int \frac{x^2dx}{a+bx} = \frac{(a+bx)^2}{2b^3} - \frac{2a(a+bx)}{b^3} + \frac{a^2}{b^3}\ln|a+bx| + c$

7. $\displaystyle \int \frac{x^2dx}{(a+bx)^2} = \frac{a+bx}{b^3} - \frac{a^2}{b^3(a+bx)} - \frac{2a}{b^3}\ln|a+bx| + c$

8. $\displaystyle \int \frac{dx}{x(a+bx)} = -\frac{1}{a}\ln\left|\frac{a+bx}{x}\right| + c$

9. $\displaystyle \int \frac{dx}{x(a+bx)^2} = -\frac{1}{a(a+bx)} - \frac{1}{a^2}\ln\left|\frac{a+bx}{x}\right| + c$

10. $\displaystyle \int \frac{dx}{x^2(a+bx)} = -\frac{1}{ax} + \frac{b}{a^2}\ln\left|\frac{a+bx}{x}\right| + c$

11. $\displaystyle \int \frac{dx}{x^2(a+bx)^2} = -\frac{b}{a^2(a+bx)} - \frac{1}{a^2x} + \frac{2b}{a^3}\ln\left|\frac{a+bx}{x}\right| + c$

二、含 $\sqrt{a+bx}$

12. $\displaystyle \int \frac{dx}{\sqrt{a+bx}} = \frac{2\sqrt{a+bx}}{b} + c$

13. (a) $\displaystyle \int \frac{dx}{x\sqrt{a+bx}} = \frac{1}{\sqrt{a}}\ln\left|\frac{\sqrt{a+bx}-\sqrt{a}}{\sqrt{a+bx}+\sqrt{a}}\right| + c$，$a>0$

    (b) $\displaystyle \int \frac{dx}{x\sqrt{a+bx}} = \frac{2}{\sqrt{-a}}\tan^{-1}\left(\frac{\sqrt{a+bx}}{\sqrt{-a}}\right) + c$，$a<0$

14. $\int \dfrac{dx}{x^n \sqrt{a+bx}} = -\dfrac{\sqrt{a+bx}}{(n-1)ax^{n-1}} - \dfrac{(2n-3)b}{2(n-1)a}\int \dfrac{dx}{x^{n-1}\sqrt{a+bx}}$

15. $\int \dfrac{x^n dx}{\sqrt{a+bx}} = \dfrac{2x^n \sqrt{a+bx}}{(2n+1)b} - \dfrac{2na}{(2n+1)b}\int \dfrac{x^{n-1}dx}{\sqrt{a+bx}}$

16. $\int \sqrt{a+bx}\,dx = \dfrac{2(a+bx)^{3/2}}{3b} + c$

17. (a) $\int \dfrac{\sqrt{a+bx}\,dx}{x} = 2\sqrt{a+bx} + \sqrt{a}\,\ln\left|\dfrac{\sqrt{a+bx}-\sqrt{a}}{\sqrt{a+bx}+\sqrt{a}}\right| + c$ ，$a>0$

　　(b) $\int \dfrac{\sqrt{a+bx}\,dx}{x} = 2\sqrt{a+bx} - 2\sqrt{-a}\,\tan^{-1}\left(\dfrac{\sqrt{a+bx}}{\sqrt{-a}}\right) + c$ ，$a<0$

18. $\int \dfrac{\sqrt{a+bx}\,dx}{x^n} = -\dfrac{(a+bx)^{3/2}}{(n-1)ax^{n-1}} - \dfrac{(2n-5)b}{2(n-1)a}\int \dfrac{\sqrt{a+bx}\,dx}{x^{n-1}}$

19. $\int x^n \sqrt{a+bx}\,dx = \dfrac{2x^n(a+bx)^{3/2}}{(2n+3)b} - \dfrac{2na}{(2n+3)b}\int x^{n-1}\sqrt{a+bx}\,dx$

三、含 $(a^2 + x^2)$

20. $\int \dfrac{dx}{a^2+x^2} = \dfrac{1}{a}\tan^{-1}\dfrac{x}{a} + c$

21. $\int \dfrac{dx}{(a^2+x^2)^n} = \dfrac{x}{2(n-1)a^2(a^2+x^2)^{n-1}} + \dfrac{2n-3}{2(n-1)a^2}\int \dfrac{dx}{(a^2+x^2)^{n-1}}$

22. $\int \dfrac{xdx}{a^2+x^2} = \dfrac{1}{2}\ln\left|a^2+x^2\right| + c$

23. $\int \dfrac{xdx}{(a^2+x^2)^n} = -\dfrac{1}{2(n-1)(a^2+x^2)^{n-1}} + c$

24. $\int \dfrac{x^2 dx}{a^2+x^2} = x - a\tan^{-1}\dfrac{x}{a} + c$

25. $\int \dfrac{x^2 dx}{(a^2+x^2)^n} = -\dfrac{x}{2(n-1)(a^2+x^2)^{n-1}} + \dfrac{1}{2(n-1)}\int \dfrac{dx}{(a^2+x^2)^{n-1}}$

26. $\int \dfrac{dx}{x(a^2+x^2)} = \dfrac{1}{2a^2}\ln\left|\dfrac{x^2}{a^2+x^2}\right| + c$

27. $\int \dfrac{dx}{x^2(a^2+x^2)} = -\dfrac{1}{a^2 x} - \dfrac{1}{a^3}\tan^{-1}\dfrac{x}{a} + c$

四、含 $(a^2 - x^2)$

28. $\displaystyle\int \frac{dx}{a^2 - x^2} = \frac{1}{2a} \ln\left|\frac{a+x}{a-x}\right| + c$

29. $\displaystyle\int \frac{dx}{(a^2 - x^2)^n} = \frac{x}{2(n-1)a^2 (a^2 - x^2)^{n-1}} + \frac{2n-3}{2(n-1)a^2} \int \frac{dx}{(a^2 - x^2)^{n-1}}$

30. $\displaystyle\int \frac{xdx}{a^2 - x^2} = -\frac{1}{2} \ln\left|a^2 - x^2\right| + c$

31. $\displaystyle\int \frac{xdx}{(a^2 - x^2)^n} = \frac{1}{2(n-1)(a^2 - x^2)^{n-1}} + c$

32. $\displaystyle\int \frac{x^2 dx}{a^2 + x^2} = -x + \frac{a}{2} \ln\left|\frac{a+x}{a-x}\right| + c$

33. $\displaystyle\int \frac{x^2 dx}{(a^2 - x^2)^n} = \frac{x}{2(n-1)(a^2 + x^2)^{n-1}} - \frac{1}{2(n-1)} \int \frac{dx}{(a^2 - x^2)^{n-1}}$

34. $\displaystyle\int \frac{dx}{x(a^2 - x^2)} = \frac{1}{2a^2} \ln\left|\frac{x^2}{a^2 - x^2}\right| + c$

35. $\displaystyle\int \frac{dx}{x^2(a^2 - x^2)} = -\frac{1}{a^2 x} + \frac{1}{2a^3} \ln\left|\frac{a+x}{a-x}\right| + c$

五、含 $\sqrt{a^2 + x^2}$

36. $\displaystyle\int \frac{dx}{\sqrt{a^2 + x^2}} = \ln\left|x + \sqrt{a^2 + x^2}\right| + c$

37. $\displaystyle\int \frac{x^n dx}{\sqrt{a^2 + x^2}} = \frac{x^{n-1}\sqrt{a^2 + x^2}}{n} - \frac{(n-1)a^2}{n} \int \frac{x^{n-2} dx}{\sqrt{a^2 + x^2}}$

38. $\displaystyle\int \frac{dx}{x\sqrt{a^2 + x^2}} = -\frac{1}{a} \ln\left|\frac{a + \sqrt{a^2 + x^2}}{x}\right| + c$

39. $\displaystyle\int \frac{dx}{x^n \sqrt{a^2 + x^2}} = -\frac{\sqrt{a^2 + x^2}}{(n-1)a^2 x^{n-1}} - \frac{(n-2)}{(n-1)a^2} \int \frac{dx}{x^{n-2}\sqrt{a^2 + x^2}}$

40. $\displaystyle\int \sqrt{a^2 + x^2}\, dx = \frac{1}{2} x\sqrt{a^2 + x^2} + \frac{a^2}{2} \ln\left|x + \sqrt{a^2 + x^2}\right| + c$

41. $\displaystyle\int x^n \sqrt{a^2 + x^2}\, dx = \frac{x^{n-1}(a^2 + x^2)^{3/2}}{n+2} - \frac{(n-1)a^2}{n+2} \int x^{n-2}\sqrt{a^2 + x^2}\, dx$

42. $\displaystyle\int \frac{\sqrt{a^2 + x^2}}{x}\, dx = \sqrt{a^2 + x^2} - a\ln\left|\frac{a + \sqrt{a^2 + x^2}}{x}\right| + c$

43. $\displaystyle \int \frac{\sqrt{a^2+x^2}}{x^n}\,dx = -\frac{(a^2+x^2)^{3/2}}{(n-1)a^2x^{n-1}} - \frac{n-4}{(n-1)a^2}\int \frac{\sqrt{a^2+x^2}}{x^{n-2}}\,dx$

44. $\displaystyle \int \frac{dx}{(a^2+x^2)^{3/2}} = \frac{x}{a^2\sqrt{a^2+x^2}} + c$

45. $\displaystyle \int \frac{x\,dx}{(a^2+x^2)^{3/2}} = -\frac{1}{\sqrt{a^2+x^2}} + c$

46. $\displaystyle \int \frac{x^2\,dx}{(a^2+x^2)^{3/2}} = -\frac{x}{\sqrt{a^2+x^2}} + \ln\left|x+\sqrt{a^2+x^2}\right| + c$

47. $\displaystyle \int \frac{x^n\,dx}{(a^2+x^2)^{3/2}} = -\frac{x^{n-1}}{(n-2)\sqrt{a^2+x^2}} - \frac{(n-1)a^2}{n-2}\int \frac{x^{n-2}\,dx}{(a^2+x^2)^{3/2}}$

48. $\displaystyle \int \frac{dx}{x(a^2+x^2)^{3/2}} = \frac{1}{a^2\sqrt{a^2+x^2}} - \frac{1}{a^3}\ln\left|\frac{a+\sqrt{a^2+x^2}}{x}\right| + c$

49. $\displaystyle \int \frac{dx}{x^n(a^2+x^2)^{3/2}} = -\frac{1}{(n-1)a^2x^{n-1}\sqrt{a^2+x^2}} - \frac{n}{(n-1)a^2}\int \frac{dx}{x^{n-2}(a^2+x^2)^{3/2}}$

50. $\displaystyle \int (a^2+x^2)^{3/2}\,dx = \frac{1}{4}x(a^2+x^2)^{3/2} + \frac{3a^2}{8}x\sqrt{a^2+x^2} + \frac{3a^4}{8}\ln\left|x+\sqrt{a^2+x^2}\right| + c$

51. $\displaystyle \int x^n(a^2+x^2)^{3/2}\,dx = \frac{x^{n-1}(a^2+x^2)^{5/2}}{n+4} - \frac{(n-1)a^2}{n+4}\int x^{n-2}(a^2+x^2)^{3/2}\,dx$

52. $\displaystyle \int \frac{(a^2+x^2)^{3/2}}{x}\,dx = \frac{1}{3}(a^2+x^2)^{3/2} + a^2\sqrt{a^2+x^2} - a^3\ln\left|\frac{a+\sqrt{a^2+x^2}}{x}\right|$

53. $\displaystyle \int \frac{(a^2+x^2)^{3/2}}{x^n}\,dx = -\frac{(a^2+x^2)^{5/2}}{(n-1)a^2x^{n-1}} - \frac{n-6}{(n-1)a^2}\int \frac{(a^2+x^2)^{3/2}}{x^{n-2}}\,dx$

六、含 $\sqrt{a^2-x^2}$

54. $\displaystyle \int \frac{dx}{\sqrt{a^2-x^2}} = \sin^{-1}\frac{x}{a}$

55. $\displaystyle \int \frac{x^n\,dx}{\sqrt{a^2-x^2}} = -\frac{x^{n-1}\sqrt{a^2-x^2}}{n} + \frac{(n-1)a^2}{n}\int \frac{x^{n-2}\,dx}{\sqrt{a^2-x^2}}$

56. $\displaystyle \int \frac{dx}{x\sqrt{a^2-x^2}} = -\frac{1}{a}\ln\left|\frac{a+\sqrt{a^2-x^2}}{x}\right|$

57. $\displaystyle \int \frac{dx}{x^n\sqrt{a^2-x^2}} = -\frac{\sqrt{a^2-x^2}}{(n-1)a^2x^{n-1}} + \frac{(n-2)}{(n-1)a^2}\int \frac{dx}{x^{n-2}\sqrt{a^2-x^2}}$

58. $\int \sqrt{a^2 - x^2}\, dx = \dfrac{1}{2} x\sqrt{a^2 - x^2} + \dfrac{a^2}{2}\sin^{-1}\dfrac{x}{a}$

59. $\int x^n \sqrt{a^2 - x^2}\, dx = -\dfrac{x^{n-1}(a^2 - x^2)^{3/2}}{n+2} + \dfrac{(n-1)a^2}{n+2}\int x^{n-2}\sqrt{a^2 - x^2}\, dx$

60. $\int \dfrac{\sqrt{a^2 - x^2}}{x}\, dx = \sqrt{a^2 - x^2} - a\ln\left|\dfrac{a + \sqrt{a^2 - x^2}}{x}\right|$

61. $\int \dfrac{\sqrt{a^2 - x^2}}{x^n}\, dx = -\dfrac{(a^2 - x^2)^{3/2}}{(n-1)a^2 x^{n-1}} + \dfrac{n-4}{(n-1)a^2}\int \dfrac{\sqrt{a^2 - x^2}}{x^{n-2}}\, dx$

62. $\int \dfrac{dx}{(a^2 - x^2)^{3/2}} = \dfrac{x}{a^2\sqrt{a^2 - x^2}}$

63. $\int \dfrac{x\, dx}{(a^2 - x^2)^{3/2}} = \dfrac{1}{\sqrt{a^2 - x^2}}$

64. $\int \dfrac{x^2\, dx}{(a^2 - x^2)^{3/2}} = \dfrac{x}{\sqrt{a^2 - x^2}} - \sin^{-1}\dfrac{x}{a} + c$

65. $\int \dfrac{x^n\, dx}{(a^2 - x^2)^{3/2}} = -\dfrac{x^{n-1}}{(n-2)\sqrt{a^2 - x^2}} + \dfrac{(n-1)u^2}{n-2}\int \dfrac{x^{n-2}\, dx}{(a^2 - x^2)^{3/2}}$

66. $\int \dfrac{dx}{x(a^2 - x^2)^{3/2}} = \dfrac{1}{a^2\sqrt{a^2 + x^2}} - \dfrac{1}{a^3}\ln\left|\dfrac{a + \sqrt{a^2 - x^2}}{x}\right| + c$

67. $\int \dfrac{dx}{x^n(a^2 - x^2)^{3/2}} = -\dfrac{1}{(n-1)a^2 x^{n-1}\sqrt{a^2 + x^2}} + \dfrac{n}{(n-1)a^2}\int \dfrac{dx}{x^{n-2}(a^2 - x^2)^{3/2}}$

68. $\int (a^2 - x^2)^{3/2}\, dx = \dfrac{1}{4} x(a^2 - x^2)^{3/2} + \dfrac{3a^2}{8} x\sqrt{a^2 - x^2} + \dfrac{3a^4}{8}\sin^{-1}\dfrac{x}{a} + c$

69. $\int x^n(a^2 - x^2)^{3/2}\, dx = -\dfrac{x^{n-1}(a^2 - x^2)^{5/2}}{n+4} + \dfrac{(n-1)a^2}{n+4}\int x^{n-2}(a^2 - x^2)^{3/2}\, dx$

70. $\int \dfrac{(a^2 - x^2)^{3/2}}{x}\, dx = \dfrac{1}{3}(a^2 - x^2)^{3/2} + a^2\sqrt{a^2 - x^2} - a^3\ln\left|\dfrac{a + \sqrt{a^2 - x^2}}{x}\right| + c$

71. $\int \dfrac{(a^2 - x^2)^{3/2}}{x^n}\, dx = -\dfrac{(a^2 - x^2)^{5/2}}{(n-1)a^2 x^{n-1}} + \dfrac{n-6}{(n-1)a^2}\int \dfrac{(a^2 - x^2)^{3/2}}{x^{n-2}}\, dx$

七、含 $\sqrt{x^2 - a^2}$

72. $\int \dfrac{dx}{\sqrt{x^2 - a^2}} = \ln\left|x + \sqrt{x^2 - a^2}\right| + c$

73. $\displaystyle\int \frac{x^n dx}{\sqrt{x^2-a^2}} = \frac{x^{n-1}\sqrt{x^2-a^2}}{n} + \frac{(n-1)a^2}{n}\int \frac{x^{n-2}dx}{\sqrt{x^2-a^2}}$

74. $\displaystyle\int \frac{dx}{x\sqrt{x^2-a^2}} = \frac{1}{a}\sec^{-1}\left|\frac{x}{a}\right| + c$

75. $\displaystyle\int \frac{dx}{x^n\sqrt{x^2-a^2}} = \frac{\sqrt{x^2-a^2}}{(n-1)a^2 x^{n-1}} + \frac{(n-2)}{(n-1)a^2}\int \frac{dx}{x^{n-2}\sqrt{x^2-a^2}}$

76. $\displaystyle\int \sqrt{x^2-a^2}\,dx = \frac{1}{2}x\sqrt{x^2-a^2} - \frac{a^2}{2}\ln\left|x+\sqrt{x^2-a^2}\right| + c$

77. $\displaystyle\int x^n\sqrt{x^2-a^2}\,dx = \frac{x^{n-1}(x^2-a^2)^{3/2}}{n+2} + \frac{(n-1)a^2}{n+2}\int x^{n-2}\sqrt{x^2-a^2}\,dx$

78. $\displaystyle\int \frac{\sqrt{x^2-a^2}}{x}\,dx = \sqrt{x^2-a^2} - a\sec^{-1}\left|\frac{x}{a}\right| + c$

79. $\displaystyle\int \frac{\sqrt{x^2-a^2}}{x^n}\,dx = \frac{(x^2-a^2)^{3/2}}{(n-1)a^2 x^{n-1}} + \frac{n-4}{(n-1)a^2}\int \frac{\sqrt{x^2-a^2}}{x^{n-2}}\,dx$

80. $\displaystyle\int \frac{dx}{(x^2-a^2)^{3/2}} = -\frac{x}{a^2\sqrt{x^2-a^2}} + c$

81. $\displaystyle\int \frac{x\,dx}{(x^2-a^2)^{3/2}} = -\frac{1}{\sqrt{x^2-a^2}} + c$

82. $\displaystyle\int \frac{x^2\,dx}{(x^2-a^2)^{3/2}} = -\frac{x}{\sqrt{x^2-a^2}} + \ln\left|x+\sqrt{x^2-a^2}\right| + c$

83. $\displaystyle\int \frac{x^n\,dx}{(x^2-a^2)^{3/2}} = \frac{x^{n-1}}{(n-2)\sqrt{x^2-a^2}} + \frac{(n-1)a^2}{n-2}\int \frac{x^{n-2}\,dx}{(x^2-a^2)^{3/2}}$

84. $\displaystyle\int \frac{dx}{x(x^2-a^2)^{3/2}} = -\frac{1}{a^2\sqrt{x^2-a^2}} - \frac{1}{a^3}\sec^{-1}\left|\frac{x}{a}\right| + c$

85. $\displaystyle\int \frac{dx}{x^n(x^2-a^2)^{3/2}} = \frac{1}{(n-1)a^2 x^{n-1}\sqrt{a^2+x^2}} + \frac{n}{(n-1)a^2}\int \frac{dx}{x^{n-2}(x^2-a^2)^{3/2}}$

86. $\displaystyle\int (x^2-a^2)^{3/2}\,dx = \frac{1}{4}x(x^2-a^2)^{3/2} - \frac{3a^2}{8}x\sqrt{x^2-a^2} + \frac{3a^4}{8}\ln\left|x+\sqrt{x^2-a^2}\right| + c$

87. $\displaystyle\int x^n(x^2-a^2)^{3/2}\,dx = \frac{x^{n-1}(x^2-a^2)^{5/2}}{n+4} + \frac{(n-1)a^2}{n+4}\int x^{n-2}(x^2-a^2)^{3/2}\,dx$

88. $\displaystyle\int \frac{(x^2-a^2)^{3/2}}{x}\,dx = \frac{1}{3}(x^2-a^2)^{3/2} - a^2\sqrt{x^2-a^2} + a^3\sec^{-1}\left|\frac{x}{a}\right| + c$

89. $\displaystyle\int \frac{(x^2-a^2)^{3/2}}{x^n}\,dx = \frac{(x^2-a^2)^{5/2}}{(n-1)a^2 x^{n-1}} + \frac{n-6}{(n-1)a^2}\int \frac{(x^2-a^2)^{3/2}}{x^{n-2}}\,dx$

八、三角函數

90. $\int \sin x \, dx = -\cos x + c$

91. $\int \sin^2 ax \, dx = \dfrac{1}{2}x - \dfrac{1}{4a}\sin 2ax + c$

92. $\int \sin^n x \, dx = -\dfrac{1}{n}\sin^{n-1} x \cos x + \dfrac{n-1}{n}\int \sin^{n-2} x \, dx$

93. (a) $\int x \sin ax \, dx = \dfrac{1}{a^2}(\sin ax - ax \cos ax) + c$

　　(b) $\int x^2 \sin ax \, dx = \dfrac{1}{a^3}(2ax \sin ax + 2\cos ax - a^2 x^2 \cos ax) + c$

　　(c) $\int x^n \sin x \, dx = -x^n \cos x + n\int x^{n-1}\cos x \, dx$

94. $\int \sin mx \sin nx \, dx = -\dfrac{\sin(m+n)x}{2(m+n)} + \dfrac{\sin(m-n)x}{2(m-n)} + c$

95. (a) $\int \dfrac{dx}{a + b\sin x} = \dfrac{2}{\sqrt{a^2 - b^2}}\tan^{-1}\left(\dfrac{a\tan\dfrac{x}{2} + b}{\sqrt{a^2 - b^2}}\right) + c$ ，$a^2 > b^2$

　　(b) $\int \dfrac{dx}{a + b\sin x} = \dfrac{1}{\sqrt{b^2 - a^2}}\ln\left|\dfrac{a\tan\dfrac{x}{2} + b - \sqrt{b^2 - a^2}}{a\tan\dfrac{x}{2} + b + \sqrt{b^2 - a^2}}\right| + c$ ，$a^2 < b^2$

96. $\int \cos x \, dx = \sin x + c$

97. $\int \cos^2 ax \, dx = \dfrac{1}{2}x + \dfrac{1}{4a}\sin 2ax + c$

98. $\int \cos^n x \, dx = \dfrac{1}{n}\cos^{n-1} x \sin x + \dfrac{n-1}{n}\int \cos^{n-2} x \, dx$

99. (a) $\int x \cos ax \, dx = \dfrac{1}{a^2}(\cos ax + ax \sin ax) + c$

　　(b) $\int x^2 \cos ax \, dx = \dfrac{1}{a^3}(2ax \cos ax - 2\sin ax + a^2 x^2 \sin ax) + c$

　　(c) $\int x^n \cos x \, dx = x^n \sin x - n\int x^{n-1}\sin x \, dx$

100. $\int \cos mx \cos nx \, dx = \dfrac{\sin(m+n)x}{2(m+n)} + \dfrac{\sin(m-n)x}{2(m-n)} + c$

101. (a) $\int \dfrac{dx}{a + b\cos x} = \dfrac{2}{\sqrt{a^2 - b^2}}\tan^{-1}\left(\dfrac{(a-b)\tan\dfrac{x}{2}}{\sqrt{a^2 - b^2}}\right) + c$ ，$a^2 > b^2$

(b) $\int \dfrac{dx}{a+b\cos x} = \dfrac{1}{\sqrt{b^2-a^2}}\ln\left|\dfrac{(b-a)\tan\dfrac{x}{2}+\sqrt{b^2-a^2}}{(b-a)\tan\dfrac{x}{2}-\sqrt{b^2-a^2}}\right|+c$ ， $a^2 < b^2$

102. $\int \sin x \cos x\,dx = \dfrac{1}{2}\sin^2 x + c$

103. (a) $\int \sin^m x \cos^n x\,dx = \dfrac{\sin^{m+1} x \cos^{n-1} x}{m+n} + \dfrac{n-1}{m+n}\int \sin^m x \cos^{n-2} x\,dx$

   (b) $\int \sin^m x \cos^n x\,dx = -\dfrac{\sin^{m-1} x \cos^{n+1} x}{m+n} + \dfrac{m-1}{m+n}\int \sin^{m-2} x \cos^n x\,dx$

104. $\int \sin mx \cos nx\,dx = -\dfrac{\cos(m+n)x}{2(m+n)} - \dfrac{\cos(m-n)x}{2(m-n)} + c$

105. $\int \tan x\,dx = \ln|\sec x| = -\ln|\cos x| + c$

106. $\int \tan^2 x\,dx = \tan x - x + c$

107. $\int \tan^n x\,dx = \dfrac{1}{n-1}\tan^{n-1} x - \int \tan^{n-2} x\,dx$

108. $\int \sec x\,dx = \ln|\sec x + \tan x| + c$

109. $\int \sec^2 x\,dx = \tan x + c$

110. $\int \sec^n x\,dx = \dfrac{1}{n-1}\sec^{n-2} x \tan x + \dfrac{n-2}{n-1}\int \sec^{n-2} x\,dx$

111. $\int \sec x \tan x\,dx = \sec x + c$

112. (a) $\int \sec^m x \tan^n x\,dx = \dfrac{\sec^m x \tan^{n-1} x}{m+n-1} - \dfrac{n-1}{m+n-1}\int \sec^m x \tan^{n-2} x\,dx$

   (b) $\int \sec^m x \tan^n x\,dx = \dfrac{\sec^{m-2} x \tan^{n+1} x}{m+n-1} + \dfrac{m-2}{m+n-1}\int \sec^{m-2} x \tan^n x\,dx$

113. $\int \cot x\,dx = \ln|\sin x| + c$

114. $\int \cot^2 x\,dx = -\cot x - x + c$

115. $\int \cot^n x\,dx = -\dfrac{1}{n-1}\cot^{n-1} x - \int \cot^{n-2} x\,dx$

116. $\int \sec^n x\,dx = \dfrac{1}{n-1}\tan x \sec^{n-2} x + \dfrac{n-2}{n-1}\int \sec^{n-2} x\,dx$

117. $\int \csc x\,dx = -\ln|\csc x + \cot x| + c$

118. $\int \csc^2 x\,dx = -\cot x + c$

119. $\displaystyle\int \csc^n x\,dx = -\frac{1}{n-1}\csc^{n-2}x\cot x + \frac{n-2}{n-1}\int \csc^{n-2}x\,dx$

120. $\displaystyle\int \csc x\cot x\,dx = -\csc x + c$

121. (a) $\displaystyle\int \csc^m x\cot^n x\,dx = -\frac{\csc^m x\cot^{n-1}x}{m+n-1} - \frac{n-1}{m+n-1}\int \csc^m x\cot^{n-2}x\,dx$

    (b) $\displaystyle\int \csc^m x\cot^n x\,dx = -\frac{\csc^{m-2}x\cot^{n+1}x}{m+n-1} + \frac{m-2}{m+n-1}\int \csc^{m-2}x\cot^n x\,dx$

九、反三角函數

122. $\displaystyle\int \sin^{-1}\frac{x}{a}\,dx = x\sin^{-1}\frac{x}{a} + \sqrt{a^2-x^2} + c$

123. $\displaystyle\int \cos^{-1}\frac{x}{a}\,dx = x\cos^{-1}\frac{x}{a} - \sqrt{a^2-x^2} + c$

124. $\displaystyle\int \tan^{-1}\frac{x}{a}\,dx = x\tan^{-1}\frac{x}{a} - \frac{a}{2}\ln\left|a^2+x^2\right| + c$

125. $\displaystyle\int \cot^{-1}\frac{x}{a}\,dx = x\cot^{-1}\frac{x}{a} + \frac{a}{2}\ln\left|a^2+x^2\right| + c$

126. $\displaystyle\int \sec^{-1}\frac{x}{a}\,dx = x\sec^{-1}\frac{x}{a} - a\ln\left|x+\sqrt{x^2-a^2}\right| + c$

127. $\displaystyle\int \csc^{-1}\frac{x}{a}\,dx = x\csc^{-1}\frac{x}{a} + a\ln\left|x+\sqrt{x^2-a^2}\right| + c$

128. $\displaystyle\int x\sin^{-1}\frac{x}{a}\,dx = \frac{1}{4}(2x^2-a^2)\sin^{-1}\frac{x}{a} + \frac{x}{4}\sqrt{a^2-x^2} + c$

129. $\displaystyle\int x\cos^{-1}\frac{x}{a}\,dx = \frac{1}{4}(2x^2-a^2)\cos^{-1}\frac{x}{a} - \frac{x}{4}\sqrt{a^2-x^2} + c$

130. $\displaystyle\int x\tan^{-1}\frac{x}{a}\,dx = \frac{1}{2}(x^2+a^2)\tan^{-1}\frac{x}{a} - \frac{ax}{2} + c$

131. $\displaystyle\int \frac{\sin^{-1}\dfrac{x}{a}}{x^2}\,dx = -\frac{1}{x}\sin^{-1}\frac{x}{a} - \frac{1}{a}\ln\left|\frac{a+\sqrt{a^2-x^2}}{x}\right| + c$

132. $\displaystyle\int \frac{\tan^{-1}\dfrac{x}{a}}{x^2}\,dx = -\frac{1}{x}\tan^{-1}\frac{x}{a} + \frac{a}{2}\ln(x^2+a^2) + c$

十、指數與對數函數

133. $\displaystyle\int a^x dx = \frac{a^x}{\ln a} + c$

134. (a) $\displaystyle\int xe^{ax} dx = \frac{e^{ax}}{a^2}(ax - 1) + c$

　　(b) $\displaystyle\int x^2 e^{ax} dx = \frac{e^{ax}}{a^3}(a^2 x^2 - 2ax + 2) + c$

　　(c) $\displaystyle\int x^n e^x dx = x^n e^x - n\int x^{n-1} e^x dx$

135. $\displaystyle\int e^x \sin ax dx = \frac{e^x}{a^2 + 1}(\sin ax - a\cos ax) + c$

136. $\displaystyle\int e^x \sin^n ax dx = \frac{e^x \sin^{n-1} ax}{n^2 a^2 + 1}(\sin ax - na\cos ax) + \frac{n(n-1)a^2}{n^2 a^2 + 1}\int e^x \sin^{n-2} ax dx$

137. $\displaystyle\int e^x \cos ax dx = \frac{e^x}{a^2 + 1}(a\sin ax + \cos ax) + c$

138. $\displaystyle\int e^x \cos^n ax dx = \frac{e^x \cos^{n-1} ax}{n^2 a^2 + 1}(\cos ax + na\sin ax) + \frac{n(n-1)a^2}{n^2 a^2 + 1}\int e^x \cos^{n-2} ax dx$

139. (a) $\displaystyle\int \ln x dx = x\ln x - x + c$

　　(b) $\displaystyle\int \frac{\ln x}{x} dx = \frac{1}{2}(\ln x)^2 + c$

140. $\displaystyle\int x^n \ln x dx = -\frac{x^{n+1}}{(n+1)^2} + \frac{x^{n+1}}{n+1}\ln x + c$

141. $\displaystyle\int x^n (\ln x)^m dx = \frac{x^{n+1}(\ln x)^m}{n+1} - \frac{m}{n+1}\int x^n (\ln x)^{m-1} dx$

142. $\displaystyle\int \frac{1}{x\ln x} dx = \ln|\ln x| + c$

143. $\displaystyle\int \frac{1}{x(\ln x)^n} dx = -\frac{1}{(n-1)(\ln x)^{n-1}} + c$

十一、雙曲線函數

144. $\displaystyle\int \sinh x dx = \cosh x + c$

145. $\displaystyle\int \cosh x dx = \sinh x + c$

146. $\displaystyle\int \tanh x dx = \ln|\cosh x| + c$

147. $\displaystyle\int \coth x\, dx = \ln|\sinh x| + c$

148. $\displaystyle\int \sec hx\, dx = \tan^{-1}(\sinh x) + c$

149. $\displaystyle\int \csc hx\, dx = \ln\left|\tanh\dfrac{x}{2}\right| + c$

150. $\displaystyle\int \sec h^2 x\, dx = \tanh x + c$

151. $\displaystyle\int \sec hx \tanh x\, dx = -\sec hx + c$

152. $\displaystyle\int \csc h^2 x\, dx = -\coth x + c$

153. $\displaystyle\int \coth x \csc hx\, dx = -\csc hx + c$

十二、其他函數

154. $\displaystyle\int e^{ax} \cos bx\, dx = \dfrac{e^{ax}}{a^2+b^2}(a\cos bx + b\sin bx) + c$

155. $\displaystyle\int e^{ax} \sin bx\, dx = \dfrac{e^{ax}}{a^2+b^2}(a\sin bx - b\cos bx) + c$

156. $\displaystyle\int xe^{ax} \cos bx\, dx = \dfrac{e^{ax}}{a^2+b^2}\left[x(a\cos bx + b\sin bx) + \dfrac{b^2-a^2}{a^2+b^2}\cos bx - \dfrac{2ab}{a^2+b^2}\sin bx\right] + c$

157. $\displaystyle\int xe^{ax} \sin bx\, dx = \dfrac{e^{ax}}{a^2+b^2}\left[x(-b\cos bx + a\sin bx) + \dfrac{2ab}{a^2+b^2}\cos bx + \dfrac{b^2-a^2}{a^2+b^2}\sin bx\right] + c$

158. (a) $\displaystyle\int \sin(\ln x)\, dx = \dfrac{x}{2}\left[\sin(\ln x) - \cos(\ln x)\right] + c$

   (b) $\displaystyle\int \cos(\ln x)\, dx = \dfrac{x}{2}\left[\sin(\ln x) + \cos(\ln x)\right] + c$

159. $\displaystyle\int x^n e^{ax}\, dx = \dfrac{x^n e^{ax}}{a} - \dfrac{n}{a}\int x^{n-1} e^{ax}\, dx$

160. $\displaystyle\int x^n \ln(ax)\, dx = x^{n+1}\left[\dfrac{\ln(ax)}{n+1} - \dfrac{1}{(n+1)^2}\right] + c$

161. $\displaystyle\int \ln(x^2 + a^2)\, dx = x\ln(x^2 + a^2) + 2a\tan^{-1}\dfrac{x}{a} - 2x + c$（利用分部積分法）

162. $\displaystyle\int \ln(x + \sqrt{x^2 + a^2})\, dx = x\ln(x + \sqrt{x^2 + a^2}) - \sqrt{x^2 + a^2} + c$（利用分部積分法）

163. $\displaystyle\int \ln(a + \sqrt{x^2 + a^2})\, dx = x\ln(a + \sqrt{x^2 + a^2}) + a\ln(x + \sqrt{x^2 + a^2}) - x + c$（利用分部積分法）

164. $\displaystyle\int \frac{1}{x^2 - a^2}\,dx = \frac{1}{2a}\ln\left|\frac{x-a}{x+a}\right| + c$

165. (a) $\displaystyle\int \frac{1}{x^3 + a^3}\,dx = \frac{1}{3a^2}\ln|x+a| - \frac{1}{6a^2}\ln\left|x^2 - ax + a^2\right| + \frac{1}{\sqrt{3}a^2}\tan^{-1}\frac{2x-a}{\sqrt{3}a} + c$

(b) $\displaystyle\int \frac{1}{x^3 - a^3}\,dx = \frac{1}{3a^2}\ln|x-a| - \frac{1}{6a^2}\ln\left|x^2 + ax + a^2\right| - \frac{1}{\sqrt{3}a^2}\tan^{-1}\frac{2x+a}{\sqrt{3}a} + c$

166. $\displaystyle\int \frac{1}{x^4 + 1}\,dx = \frac{1}{4\sqrt{2}}\ln\left|\frac{x^2 + \sqrt{2}x + 1}{x^2 - \sqrt{2}x + 1}\right| + \frac{1}{2\sqrt{2}}\left[\tan^{-1}(\sqrt{2}x + 1) + \tan^{-1}(\sqrt{2}x - 1)\right] + c$

167. $\displaystyle\int \sqrt{1 - \sin x}\,dx = 2\left(-\cos\frac{x}{2} - \sin\frac{x}{2}\right) + c$

168. $\displaystyle\int \frac{1}{(a + b\cos x)^2}\,dx = \frac{1}{a^2 - b^2}\left[\frac{-b\cos x}{a + b\cos x} + \frac{2a}{\sqrt{a^2 - b^2}}\tan^{-1}\left(\frac{\sqrt{a^2 - b^2}}{a + b}\tan\frac{x}{2}\right)\right] + c$

169. $\displaystyle\int \frac{1}{a + b\tan\theta}\,d\theta = \frac{a\theta}{a^2 + b^2} + \frac{b}{a^2 + b^2}\ln|a\cos\theta + b\sin\theta| + c$

170. (a) $\displaystyle\int_{-\infty}^{\infty} \frac{\sin x}{x}\,dx = \pi$

(b) $\displaystyle\int_{-\infty}^{\infty} \frac{\sin^2 x}{x^2}\,dx = \pi$

(c) $\displaystyle\int_{-\infty}^{\infty} \frac{\sin^3 x}{x^3}\,dx = \frac{3}{4}\pi = 0.75\pi$

(d) $\displaystyle\int_{-\infty}^{\infty} \frac{\sin^4 x}{x^4}\,dx = \frac{2}{3}\pi \approx 0.667\pi$

(e) $\displaystyle\int_{-\infty}^{\infty} \frac{\sin^5 x}{x^5}\,dx = \frac{115}{192}\pi \approx 0.599\pi$

(f) $\displaystyle\int_{-\infty}^{\infty} \frac{\sin^6 x}{x^6}\,dx = \frac{11}{20}\pi = 0.55\pi$

(g) $\displaystyle\int_{-\infty}^{\infty} \frac{\sin^7 x}{x^7}\,dx = \frac{5887}{11520}\pi \approx 0.511\pi$

(h) $\displaystyle\int_{-\infty}^{\infty} \frac{\sin^8 x}{x^8}\,dx = \frac{151}{315}\pi \approx 0.479\pi$

（此八式屬於定積分）

附錄 B 連加公式之推導

$$\sum_{k=1}^{n} k = 1 + 2 + 3 + \cdots + n = \frac{n(n+1)}{2} \quad \cdots\cdots (1)$$

$$\sum_{k=1}^{n} k^2 = 1^2 + 2^2 + 3^2 + \cdots + n^2 = \frac{n(n+1)(2n+1)}{6} \quad \cdots\cdots (2)$$

$$\sum_{k=1}^{n} k^3 = 1^3 + 2^3 + 3^3 + \cdots + n^3 = \left[\frac{n(n+1)}{2}\right]^2 \quad \cdots\cdots (3)$$

$$\sum_{k=1}^{n} k^4 = 1^4 + 2^4 + 3^4 + \cdots + n^4 = \frac{n(n+1)(2n+1)(3n^2+3n-1)}{30} \quad \cdots\cdots (4)$$

證明：

(1) 令 $S = 1 + 2 + 3 + \cdots + n$

則 $S = n + (n-1) + \cdots + 1$

二邊相加得 $2S = n(n+1)$，故得 $\displaystyle\sum_{k=1}^{n} k = 1 + 2 + 3 + \cdots + n = \frac{n(n+1)}{2}$。

(2) 利用 $1 + 2 + 3 + \cdots + n = \dfrac{n(n+1)}{2}$

則 $1 = \dfrac{1(1+1)}{2}$

$\quad 1 + 2 = \dfrac{2(2+1)}{2}$

$\quad 1 + 2 + 3 = \dfrac{3(3+1)}{2}$

$\quad\quad\vdots$

$\quad 1 + 2 + 3 + \cdots + n = \dfrac{n(n+1)}{2}$

二邊相加得 $n \cdot 1 + (n-1) \cdot 2 + (n-2) \cdot 3 + \cdots + 1 \cdot n = \dfrac{1}{2}\left(\sum_{k=1}^{n} k^2 + \sum_{k=1}^{n} k\right)$

整理得 $\displaystyle\sum_{k=1}^{n}(n-k+1)k = \frac{1}{2}\left(\sum_{k=1}^{n} k^2 + \sum_{k=1}^{n} k\right)$

$\rightarrow n\displaystyle\sum_{k=1}^{n} k - \sum_{k=1}^{n} k^2 + \sum_{k=1}^{n} k = \frac{1}{2}\left(\sum_{k=1}^{n} k^2 + \sum_{k=1}^{n} k\right)$

$$\to (n+\frac{1}{2})\sum_{k=1}^{n} k = \frac{3}{2}\sum_{k=1}^{n} k^2$$

$$\therefore \sum_{k=1}^{n} k^2 = \frac{2n+1}{3}\sum_{k=1}^{n} k = \frac{2n+1}{3}\frac{n(n+1)}{2} = \frac{n(n+1)(2n+1)}{6}$$

(3) 利用 $1^2 + 2^2 + 3^2 + \cdots + n^2 = \dfrac{n(n+1)(2n+1)}{6}$

則 $1^2 = \dfrac{1(1+1)(2+1)}{6}$

$1^2 + 2^2 = \dfrac{2(2+1)(4+1)}{6}$

$1^2 + 2^2 + 3^2 = \dfrac{3(3+1)(6+1)}{6}$

$$\vdots$$

$1^2 + 2^2 + 3^2 + \cdots + n^2 = \dfrac{n(n+1)(2n+1)}{6}$

二邊相加得 $n \cdot 1^2 + (n-1) \cdot 2^2 + \cdots + 1 \cdot n^2 = \dfrac{1}{6}\left(2\sum_{k=1}^{n} k^3 + 3\sum_{k=1}^{n} k^2 + \sum_{k=1}^{n} k \right)$

整理得 $\displaystyle\sum_{k=1}^{n}(n-k+1)k^2 = \frac{1}{6}\left(2\sum_{k=1}^{n} k^3 + 3\sum_{k=1}^{n} k^2 + \sum_{k=1}^{n} k \right)$

$$\to n\sum_{k=1}^{n} k^2 - \sum_{k=1}^{n} k^3 + \sum_{k=1}^{n} k^2 = \frac{1}{6}\left(2\sum_{k=1}^{n} k^3 + 3\sum_{k=1}^{n} k^2 + \sum_{k=1}^{n} k \right)$$

$$\to (n+\frac{1}{2})\sum_{k=1}^{n} k^2 - \frac{1}{6}\sum_{k=1}^{n} k = \frac{4}{3}\sum_{k=1}^{n} k^3$$

$$\therefore \sum_{k=1}^{n} k^3 = \frac{3}{4}\left[(n+\frac{1}{2})\sum_{k=1}^{n} k^2 - \frac{1}{6}\sum_{k=1}^{n} k \right] = \frac{3}{4}\left[(n+\frac{1}{2})\frac{n(n+1)(2n+1)}{6} - \frac{1}{6}\frac{n(n+1)}{2} \right]$$

$$= \left[\frac{n(n+1)}{2} \right]^2$$

(4) 利用 $1^3 + 2^3 + 3^3 + \cdots + n^3 = \dfrac{n^2(n+1)^2}{4}$

再同 (3) 之步驟即可證出！

習題解答

第 0 章

本章習題

基本題

1. –3，1　　**2.** C

3. 交點坐標為 $(1, -1), (4, 2)$

4. D　　**5.** 125

第 1 章

習題 1-1

1. 錯　　**2.** 不成立　　**3.** –16　　**4.** 不成立

習題 1-2

1. $-\dfrac{3}{2}$　　**2.** $\dfrac{5}{4}$　　**3.** 不存在

4. 1　　**5.** 不存在　　**6.** 0　　**7.** 6

8. (1) 3　(2) 3　(3) 2　(4) 1　(5) 2
　　(6) 2

習題 1-3

1. $f(x)$ 在 $x = 0$ 連續

2. $f(x)$ 在 $x = 0$ 不連續

3. 1　　**4.** $a = 1$，$b = 2$

習題 1-4

1. $y = 0$ 為水平漸近線

　　$x = 0$ 為垂直漸近線

2. $x = 1$ 為垂直漸近線

　　$y = 2x$ 為斜漸近線

3. $x = 1$ 為垂直漸近線

　　$y = -3x + 2$ 為斜漸近線

本章習題

基本題

1. (1) 8　(2) 3　　**2.** (1) 不存在　(2) 1

3. 不存在　　**4.** (1) $\dfrac{1}{2}$　(2) 2　　**5.** 不存在

6. (1) 1　　(2) ∞

7. $f(x)$ 在 $x = 2$ 不連續

8. –1　　**9.** $f(x)$ 在 $x = 0$ 連續

10. (1) $x = 2$ 為垂直漸近線
　　　(2) $x = -2$ 為垂直漸近線
　　　　$y = 3$ 為水平漸近線

加分題

11. 1　　**12.** 0　　**13.** $-\dfrac{1}{3}$　　**14.** 0　　**15.** $\dfrac{1}{3}$

第 2 章

習題 2-1

1. 0　　**2.** $f(x)$ 在 $x = 2$ 不可微分

3. $a = 2$，$b = 4$

習題 2-2

1. 切線方程式：$y + 3 = -4(x - 3)$

　　法線方程式：$y + 3 = \dfrac{1}{4}(x - 3)$

2. $(2, 8)$、$(-2, -8)$　　**3.** $(1, 3)$

習題 2-4

1. $5^{3x} \cdot 3\ln 5$　　**2.** $100(x^2 + 4x - 5)^{99} \cdot (2x + 4)$

3. $5x^4 - 5^x \ln 5$

4. $\left[\dfrac{10x}{x^2+2}+\dfrac{6x^2}{x^3+2}-\dfrac{6}{2x+1}\right]\cdot\dfrac{(x^2+2)^5(x^3+1)^2}{(2x+1)^3}$

5. $\dfrac{5}{2\sqrt{5x+3}}$ **6.** $\dfrac{dy}{dx}=e^{x^2+4}\cdot 2x$

7. $f'(2)=1120$

習題 2-5

1. $(x+3)e^x$ **2.** $-\dfrac{1}{3}$ **3.** $5^{73}\cos 5x$

習題 2-6

1. $y'=-\dfrac{y-2^x\ln 2}{x+2^y\ln 2}$ **2.** $\dfrac{y-x}{3y-x}$

3. $-\dfrac{\sin y+\sin(x+y)}{x\cos y+\sin(x+y)}$ **4.** -1

5. $y'=\dfrac{2y-x^2}{y^2-2x}$ **6.** $y'=\dfrac{3x^2-6xy+2y^2}{3x^2-4xy}$

7. $-\dfrac{9}{16\sqrt{2}}$

習題 2-7

1. $\dfrac{-1}{1+x^2}$ **2.** $\sin^{-1}x+x\cdot\dfrac{1}{\sqrt{1-x^2}}$

3. 1

4. (1) $\dfrac{1}{e+1}$ (2) $\dfrac{2}{3}$ (3) $-\dfrac{2}{3}$

習題 2-8

1. $y-1=x-5$ **2.** $\left.\dfrac{dy}{dx}\right|_{t=4}=8$

3. -2 **4.** $\dfrac{1}{2}$

本章習題
基本題

1. $(1,0)$、$(-1,-4)$ **2.** 1 **3.** 1

4. (1) $-\dfrac{3}{5}$ (2) $-\dfrac{1}{2}$ **5.** $a=3,\ b=-2$

6. $\dfrac{6zw-\dfrac{2}{z}}{3w^2-3z^2}$ **7.** $3e^{3z}$

8. $\dfrac{2x-y\cos(xy)}{x\cos(xy)}$ **9.** $\dfrac{4x+1}{y+1}$

10. (1) $\dfrac{4}{e^2}$ (2) 1

加分題

11. $\dfrac{1}{2}$ **12.** $y-2=-\dfrac{5}{4}(x-4)$

13. (1) 1 (2) 不存在   (3) 0 (4) 不存在

14. $e^{\sin x}\cos x$ **15.** e^t-1 **16.** $\dfrac{6}{5}$

17. 980 **18.** $\dfrac{-9}{y^3}$

第 3 章

習題 3-1

1. 2 **2.** e **3.** $-\infty$ **4.** $\dfrac{3}{2}$

5. $\dfrac{1}{2}$ **6.** e^3 **7.** e^{-1} **8.** 1

習題 3-2

1. 4.98 **2.** 3.9791 **3.** 0.6947 **4.** 0.686

習題 3-3

1. $8\pi\ \text{cm}^3$ **2.** $0.134\ rad/sec$

3. $18\sqrt{3}\ cm^2/\min$ **4.** $rt=70$

習題 3-4

1. 略   **2.** 略   **3.** $p=2,\ q=1,\ r=3$

4. $9\le f(4)\le 21$

習題 3-5

1. $(-\infty,0)$：遞增；$(0,2)$：遞減；

$(2,\infty)$：遞增

2. $x = -1$ 時，極大值為 2 ；

$x = 1$ 時，極小值為 -2

3. $(-2, \dfrac{-2}{e^2})$ **4.** $a = -3$ ， $b = 9$

5. $f(2) = -14$ 為極小值，

$f(-1) = 13$ 為極大值

6. 遞增區間： $(-3, 3)$

7. $f(4) = 17$ 為最大值， $f(2) = -3$ 為最小值

8. $f(1) = \dfrac{4}{3}$ 為極小值， $f(-1) = \dfrac{8}{3}$ 為極大值

習題 3-6

1. 漸近線：無

極大點： $(0, 0)$

極小點： $(\dfrac{2}{5}, -\dfrac{3}{5}(\dfrac{2}{5})^{2\!/\!3})$

反曲點： $(-\dfrac{1}{5}, -\dfrac{6}{5}\cdot(\dfrac{1}{5})^{2\!/\!3})$

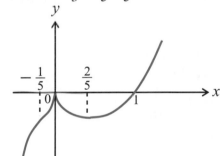

2. 極大點： $(0, 2)$

極小點：無

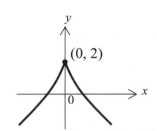

3. 水平漸近線： $y = 1$ 、 $y = 0$

極大點：無

極小點：無

反曲點： $(0, 0.5)$

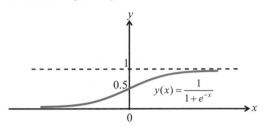

習題 3-7

1. 高 20 cm，半徑 20 cm

2. 略

3. 底部邊長為40，高為20

本章習題

基本題

1. 極大值：13

極小值：-14

2. (1) e^{10} (2) 0   **3.** 2.0083

4.

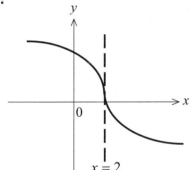

5. (1) 27ln3   (2) 0   **6.** $\dfrac{1}{2}$

7. C   **8.** $\dfrac{1}{2}$ **9.** 0   **10.** π

加分題

11. (1) $\dfrac{1}{20}$ (2) 384   (3) e (4) e^4 (5) 1

(6) $\sqrt{35}$

12. 極大值 = 55，極小值 = 23

13. (1) 3290 元　(2) 3320 元

14. $\dfrac{4}{27}a^3$　**15.** D　**16.** 6

17. 極大值 = 144，極小值 = 0

18. $\sqrt{\dfrac{7}{3}}$

第 4 章

習題 4-1

1. $\dfrac{1}{4}x^4 + x + c$　**2.** $\dfrac{1}{2}e^{x^2} + c$

3. $-\dfrac{1}{2}e^{-x^2} + c$　**4.** $\dfrac{1}{2}\sqrt{x^4-1} + c$

5. $-\sqrt{4-x^2} + 2\sin^{-1}\dfrac{x}{2} + c$

6. $\dfrac{1}{4}e^{4x} + c$　**7.** $\dfrac{1}{2}x^2 - \ln|x| + c$

8. $\dfrac{2}{3}x^{3/2} + \dfrac{1}{2}e^{-2x} + c$　**9.** $\sqrt{x} + x + \dfrac{1}{3}x^{3/2} + c$

10. $2\ln|x+1| + \dfrac{2}{x+1} + c$

11. $\dfrac{1}{18}(3x+1)^6 + c$

12. $\dfrac{1}{2}e^{x^2} - \dfrac{1}{2}\ln(x^2+2) + c$

習題 4-2

1. $\dfrac{1}{2}\tan^{-1}x^2 + c$　**2.** $\dfrac{2}{3}(1-\dfrac{1}{x})^{3/2} + c$

3. $\sqrt{x^2+2x+3} + c$　**4.** $\sin(e^x) + c$

5. $\dfrac{1}{9}\left[\dfrac{2}{5}(3x+2)^{5/2} - \dfrac{4}{3}(3x+2)^{3/2}\right] + c$

6. $-\ln|1+e^{-x}| + c$　**7.** $\dfrac{1}{8}\left(x - \dfrac{1}{4}\sin 4x\right) + c$

8. $\dfrac{1}{126}(2x^9-1)^7 + c$　**9.** $\dfrac{2}{3}(1+\ln x)^{3/2} + c$

10. $\dfrac{1}{5}(\ln x)^5 + c$

11. $\dfrac{1}{9}(x+2)^9 - \dfrac{5}{8}(x+2)^8 + c$

12. $\dfrac{1}{2}\left[\ln(x^2+1)\right]^2 + c$　**13.** $\dfrac{1}{50}(x^3+2)^{100} + c$

14. $\dfrac{1}{6}(x^3+x)^6 + c$

習題 4-3

1. $(x-1)e^x + c$

2. $\dfrac{x}{2}\sin 2x + \dfrac{1}{4}\cos 2x + c$

3. $-\dfrac{\ln(x+1)}{x} + \ln\left|\dfrac{x}{x+1}\right| + c$

4. $-\left(\dfrac{x}{2} + \dfrac{1}{4}\right)e^{-2x} + c$

5. $\dfrac{x\cdot 2^x}{\ln 2} - \dfrac{2^x}{(\ln 2)^2} + c$

6. $-e^{1-x}\left(x^5 + 5x^4 + 20x^3 + 60x^2 + 120x + 120\right) + c$

7. $\left(\dfrac{x}{8} - \dfrac{1}{64}\right)e^{8x} + c$

8. $-\dfrac{x}{4}\cos 4x + \dfrac{1}{16}\sin 4x + c$

習題 4-4

1. $x + 2\ln|x-1| + c$

2. $\ln\left|\dfrac{x-2}{x-1}\right| + c$

3. $\dfrac{1}{3}\left[-\dfrac{1}{x^3+1} + \dfrac{1}{2(x^3+1)^2}\right] + c$

4. $\dfrac{1}{6}\tan^{-1}(2x^3) + c$

5. $\tan^{-1}(x+2) + c$

6. $\dfrac{1}{2}\ln(x^2+1) + \tan^{-1}x + c$

7. $-\ln|x+1| + \ln(x^2+1) + 3\tan^{-1}x + c$

8. $-5\ln|x| + 3\ln(x^2+1) - 2\tan^{-1}x + c$

9. $\ln|x-1| - 4\ln|x-2| + 3\ln|x-3| + c$

10. $\ln|1+e^x| + c$

習題 4-5

1. $2\sec^{-1}(\sqrt{x}) + c$

2. $\dfrac{1}{3}\sec^{-1}(\dfrac{2}{3}x) + c$

3. $\dfrac{9}{2}\left(\sin^{-1}\dfrac{x}{3} - \dfrac{x\sqrt{9-x^2}}{9}\right) + c$

4. $-\dfrac{\sqrt{4-x^2}}{4x} + c$

本章習題

基本題

1. $\dfrac{1}{3}\ln|x^3+1| + c$

2. $\dfrac{1}{4}(\ln x)^2 + c$

3. $\dfrac{1}{1+\ln 2}e^{x(1+\ln 2)} + c$

4. $x\ln(2x) - \dfrac{1}{2}x + c$

5. $\sqrt{x} + x + \dfrac{1}{3}x^{3/2} + c$

6. $\dfrac{1}{3}\sec^3 x + c$

7. $-\ln|x-1| + 2\ln|x-2| + c$

8. $\dfrac{1}{21}(1+3e^x)^7 + c$

9. $\dfrac{1}{2}\left[x - \ln(e^x+2)\right] + c$

10. $\dfrac{1}{2}\tan^{-1}(\sin^2\theta) + c$

11. $-\dfrac{9}{4}(4-x^2)^{2/3} + c$

12. $-\dfrac{1}{12}\cos 6\theta + c$

13. $x\tan x + \ln|\cos x| + c$

14. $\dfrac{1}{12}\sin^6 2x + c$

加分題

15. $-e^{1/x} + c$

16. $2\left[x\sin(\sqrt{x}) + 2\sqrt{x}\cos(\sqrt{x}) - 2\sin(\sqrt{x})\right] + c$

17. $\dfrac{4}{3}(x-3)^{3/2} + 6\sqrt{x-3} + c$

18. $\dfrac{-3}{x+2} + \dfrac{5}{2(x+2)^2} + c$

19. $-8\ln|x| + \dfrac{4}{x} - \dfrac{1}{2x^2} + 8\ln|2x-1| + c$

20. $2\left[\sqrt{x} - \ln|\sqrt{x}+1|\right] + c$

21. $x\ln(2x+1) - x + \dfrac{1}{2}\ln|2x+1| + c$

22. $\dfrac{4}{3}x^{3/2}\ln\sqrt{x} - \dfrac{4}{9}x^{3/2} + c$

23. $\dfrac{1}{10}\tan^{-1}\dfrac{2x-1}{5} + c$

24. $\dfrac{1}{2}\left[x^2\tan^{-1}(x^2) - \dfrac{1}{2}\ln(x^4+1)\right] + c$

第 5 章

習題 5-1

1. π **2.** $\dfrac{52}{9}$ **3.** $\dfrac{156}{7}$

4. $\dfrac{2}{9}e^3 - \dfrac{8}{3}\ln 2 + \dfrac{8}{9}$ **5.** $1 + \ln 2 + e^2 - e$

6. $\ln 2$ **7.** $\dfrac{\pi}{4}$ **8.** 4 **9.** $\dfrac{1}{4}$ **10.** $\dfrac{4}{3}$

11. $\sin(x^6)\cdot 3x^2 - \sin(x^4)\cdot 2x$

12. $\sqrt{1+\cos^2 x}\cdot(-\sin x) - \sqrt{1+\sin^2 x}\cdot(\cos x)$

習題 5-2

1. $2\cos 2x$ **2.** 0 **3.** $\dfrac{1}{1+\sqrt{2}}$

4. $-\dfrac{1}{2}$ **5.** -1

習題 5-3

1. $\dfrac{5}{3}$ 2. 22   3. 4

4. $\dfrac{71}{2}$ 5. 0

習題 5-4

1. 1.1470   2. 0.9761   3. 1.1478

4. 72 m²

習題 5-5

1. $\dfrac{1}{3}$ 2. 不存在   3. $\dfrac{\pi}{2}$

4. 不存在   5. $\dfrac{1}{2}$ 6. 2

本章習題

基本題

1. $\dfrac{8}{3}$ 2. 1   3. $\dfrac{1}{2}$

4. $(2x^3-1)\cdot 3x^2$ 5. $\dfrac{23}{3}$ 6. $\sqrt{17}-1$

7. $1-\dfrac{1}{3}\ln 2$ 8. $\dfrac{665}{6}$ 9. $\sin 3$ 10. 0

加分題

11. $\dfrac{2\sqrt{2}}{\pi}$ 12. $-\dfrac{1}{2}\ln 3$ 13. $\dfrac{41}{100}$

14. $-\dfrac{4\sqrt{2}}{3}+\dfrac{8}{3}$ 15. $\dfrac{2}{3}$ 16. 3

第 6 章

習題 6-1

1. $\dfrac{8}{3}\sqrt{2}$ 2. $\dfrac{125}{6}$ 3. 1   4. $\dfrac{9}{2}$

5. $\dfrac{2}{3}a^2$ 6. $\dfrac{9}{2}$ 7. $\dfrac{4}{3}$ 8. $\dfrac{1}{2}$

習題 6-2

1. $\dfrac{\pi a^2}{2}$ 2. π

習題 6-3

1. $\dfrac{1408}{15}\pi$ 2. 64π 3. $\dfrac{\pi^2}{4}$

4. $\pi-\dfrac{\pi^2}{4}$ 5. $\dfrac{576}{5}\pi$ 6. $\dfrac{1}{2}(1-e^{-2})$

7. $\dfrac{16}{35}\pi$ 8. $\dfrac{2\pi}{15}$

習題 6-4

1. π 2. $\dfrac{334}{5}\pi$ 3. $\dfrac{1}{2}\pi$

4. 8π 5. 2π 6. $\dfrac{3456}{35}\pi$

習題 6-5

1. $2\sqrt{2}\sin\dfrac{1}{2}$ 2. $\dfrac{\sqrt{2}}{2}+\dfrac{1}{2}\ln(1+\sqrt{2})$

3. $\dfrac{32}{3}$ 4. $\dfrac{14}{3}$ 5. $\dfrac{517}{48}$

6. $\dfrac{118}{27}$ 7. $\dfrac{8}{27}(10\sqrt{10}-1)$

8. $\dfrac{2}{27}[(55)^{3/2}-(37)^{3/2}]$

本章習題

基本題

1. $2\sqrt{2}$ 2. $\ln\left|e+\sqrt{e^2-1}\right|$ 3. $\dfrac{27}{2}\pi$

4. $\dfrac{224}{15}\pi$ 5. 12   6. 3π

7. $\dfrac{1}{2}$ 8. $\dfrac{\pi}{2}$ 9. $\dfrac{8}{3}\pi$

加分題

10. $\dfrac{103}{6}\pi$ 11. $\dfrac{32}{\sqrt{3}}$

12. $\pi(\dfrac{2}{3}a^3-a^2h+\dfrac{h^3}{3})$

第 7 章

習題 7-1

1. $1+\sqrt{2}$ **2.** 收斂 **3.** 收斂

4. 發散 **5.** $-2+\sqrt{5}$

習題 7-2

1. $\dfrac{3}{2}$ **2.** $\dfrac{3}{2}$ **3.** $\dfrac{a^2(a^{2009}-1)}{(1-a)^2}+\dfrac{2009a}{1-u}$

習題 7-3

1. 收斂 **2.** 收斂 **3.** 收斂

4. 發散 **5.** 收斂 **6.** 收斂

7. 收斂 **8.** 發散 **9.** 收斂

習題 7-4

1. 絕對收斂 **2.** 發散 **3.** 條件收斂

4. 絕對收斂 **5.** 發散 **6.** 絕對收斂

習題 7-5

1. e **2.** $2<x\le 4$ **3.** $-2<x\le 0$

4. $0<x<4$ **5.** $-1<x<1$

6. $0\le x<2$ **7.** $\dfrac{2}{3}\le x\le\dfrac{4}{3}$

8. $5<x\le 7$ **9.** $-1\le x\le 1$

10. $-1<x\le 2$ **11.** $1+x-x^2-5x^3+\cdots$

12. $x+x^2+\dfrac{1}{2!}x^3+\cdots$

習題 7-6

1. 0.94611 **2.** $\dfrac{1}{2}$ **3.** $-\dfrac{1}{2}$ **4.** -1

5. $\dfrac{2}{9}$ **6.** $-\dfrac{1}{6}$ **7.** $\dfrac{1}{3}$ **8.** $-15!$

本章習題

基本題

1. 發散 **2.** 收斂 **3.** (1) 1 (2) 0

4. (1) $\dfrac{9}{5}\le x<\dfrac{11}{5}$ (2) $1<x<3$

5. $-2<x\le 8$ **6.** 條件收斂

7. $-1\le x\le 1$ **8.** $0<x\le 10$

9. -6 **10.** $\dfrac{1}{2}$ **11.** B **12.** C

13. $\dfrac{2}{3}\left[1+\dfrac{z-2}{3}+(\dfrac{z-2}{3})^2+\cdots\right]$

14. B

加分題

15. 2 **16.** C **17.** 收斂 **18.** C

第 8 章

習題 8-1

1. 0 **2.** 0 **3.** 不存在 **4.** 0

5. $\dfrac{1}{2}$ **6.** $f(x,y)$ 在 $(0,0)$ 不連續

習題 8-2

1. 0，-3

2. $2xy^3+2ye^{xy}$，$3x^2y^2+2xe^{xy}$

3. -1

4. $\dfrac{2ax}{ax^2+by^2+cz^2}$

5. $\dfrac{2}{(z+w)^3}$

6. 12，4.5

7. $e^x\ln y-e^y\ln x$

習題 8-3

1. $6r - 8s$ ， $-8r - 6s$　　**2.** $2(x^2 - y^2)$

3. $2(2xy + y^2)\cos 2t - (x^2 + 2xy)\sin t$

4. 4.99　　**5.** 1.642

習題 8-4

1. $-\dfrac{y\cos(xy) + ze^{xz}}{y\sin(yz) + xe^{xz}}$ ；

$\quad -\dfrac{x\cos(xy) + z\sin(yz)}{y\sin(yz) + xe^{xz}}$

2. $-\dfrac{\cos(x+y) + \cos(z+x)}{\cos(y+z) + \cos(z+x)}$ ；

$\quad -\dfrac{\cos(x+y) + \cos(y+z)}{\cos(y+z) + \cos(z+x)}$

3. $-\dfrac{2x^2z + e^y}{ze^y + x\cos(xy)}$

習題 8-5

1. $\cos^{-1}\dfrac{1}{3}$　　**2.** $5x - 7y + 8z = 49$

3. 1　　**4.** 10

習題 8-6

1. $x = 20, y = 30, z = 12$　　**2.** 18　　**3.** 24

4. 長 $= 6$ ，寬 $= 6$ ，高 $= 3$

5. 最長距離為 $\sqrt{6} + 1$

$\quad$ 最短距離為 $\sqrt{6} - 1$

6. 極小值為 -14 ；極大值為 14

7. $(0, 0)$：鞍點；$(1, 0)$：鞍點；

$\quad (\dfrac{1}{2}, \dfrac{1}{2})$ 極小點；$(\dfrac{1}{2}, -\dfrac{1}{2})$ 極大點

8. $(-1, 1)$：極小點

本章習題

基本題

1. $f(x, y)$ 在 $(0, 0)$ 不連續　　**2.** 0 ， 1

3. $f(1, 2) = 2$ 為極小值

$\quad f(-1, -2) = 38$ 為極大值

4. $\dfrac{x}{2z - \cos(x + z)}$

5. $\dfrac{x}{\sqrt{x^2 + y^2 + 1}}$ ， $\dfrac{y}{\sqrt{x^2 + y^2 + 1}}$

6. 不存在

7. $f_x = 8xy^2 - 32x$ ， $f_{xy} = 16xy$

$\quad f_y = 8x^2y + 4$ ， $f_{yx} = 16xy$

8. 1 ， 1　　**9.** -18

加分題

10. $(1500)^{3/4}(250)^{1/4}$

11. 最大值為 3，最小值為 -3

12. $(0, 0)$：鞍點

第 9 章

習題 9-1

1. 3　　**2.** $e^2 - 3$　　**3.** $\dfrac{27}{2}$　　**4.** 14

5. $\dfrac{1}{2}(e^2 - 1)$　　**6.** $\dfrac{3}{2}(e^{-5} - 1)$　　**7.** 3

8. $\dfrac{27}{8}$　　**9.** $e^4 - 1$　　**10.** $\dfrac{1}{6}(e^9 - 1)$

11. $\dfrac{1}{2}\ln 2$

習題 9-2

1. 0　　**2.** 2　　**3.** $\dfrac{1}{8}$

4. $\pi(1-\dfrac{1}{e})$　　**5.** $3(\cos 1 - \cos 4)$

習題 9-3

1. (1) 0　(2) 0　　**2.** $\dfrac{1}{6}$

3. A　　**4.** $\dfrac{\pi}{4} - \dfrac{1}{18}$

本章習題

基本題

1. (1) $\dfrac{16}{3}$　(2) $\dfrac{13}{20}$　　**2.** $\dfrac{\pi}{8}$

3. (1) $\dfrac{9}{8}$　(2) $\dfrac{33}{4}$　　**4.** (1) 3　(2) $\dfrac{1}{24}$

5. $\dfrac{1}{12}$　　**6.** 4π　　**7.** $3\ln 2$

8. 0　　**9.** $\dfrac{13}{3}(1-\dfrac{1}{2}\sin 2)$　　**10.** B

加分題

11. $\dfrac{14}{3}\pi$　　**12.** $4\pi\sin 1$

13. $2\pi(6-2\ln 4)$

14. $\dfrac{1}{6}$　　**15.** $\dfrac{\pi^2}{8}$　　**16.** $\dfrac{e}{2}-1$

索引

國家圖書館出版品預行編目(CIP)資料

微積分 / 劉明昌, 李聯旺, 石金福著.
-- 三版. -- 新北市 : 全華圖書股份
有限公司, 2024.06
　　面 ; 　公分
ISBN 978-626-401-001-6(平裝)

1.CST: 微積分

314.1　　　　　　　　　　113007570

微積分（第三版）

作者／劉明昌、李聯旺、石金福

發行人／陳本源

執行編輯／黃皓偉

封面設計／楊昭琅

出版者／全華圖書股份有限公司

郵政帳號／0100836-1 號

圖書編號／0913602

三版一刷／2024 年 06 月

定價／新台幣 575 元

ISBN／978-626-401-001-6

ISBN／978-626-328-995-6(PDF)

全華圖書／www.chwa.com.tw

全華網路書店 Open Tech／www.opentech.com.tw

若您對本書有任何問題，歡迎來信指導 book@chwa.com.tw

公司(北區營業處)
地址：23671 新北市土城區忠義路 21 號
電話：(02) 2262-5666
傳真：(02) 6637-3695、6637-3696

南區營業處
地址：80769 高雄市三民區應安街 12 號
電話：(07) 381-1377
傳真：(07) 862-5562

中區營業處
地址：40256 臺中市南區樹義一巷 26 號
電話：(04) 2261-8485
傳真：(04) 3600-9806(高中職)
　　　(04) 3601-8600(大專)

歡迎加入 全華會員

● 會員獨享

會員享購書折扣、紅利積點、生日禮金、不定期優惠活動…等。

● 如何加入會員

掃QRcode或填妥讀者回函卡直接傳真(02) 2262-0900或寄回，將由專人協助登入會員資料，待收到E-MAIL通知後即可成為會員。

如何購買 全華書籍

1. 網路購書

全華網路書店「http://www.opentech.com.tw」，加入會員購書更便利，並享有紅利積點回饋等各式優惠。

2. 實體門市

歡迎至全華門市（新北市土城區忠義路21號）或各大書局選購。

3. 來電訂購

(1) 訂購專線：(02) 2262-5666 轉 321-324
(2) 傳真專線：(02) 6637-3696
(3) 郵局劃撥（帳號：0100836-1 戶名：全華圖書股份有限公司）
※ 購書未滿 990 元者，酌收運費 80 元。

親愛的讀者：

感謝您對全華圖書的支持與愛護，雖然我們很慎重的處理每一本書，但恐仍有疏漏之處，若您發現本書有任何錯誤，請填寫於勘誤表內寄回，我們將於再版時修正，您的批評與指教是我們進步的原動力，謝謝！

全華圖書 敬上

勘 誤 表

書 號			
頁 數	行 數	錯誤或不當之詞句	建議修改之詞句

	書 名		作 者

我有話要說： （其它之批評與建議，如封面、編排、內容、印刷品質等...）

得　分

微積分
課後作業
CH01　極限

班級：＿＿＿＿＿＿＿＿
學號：＿＿＿＿＿＿＿＿
姓名：＿＿＿＿＿＿＿＿

1. 求 $\lim\limits_{x \to -1^{-}} \dfrac{1}{1+x^2} = ?$

2. 求 $\lim\limits_{x \to 0^{+}} \dfrac{\sin x}{x^2} = ?$

3. 求 $\lim\limits_{x \to 1} \dfrac{x^2-1}{|x-1|} = ?$

4. 求 $\lim_{x \to \infty} \dfrac{x + \sin x + 2\sqrt{x}}{x + \sin x} = ?$

5. 求 $f(x) = \dfrac{1 - x^2}{8 - (\sqrt{2}x)^2}$ 之垂直漸近線與水平漸近線？

6. 求 $f(x) = \dfrac{\cos x}{\left(x - \dfrac{\pi}{2}\right)(x - \pi)}$ 之垂直漸近線與水平漸近線？

得　分

微積分
課後作業
CH02　微分學

班級：＿＿＿＿＿＿＿＿
學號：＿＿＿＿＿＿＿＿
姓名：＿＿＿＿＿＿＿＿

1. 已知 $y = e^\theta(\sin\theta + \cos\theta)$，求 $y' = ?$

2. 已知 $y = \left(\dfrac{x^2}{8} + x - \dfrac{1}{x}\right)^4$，求 $y' = ?$

3. 已知 $y = \ln\left(\dfrac{e^x}{1+e^x}\right)$，求 $y' = ?$

4. 已知 $f(x) = \dfrac{e^{-3x}\sqrt{2x-5}}{(6-5x)^4}$，求 $f'(x) = ?$

5. 求 a 與 b 之值使得函數 $f(x) = \begin{cases} x^2 - 2x, & x \le 1 \\ ax + b, & x > 1 \end{cases}$ 在 $x = 1$ 可微分。

6. 試求在曲線 $x^2 y^3 + y = 2$ 上通過點 $(1, 1)$ 的切線斜率？

得　分

微積分
課後作業
CH03　微分應用

班級：_____
學號：_____
姓名：_____

1. 求 $\lim\limits_{k \to 0^+} (1 + 3k)^{1/k} = ?$

2. 求 $\lim\limits_{x \to 1} \dfrac{\ln x}{x - 1} = ?$

3. 求 $\lim\limits_{x \to 0^+} \left(\dfrac{e^x}{x} - \dfrac{1}{x} \right) = ?$

4. 求 $\lim\limits_{x \to 1} \dfrac{x-1}{\sqrt{x+3}-2} = $ ？

5. 求 $\lim\limits_{x \to 1} \dfrac{x^{10}-1}{x-1} = $ ？

6. 一個三次多項式，首項係數是 1，$y=f(x)$ 的圖形通過點 $(0,4)$，在 $1 < x < 3$ 遞減，其他範圍遞增，其反曲點之坐標為何？

微積分

課後作業

CH04　不定積分

班級：＿＿＿＿＿＿＿

學號：＿＿＿＿＿＿＿

姓名：＿＿＿＿＿＿＿

1. 求 $\displaystyle\int \frac{1}{x\sqrt{1-(\ln x)^2}}\,dx = ?$

2. 求 $\displaystyle\int \frac{1}{\sqrt{x}-2}\,dx = ?$

3. 求 $\displaystyle\int \sqrt{3x+5}\,dx = ?$

（請沿虛線撕下）

4. 求 $\int \dfrac{2x}{x^2-25}\,dx = ?$

5. 求 $\int \dfrac{\sin x}{1+\sin x}\,dx = ?$

6. 求 $\int \dfrac{1}{x(x-1)^3}\,dx = ?$

得　分

微積分
課後作業
CH05　定積分

班級：＿＿＿＿＿＿＿＿
學號：＿＿＿＿＿＿＿＿
姓名：＿＿＿＿＿＿＿＿

1.　求 $\int_{\sqrt{2}}^{1}\left(\dfrac{x^7}{2}-\dfrac{1}{x^5}\right)dx=$ ？

2.　求 $\int_{0}^{\infty} t^3\, e^{-t}\, dt=$ ？

3.　求 $\int_{-1}^{1}\dfrac{e^{2x}}{1+e^x}dx=$ ？

（請沿虛線撕下）

4. 求 $\int_1^n \ln x\,dx = ?$

5. 求 $\int_0^1 \dfrac{1}{(1+\sqrt{x})^4}\,dx = ?$

6. 求 $\int_1^2 \dfrac{x^2+4}{x^4+3x^3+2x^2}\,dx = ?$

得　分	

微積分
課後作業
CH06　積分之幾何應用

班級：＿＿＿＿＿＿＿＿＿
學號：＿＿＿＿＿＿＿＿＿
姓名：＿＿＿＿＿＿＿＿＿

1. $y = \sin(x)$，求 $x = [0, \pi]$ 時曲線與 x 軸所圍的區域面積？

2. 求曲線 $y = 2x^2 - 8$ 與 x 軸在 $x = 1$ 至 $x = 3$ 所圍的面積？

3. 求曲線 $y^2 = 4x + 4$ 與 $y = 4x - 16$ 所圍成之區域面積？

（請沿虛線撕下）

4. 求心臟線 $r = 1 - \cos\theta$，$0 \le \theta \le 2\pi$ 自身包圍之面積？

5. 求曲線 $y = x^2 + 1$ 與 $y = x + 3$ 所圍成之區域繞 x 軸旋轉所得旋轉體之體積？

6. 求曲線 $y = x^2$ 與 $y = 3x$ 在第一象限所圍成之區域繞 y 軸旋轉所得旋轉體之體積？

得　分

微積分
課後作業
CH07　數列與級數

班級：＿＿＿＿＿＿＿＿＿
學號：＿＿＿＿＿＿＿＿＿
姓名：＿＿＿＿＿＿＿＿＿

1.　判斷 $\sum\limits_{k=1}^{\infty} k\left(\dfrac{2}{3}\right)^{k}$ 之斂散性。

2.　求 $\sum\limits_{n=1}^{\infty} \dfrac{(x+2)^{n}}{n\sqrt{n}\,3^{n}}$ 之收斂區間。

3.　求 $\sum\limits_{n=1}^{\infty} \dfrac{(x+4)^{n}}{n2^{n}}$ 的收斂區間。

4. 求 $\displaystyle\sum_{n=1}^{\infty}\frac{(-1)^n(x-2)^n}{\sqrt{n+1}}$ 的收斂區間。

5. 求 $\dfrac{1}{1+x^2}$ 之馬克洛林級數。

6. 已知 $\ln(2)=0.69315$，請以泰勒展開式估計對數 $\ln(2.01)$ 的數值到小數點以下第 5 位。

得　分

微積分
課後作業
CH08　偏微分及其應用

班級：＿＿＿＿＿＿＿＿
學號：＿＿＿＿＿＿＿＿
姓名：＿＿＿＿＿＿＿＿

1. 若 $f(x,y) = \begin{cases} \dfrac{2x^2y}{x^2+y^2}, & (x,y) \neq (0,0) \\ 0, & (x,y) = (0,0) \end{cases}$ ，求 $\dfrac{\partial f}{\partial x}(0,0) = ?$ $\dfrac{\partial f}{\partial y}(0,0) = ?$

2. 若 $f(x,y) = \begin{cases} \dfrac{xy}{x^2+y^2}, & (x,y) \neq (0,0) \\ 0, & (x,y) = (0,0) \end{cases}$ ，求 $\dfrac{\partial f}{\partial x}(0,0) = ?$ $\dfrac{\partial f}{\partial y}(0,0) = ?$

3. 若 $w = e^{-x^3-y^4}$ ，求 $dw = ?$

4. 甲公司在投入 x 單位人力與 y 單位資本下，其生產量為

$p(x,y) = -2x^2 + 60x - 3y^2 + 72y + 100$。

(a) 試求讓甲公司生產量達到極大的 (x,y)。

(b) 若甲公司所能投入的成本受限於 $x + y = 20$，試求此條件下讓甲公司生產量達到極大的 (x,y)。

5. 求 $f(x,y) = xy - x^2 - y^2 - 2x - 2y + 4$ 之相對極值？

6. 求滿足 $x^2 + y^2 = 4$ 之條件下，$f(x,y) = 4x^2 + 10y^2$ 之極大與極小值。

得　分	

微積分
課後作業
CH09　重積分

班級：＿＿＿＿＿＿＿
學號：＿＿＿＿＿＿＿
姓名：＿＿＿＿＿＿＿

1. 求 $\displaystyle\int_0^1\int_{-2}^2 x^2 e^y\,dxdy = ?$

2. 求 $\displaystyle\int_0^\pi\int_0^x x\sin y\,dydx = ?$

3. 求 $\displaystyle\int_0^1\int_{\sqrt{x}}^1 \sin(y^3)\,dydx = ?$

（請沿虛線撕下）

4. 求 $\int_0^4 \int_{\sqrt{y}}^2 \sqrt{x^3+1}\,dxdy = ?$

5. 求 $\iint_{R^2} \dfrac{1}{(x^2+y^2+1)^2}\,dxdy = ?$

6. 求函數 $f(x,y)=2x^2y$ 在被曲線 $y=\sqrt{x}$ 與 $y=x^2$ 所包圍的區域上的體積。